Dezessete equações que mudaram o mundo

Ian Stewart

Dezessete equações que mudaram o mundo

Tradução:
George Schlesinger

Revisão técnica:
Diego Vaz Bevilaqua

4ª reimpressão

Copyright © 2012 by Joat Enterprises

Tradução autorizada da primeira edição inglesa, publicada em 2012
por Profile Books Ltd., de Londres, Inglaterra

*Grafia atualizada segundo o Acordo Ortográfico da Língua Portuguesa de 1990,
que entrou em vigor no Brasil em 2009.*

Título original
Seventeen Equations: That Changed the World

Capa
Sérgio Campante

Preparação
Clarice Goulart

Indexação
Gabriella Russano

Revisão
Eduardo Monteiro
Eduardo Farias

CIP-Brasil. Catalogação na fonte
Sindicato Nacional dos Editores de Livros, RJ

	Stewart, Ian, 1945-	
S821d	Dezessete equações que mudaram o mundo / Ian Stewart; tradução George Schlesinger; revisão técnica Diego Vaz Bevilaqua. – 1ª ed. – Rio de Janeiro: Zahar, 2013.	
		il.
	Tradução de: Seventeen Equations That Changed the World.	
	ISBN 978-85-378-1041-5	
	1. Matemática. 2. Equações. I. Título.	
		CDD: 510
13-0244		CDU: 51

[2021]
Todos os direitos desta edição reservados à
EDITORA SCHWARCZ S.A.
Praça Floriano, 19, sala 3001 – Cinelândia
20031-050 – Rio de Janeiro – RJ
Telefone: (21) 3993-7510
www.companhiadasletras.com.br
www.blogdacompanhia.com.br
facebook.com/editorazahar
instagram.com/editorazahar
twitter.com/editorazahar

Sumário

Por que equações? 9

1. A índia da hipopótama 13
Teorema de Pitágoras

2. Abreviando os procedimentos 36
Logaritmos

3. Fantasmas de grandezas sumidas 52
Cálculo

4. O sistema do mundo 73
A lei da gravitação de Newton

5. Prodígio do mundo ideal 96
A raiz quadrada de menos um

6. Muito barulho por nódoa 114
A fórmula de Euler para poliedros

7. Padrões de probabilidade 135
Distribuição normal

8. Boas vibrações 163
Equação de onda

9. Ondulações e blipes 184
A transformada de Fourier

10. A ascensão da humanidade 202
A equação de Navier-Stokes

11. Ondas no éter 218
As equações de Maxwell

12. Lei e desordem 235
A segunda lei da termodinâmica

13. Uma coisa é absoluta 260
Relatividade

14. Estranheza quântica 292
Equação de Schrödinger

15. Códigos, comunicação e computadores 316
Teoria da informação

16. O desequilíbrio da natureza 338
Teoria do caos

17. A fórmula de Midas 351
Equação de Black-Scholes

E agora, para onde? 377

Notas 382

Créditos das ilustrações 394

Índice remissivo 395

To avoide the tediouse repetition of these woordes: is equalle to: I will sette as I doe often in woorke use, a paire of paralleles, or gemowe lines of one lengthe: =====, bicause noe .2. thynges, can be moare equalle.*

ROBERT RECORDE, *The Whetstone of Witte*, 1557

---

* Para evitar a tediosa repetição destas palavras: é igual a: vou estabelecer como frequentemente faço no trabalho, um par de paralelas, ou linhas gêmeas de mesmo comprimento: =====, porque não pode haver 2 coisas mais iguais.

Por que equações?

EQUAÇÕES SÃO A SEIVA VITAL da matemática, da ciência e da tecnologia. Sem elas, nosso mundo não existiria na sua forma atual. No entanto, as equações têm a reputação de ser algo assustador: os editores de Stephen Hawking lhe disseram que cada equação faria cair pela metade as vendas de *Uma breve história do tempo*, mas ignoraram o próprio conselho e permitiram que ele incluísse $E = mc^2$, quando se a houvessem cortado, supostamente teriam vendido mais 10 milhões de exemplares. Estou do lado de Hawking. Equações são importantes demais para serem escondidas. Mas os editores também tinham razão em um ponto: elas são formais e austeras, parecem complicadas, e mesmo aqueles que adoram equações podem ficar desconcertados se bombardeados por elas.

Neste livro, eu tenho uma desculpa. Já que é um livro *sobre* equações, posso evitar incluí-las não mais do que poderia, se fosse escrever um livro sobre montanhismo, abrir mão da palavra "montanha". Quero convencer você de que as equações têm um papel fundamental na criação do mundo de hoje, desde a cartografia até a navegação por satélite, da música à televisão, da descoberta da América à exploração das luas de Júpiter. Felizmente, você não precisa ser um gênio para apreciar a beleza e a poesia de uma boa e significativa equação.

Em matemática há dois tipos de equações, que à primeira vista parecem muito similares. Um tipo apresenta relações entre diversas grandezas matemáticas: a tarefa é provar que a equação é verdadeira. O outro tipo fornece informações sobre uma grandeza desconhecida, e a tarefa do matemático é *resolvê-la* – tornar conhecido o desconhecido. A distinção não é nítida, porque às vezes a mesma equação pode ser usada das duas maneiras, mas pode servir como uma linha mestra. Aqui você encontrará os dois tipos.

Equações em matemática pura geralmente são do primeiro tipo: revelam profundos e belos padrões e regularidades. São válidas porque, dadas as nossas premissas básicas sobre a estrutura lógica da matemática, não há alternativa. O teorema de Pitágoras, que é uma equação expressa na linguagem da geometria, é um exemplo. Se você aceita as premissas básicas de Euclides sobre a geometria, então o teorema de Pitágoras é *verdadeiro*.

Equações em matemática aplicada e física matemática são habitualmente do segundo tipo. Elas codificam informações sobre o mundo real; expressam propriedades do universo que, em princípio, poderiam ter sido diferentes. A lei da gravitação de Newton é um bom exemplo. Ela nos conta como a força de atração entre dois corpos depende de suas massas e da distância que existe entre eles. Resolver as equações resultantes nos diz como os planetas giram em torno do Sol ou como calcular a trajetória de uma sonda espacial. Mas a lei de Newton não é um teorema matemático; ela é verdadeira por razões físicas, ela se encaixa na observação. A lei da gravitação poderia ter sido diferente. De fato, ela *é* diferente: a teoria geral da relatividade de Einstein aperfeiçoa a de Newton encaixando melhor algumas observações, ao mesmo tempo sem invalidar aquelas em que sabemos que a lei de Newton funciona bem.

O curso da história humana tem sido repetidamente redirecionado por uma equação. Equações têm poderes ocultos. Elas revelam os segredos mais íntimos da natureza. Este não é o modo tradicional pelo qual historiadores organizam a ascensão e queda de civilizações. Reis, rainhas, guerras e desastres naturais são abundantes em livros de história, mas as equações ocupam uma camada finíssima. Isso não é justo. Em tempos vitorianos, Michael Faraday estava demonstrando as relações entre magnetismo e eletricidade para plateias inteiras na Royal Institution em Londres. Consta que o primeiro-ministro, William Gladstone, teria perguntado se dali sairia alguma coisa de consequência prática. Conta-se (com base em quase nenhuma evidência factual, mas por que estragar uma boa história?) que Faraday teria replicado: "Sim, senhor. Algum dia o senhor cobrará impostos sobre isso." Se Faraday realmente disse isso, estava certo. James Clerk Maxwell transformou as observações experimentais iniciais e as

Por que equações?

leis empíricas sobre magnetismo e eletricidade num sistema de equações para o eletromagnetismo. Entre as muitas consequências figuram o rádio, o radar e a televisão.

Uma equação extrai seu poder de uma fonte simples. Ela nos conta que dois cálculos, que parecem diferentes, têm a mesma resposta. O símbolo-chave é o sinal de igual, =. As origens da maioria dos símbolos matemáticos estão ou perdidas na neblina da antiguidade ou são tão recentes que não há dúvida de onde vieram. O sinal de igual é incomum por datar de mais de 450 anos atrás, porém não só sabemos quem o inventou, como sabemos até *por quê*. O inventor foi Robert Recorde, em 1557, em *The Whetstone of Witte*. Ele usou duas linhas paralelas (e utilizou uma palavra antiga, *gemowe*, que significa "gêmeo") para evitar a monótona repetição das palavras "é igual a". E optou por esse símbolo porque "não há duas coisas mais iguais". Recorde escolheu bem. Seu símbolo permanece em uso há 450 anos.

O poder das equações reside na correspondência filosoficamente difícil entre a matemática, uma criação coletiva de mentes humanas, e uma realidade física externa. Elas moldam padrões profundos no mundo exterior. Aprendendo a dar valor a equações e a ler as histórias que elas contam, podemos descobrir traços vitais do mundo ao nosso redor. Em princípio, poderia haver outros meios de chegar ao mesmo resultado. Muita gente prefere palavras a símbolos; a linguagem, também, nos dá poder sobre aquilo que nos cerca. Mas o veredito da ciência e tecnologia é de que as palavras são imprecisas demais, limitadas demais, para fornecer uma rota efetiva para os aspectos mais profundos da realidade. Elas são tingidas demais por pressuposições no nível humano. As palavras, sozinhas, não podem prover as compreensões essenciais.

As equações podem. Elas têm sido um motor primordial na civilização humana por milhares de anos. Ao longo da história, as equações vêm manipulando as cordas da sociedade. Ocultas nos bastidores, com certeza – mas a influência sempre esteve aí, quer tenha sido notada, quer não. Esta é a história da ascensão da humanidade, contada por meio de dezessete equações.

1. A índia da hipopótama
Teorema de Pitágoras

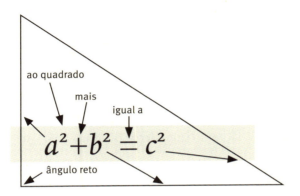

O que diz?
Como os três lados de um triângulo retângulo estão relacionados.

Por que é importante?
Fornece um elo vital entre geometria e álgebra, permitindo-nos calcular distâncias em termos de coordenadas. Além disso, inspirou a trigonometria.

Qual foi a consequência?
Mapeamento, navegação e, mais recentemente, a relatividade especial e geral – as melhores teorias atuais de espaço, tempo e gravitação.

Pergunte a qualquer aluno de colégio o nome de um matemático famoso e, presumindo que ele consiga se lembrar de um, muito frequentemente ele optará por Pitágoras. Se não, Arquimedes pode vir à cabeça. Até mesmo o ilustre Isaac Newton precisa tocar terceiro violino para esses superstars do mundo antigo. Arquimedes foi um gigante intelectual, e Pitágoras provavelmente não foi, mas merece mais crédito do que geralmente recebe. Não pelo que alcançou, mas pelo que pôs em movimento.

Pitágoras nasceu na ilha grega de Samos, no Egeu oriental, por volta de 570 a.C. Era filósofo e geômetra. O pouco que sabemos sobre sua vida provém de autores que viveram muito depois, e sua precisão histórica é questionável, mas os acontecimentos cruciais provavelmente estão corretos. Em torno de 530 a.C. mudou-se para Crotona, uma colônia grega na região em que hoje está a Itália. Ali fundou um culto filosófico-religioso, os pitagóricos, que acreditavam que a base do universo é o número. A fama do seu fundador até os dias de hoje reside no teorema que leva seu nome. Esse teorema tem sido ensinado por mais de 2 mil anos e penetrou na cultura popular. O filme *Viva o palhaço!*, de 1958, estrelado por Danny Kaye, inclui uma canção cuja letra começa:

O quadrado da hipotenusa
de um triângulo retângulo
é igual à
soma dos quadrados
dos dois lados adjacentes.

Teorema de Pitágoras

A canção prossegue com alguns duplos sentidos acerca de não deixar seu particípio balançar,* e associa Einstein, Newton e os irmãos Wright ao famoso teorema. Os dois primeiros exclamam "Eureca!"; não, isso foi Arquimedes. Você concluirá que a letra não prima pela acuidade histórica, mas isto é Hollywood. No entanto, no Capítulo 13 veremos que o autor da letra (Johnny Mercer) estava certo sobre Einstein, provavelmente mais do que soubesse.

O teorema de Pitágoras aparece em piadas e trocadilhos, fazendo a alegria de estudantes que brincam com a semelhança entre hipotenusa e hipopótama. Como todas as piadas, é bem difícil saber de onde surgiu.[1] Há desenhos animados sobre Pitágoras, camisetas e até um selo grego, Figura 1.

FIGURA 1 Selo grego mostrando o teorema de Pitágoras.

Apesar de todo esse rebuliço, não temos a menor ideia se Pitágoras de fato *provou* seu teorema. Na verdade, nem sequer sabemos se o teorema era mesmo dele. Pode muito bem ter sido descoberto por um de seus adeptos, ou algum escriba sumério ou babilônio. Mas Pitágoras recebeu o crédito, e seu nome pegou. Qualquer que seja sua origem, o teorema

---

* Em inglês, *dangle*. Jogo de palavras com *triangle*, "triângulo", em inglês. (N.T.)

e suas consequências exerceram um impacto gigantesco sobre a história humana. Eles abriram completamente o nosso mundo.

Os GREGOS NÃO EXPRIMIAM o teorema de Pitágoras como uma equação no sentido simbólico moderno. Isso veio depois, com o desenvolvimento da álgebra. Nos tempos antigos, o teorema era expresso de forma verbal e geométrica. Ele adquiriu sua forma mais polida, e sua primeira prova registrada, nos escritos de Euclides de Alexandria. Por volta de 250 a.C. Euclides tornou-se o primeiro matemático moderno quando escreveu seu famoso *Os elementos*, o livro didático de matemática mais influente de todos os tempos. Euclides transformou geometria em lógica ao tornar explícitas suas premissas básicas e invocá-las para dar provas sistemáticas para todos os seus teoremas. Ele construiu uma torre conceitual cujas fundações eram pontos, retas e círculos, e cujo ápice era a existência de precisamente cinco sólidos regulares.

Uma das joias da coroa de Euclides era o que chamamos agora de teorema de Pitágoras: Proposição 47 do Livro I de *Os elementos*. Na famosa tradução para o inglês feita por Sir Thomas Heath, esta proposição afirma: "Em triângulos com ângulo reto o quadrado do lado que subtende o ângulo reto é igual aos quadrados dos lados que contêm o ângulo reto."

Então, nada de hipopótama. Nada de hipotenusa. Nem sequer um explícito "soma" ou "adição". Só aquela palavra engraçada, "subtende", que significa basicamente "é oposto a". Porém, o teorema de Pitágoras expressa claramente uma equação, porque contém a palavra vital: *igual*.

Para propósitos de matemática superior, os gregos trabalhavam com retas e áreas em vez de números. Assim, Pitágoras e seus sucessores gregos viriam a decodificar o teorema como uma igualdade de áreas: "A área de um quadrado construído usando o lado maior de um triângulo retângulo é a soma das áreas dos quadrados formados a partir dos outros dois lados."*

---

* Em português, é comum a utilização do termo "catetos" referindo-se aos outros dois lados do triângulo retângulo: "O quadrado da hipotenusa é igual à soma dos quadrados dos catetos" é o texto consagrado do teorema de Pitágoras em português. Embora em inglês exista o termo *leg*, significando cateto, seu uso não é tão corrente, preferindo-se a

Teorema de Pitágoras

O lado maior é a famosa hipotenusa, que significa "estender-se abaixo", o que acontece de fato se você desenhar o diagrama na posição adequada, como na Figura 2 (*esquerda*).

Em apenas 2 mil anos, o teorema de Pitágoras havia sido reformulado como a equação algébrica

$$a^2 + b^2 = c^2$$

em que c é a medida da hipotenusa, a e b são as medidas dos outros dois lados, e o pequeno 2 mais alto significa "ao quadrado". Algebricamente, o quadrado de qualquer número é esse número multiplicado por si mesmo, e todos nós sabemos que a área de qualquer quadrado é o quadrado da medida de seu lado. Logo, a equação de Pitágoras, como passarei a chamá-la, diz a mesma coisa que disse Euclides – exceto pela variada bagagem psicológica, que tem a ver com a maneira como os antigos pensavam sobre conceitos matemáticos básicos como números e áreas, tema em que não pretendo entrar.

A equação de Pitágoras tem muitos usos e implicações. Mais diretamente, ela permite que se calcule a medida da hipotenusa, dados os outros dois lados. Por exemplo, suponhamos que $a = 3$ e $b = 4$. Então $c^2 = a^2 + b^2 = 3^2 + 4^2 = 9 + 16 = 25$. Portanto, $c = 5$. Este é o famoso triângulo 3–4–5, onipresente na matemática escolar, e o exemplo mais simples de uma trinca pitagórica: uma lista de três números inteiros que satisfaz a equação de Pitágoras. A trinca seguinte, em termos de simplicidade, sem considerar as versões em escala, como 6–8–10, por exemplo, é o triângulo 5–12–13. Há uma infinidade de trincas desse tipo, e os gregos sabiam como construí-las todas. Elas ainda conservam algum interesse para a teoria dos números, e até mesmo na última década foram descobertas novas características.

Em vez de usar a e b para descobrir c, pode-se proceder indiretamente, e resolver a equação para obter a contanto que se conheça b e c. Você pode também responder a questões mais sutis, como veremos em breve.

---

forma *the other two sides*, "os outros dois lados". Por fidelidade ao texto original, vamos manter esta expressão em lugar do usual "catetos". (N.T.)

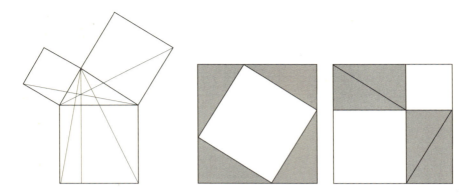

FIGURA 2 *Esquerda:* Linhas de construção para a prova de Euclides do teorema de Pitágoras. *Centro* e *direita:* Prova alternativa do teorema. Os quadrados externos possuem áreas iguais, e os triângulos sombreados possuem todos áreas iguais. Logo, o quadrado branco inclinado tem a mesma área que os outros dois quadrados brancos combinados.

Por que o teorema é verdadeiro? A demonstração de Euclides é bastante complicada, e envolve desenhar cinco retas adicionais no diagrama, Figura 2 (*esquerda*), e recorrer a diversos teoremas previamente demonstrados. Os rapazes dos colégios da época vitoriana (poucas moças estudavam geometria naquele tempo) referiam-se a ela, irreverentemente, como as calças de Pitágoras. Uma prova direta e intuitiva, embora não a mais elegante, utiliza quatro cópias do triângulo para relacionar duas soluções do mesmo quebra-cabeça matemático, a Figura 2 (*direita*). A figura é convincente, mas o preenchimento dos detalhes lógicos requer algum raciocínio. Por exemplo: como sabemos que a região branca inclinada no meio da figura é um quadrado?

HÁ UMA PODEROSA EVIDÊNCIA de que o teorema de Pitágoras já era conhecido muito antes de Pitágoras. Uma tabuleta de argila babilônica[2] no British Museum contém, em escrita cuneiforme, um problema matemático e sua resposta, que podem ser parafraseados como:

Teorema de Pitágoras

4 é o comprimento e 5 a diagonal. Qual é a largura?

4 vezes 4 é 16.

5 vezes 5 é 25.

Tire 16 de 25 para obter 9.

Quanto vezes quanto preciso pegar para obter 9?

3 vezes 3 é 9.

Portanto 3 é a largura.

Então, os babilônios certamente conheciam o triângulo 3–4–5, mil anos antes de Pitágoras.

Outra tabuleta, de 7289 a.C., da coleção babilônica da Universidade Yale, é mostrada na Figura 3 (*esquerda*). Ela mostra o diagrama de um quadrado de lado 30, cuja diagonal é marcada com duas listas de números: 1, 24, 51, 10 e 42, 25, 35. Os babilônios empregavam a notação de base 60 para os números, então a primeira lista efetivamente se refere a $1 + 24/60 + 51/60^2 + 10/60^3$, o que, em números decimais, é 1,4142129. A raiz quadrada de 2 é 1,4142135. A segunda lista é 30 vezes isto. Então, os babilônios sabiam que a diagonal de um quadrado é o seu lado multiplicado pela raiz quadrada de 2. Já que $1^2 + 1^2 = 2 = (\sqrt{2})^2$, este também é um exemplo do teorema de Pitágoras.

FIGURA 3 *Esquerda:* Ano 7289 a.C. *Direita:* Plimpton 322.

Mais impressionante ainda, embora mais enigmática, é a tabuleta Plimpton 322 da coleção George Arthur Plimpton na Universidade Columbia, Figura 3 (*direita*). Trata-se de uma tabela de números, com quatro colunas e quinze linhas. A última coluna simplesmente menciona o número da linha, de 1 a 15. Em 1945, os historiadores da ciência Otto Neugebauer e Abraham Sachs[3] notaram que em cada linha o quadrado do número (digamos c) na terceira coluna, menos o quadrado do número (digamos b) na segunda coluna, é ele próprio um quadrado (digamos a). Segue-se que $a^2 + b^2 = c^2$, de modo que a tabela parece registrar trincas pitagóricas. Pelo menos é o caso se forem corrigidos quatro erros aparentes. No entanto, não é absolutamente certo que essa Plimpton 322 tenha alguma coisa a ver com trincas pitagóricas, e mesmo se tiver, talvez possa ter sido apenas uma lista conveniente de triângulos cujas áreas eram fáceis de calcular. Tais áreas poderiam ser reunidas a fim de obter boas aproximações para outros triângulos e outras formas, talvez para medições de terras.

Outra civilização antiga icônica é a do Egito. Existe alguma evidência de que Pitágoras pode ter visitado o Egito quando jovem, e chegou-se a conjeturar que foi ali que ele aprendeu seu teorema. Os registros remanescentes da matemática egípcia oferecem escasso respaldo para esta ideia, mas são poucos e especializados. Com frequência se afirma, tipicamente no contexto das pirâmides, que os egípcios montavam ângulos retos usando um triângulo 3–4–5, formado por um comprimento de corda com nós dispostos em doze intervalos iguais, e que os arqueólogos encontraram cordas desse tipo. Todavia, nenhuma dessas alegações faz muito sentido. Esta técnica não seria muito confiável, porque as cordas podem se esticar e os nós teriam de estar espaçados com muita exatidão. A precisão com que as pirâmides em Giza estão construídas é muito superior a qualquer coisa que pudesse ser obtida com uma corda dessas. Ferramentas muito mais práticas, semelhantes a um esquadro de carpinteiro, foram encontradas. Egiptólogos especialistas em matemática egípcia antiga não conhecem registros de cordas empregadas para formar um triângulo 3–4–5, e não há exemplos de tais cordas. Portanto essa história, por mais encantadora que seja, é quase com certeza um mito.

Teorema de Pitágoras

SE PITÁGORAS FOSSE TRANSPORTADO para o mundo de hoje, notaria muitas diferenças. Na sua época, o conhecimento médico era rudimentar, a iluminação era feita com velas e tochas, e as formas mais rápidas de comunicação eram um mensageiro a cavalo ou um sinal luminoso no alto de um morro. O mundo conhecido abrangia grande parte da Europa, Ásia e África – mas não as Américas, a Austrália, o Ártico ou a Antártida. Muitas culturas consideravam que o mundo era plano: um disco circular ou até mesmo um quadrado alinhado com os quatro pontos cardeais. Apesar das descobertas da Grécia clássica, essa crença ainda era difundida em tempos medievais, na forma de mapas *orbis terrae*, Figura 4.

FIGURA 4 Mapa do mundo feito por volta de 1100 pelo cartógrafo marroquino al-Idrisi para o rei Rogério da Sicília.

Quem primeiro percebeu que o mundo era redondo? Segundo Diógenes Laércio, um biógrafo grego do século III, foi Pitágoras. Em seu livro *Vidas e opiniões de filósofos eminentes*, uma coletânea de ditos e notas biográficas que é uma das nossas principais fontes históricas para as vidas privadas dos filósofos da Grécia antiga, ele escreveu: "Pitágoras foi o primeiro que chamou a Terra de redonda, embora Teofrasto atribua isso a Parmênides e Zeno a Hesíodo." Os antigos gregos muitas vezes alegavam que importantes descobertas haviam sido feitas pelos seus famosos antepassados, independentemente de fatos históricos; assim, não podemos considerar a afirmação como garantida, mas é indiscutível que a partir de século V a.C. todos os filósofos e matemáticos gregos de reputação consideravam a Terra redonda. A ideia parece de fato ter se originado mais ou menos na época de Pitágoras, e pode ter vindo de seus seguidores. Ou pode ter sido uma noção comum, com base em evidência, tal como a sombra redonda da Terra na Lua durante um eclipse, ou a analogia com a forma da Lua, obviamente redonda.

Mesmo para os gregos, porém, a Terra era o centro do universo e tudo o mais girava em torno dela. A navegação era feita por mera avaliação: observar as estrelas e seguir a linha costeira. A equação de Pitágoras mudou isso tudo. Colocou a humanidade no caminho da compreensão atual da geografia do nosso planeta e seu lugar no Sistema Solar. Foi um passo fundamental rumo às técnicas geométricas necessárias para elaboração de mapas, navegação e topografia. Além disso, forneceu também a chave para a fundamentalmente importante relação entre geometria e álgebra. Essa linha de desenvolvimento conduz dos tempos antigos diretamente para a relatividade geral e a cosmologia moderna, como veremos no Capítulo 13. A equação de Pitágoras abriu rumos inteiramente novos para a exploração humana, tanto metafórica quanto literalmente. Revelou o formato do nosso mundo e seu lugar no universo.

MUITOS DOS TRIÂNGULOS encontrados na vida real não são retângulos, de modo que as aplicações diretas da equação podem parecer limitadas. No entanto, qualquer triângulo pode ser dividido em dois triângulos retângulos, como na Figura 6 (p.24), e qualquer forma poligonal pode ser separada em triângulos. Assim, triângulos retângulos são a chave: eles provam que existe uma relação útil entre a forma de um triângulo e a medida de seus lados. O tema que se desenvolveu a partir dessa percepção é a trigonometria: "medição de triângulos."

Teorema de Pitágoras

O triângulo retângulo é fundamental para a trigonometria, e em particular determina as funções trigonométricas básicas: seno, cosseno e tangente. Os nomes são de origem árabe, e a história dessas funções e suas muitas predecessoras mostra o complicado trajeto pelo qual surgiu a versão atual do assunto. Vou me ater ao básico, e explicar o resultado final. Um triângulo retângulo possui, é claro, um ângulo reto, mas seus outros dois ângulos são arbitrários, a não ser o fato de somarem 90°. Associadas a qualquer ângulo há três funções, ou seja, regras para calcular um número relacionado a ele. Para o ângulo assinalado na Figura 5, usando os tradicionais *a, b, c* para os três lados, nós definimos seno (sen), cosseno (cos) e tangente (tan) da seguinte maneira:

$$\text{sen } A = a/c \qquad \cos A = b/c \qquad \tan A = a/b$$

Essas grandezas dependem apenas do ângulo A, porque todos os triângulos retângulos com um determinado ângulo A são idênticos, não se considerando a escala.

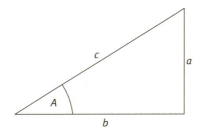

FIGURA 5 A trigonometria se baseia num triângulo retângulo.

Consequentemente, é possível montar uma tabela de valores do sen, cos e tan para uma gama de ângulos e depois usá-los para calcular características de triângulos retângulos. Uma aplicação típica, que remonta aos tempos antigos, é calcular a altura de uma coluna alta utilizando apenas medidas feitas no chão. Suponhamos que, a uma distância de 100 metros, o ângulo do topo da coluna seja 22°. Façamos $A = 22°$ na Figura 5, de modo que a seja a altura da coluna. Então, a definição da função tangente nos diz que

$$\tan 22° = a/100$$

logo,

$a = 100 \tan 22°$.

Uma vez que tan 22° é 0,404, até a terceira casa decimal, deduzimos que $a = 40,4$ metros.

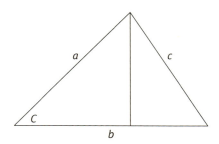

FIGURA 6 Divisão de um triângulo em dois com ângulos retos.

Dispondo das funções trigonométricas, diretamente se estende a equação de Pitágoras para triângulos que não tenham um ângulo reto. A Figura 6 mostra um triângulo com um ângulo C e lados *a, b, c*. Dividimos o triângulo em dois triângulos retângulos, como mostra a figura. Então, duas aplicações de Pitágoras e um pouco de álgebra[4] provam que

$$a^2 + b^2 - 2ab \cos C = c^2$$

que é semelhante à equação de Pitágoras, exceto pelo termo extra $-2ab \cos C$. Esta "lei dos cossenos" cumpre a mesma tarefa que Pitágoras, relacionando *c* com *a* e *b*, mas agora temos de incluir informações sobre o ângulo C.

A lei dos cossenos é um dos esteios da trigonometria. Se conhecermos dois lados de um triângulo e o ângulo entre eles, podemos usá-la para calcular o terceiro lado. Outras equações nos dizem os ângulos restantes. Todas essas equações podem remeter a triângulos retângulos.

ARMADOS COM EQUAÇÕES TRIGONOMÉTRICAS e aparelhos de medida adequados, podemos realizar levantamentos e fazer mapas acurados. A ideia não é nova. Ela já aparece no Papiro Rhind, uma coletânea de técnicas matemáticas do Egito antigo datada de 1650 a.C. O filósofo grego Tales usou a geometria dos triângulos para estimar as alturas das pirâmides de Giza, em cerca de 600 a.C. Hero de Alexandria descreveu a mesma técnica em 50 d.C. Por volta de 240 a.C., o matemático grego Eratóstenes calculou o tamanho da Terra observando o ângulo do Sol ao meio-dia em dois lugares diferentes: Alexandria e Siena (hoje, Assuã) no Egito. Uma sucessão de estudiosos árabes preservou e desenvolveu esses métodos, aplicando-os em particular a medições astronômicas tais como o tamanho da Terra.

Levantamentos topográficos começaram a decolar em 1533, quando o cartógrafo holandês Gemma Frisius explicou como usar a trigonometria para gerar mapas precisos, em *Libellus de Locorum Describendorum Ratione* ("Libelo concernente a raciocínios para descrever lugares"). A novidade do método espalhou-se pela Europa, chegando aos ouvidos do nobre e astrônomo dinamarquês Tycho Brahe. Em 1579 Tycho o utilizou para fazer um mapa acurado de Hven, a ilha onde estava localizado seu observatório. Em 1615, o matemático holandês Willebrord Snellius (Snel van Royen) desenvolveu o método até chegar essencialmente à sua forma moderna: *triangulação*. A área do levantamento é coberta com uma rede de triângulos. Medindo-se uma distância inicial com o máximo cuidado, e muitos ângulos, é possível calcular a localização dos vértices dos triângulos, e com eles quaisquer outras características que nos interessem. Snellius calculou a distância entre duas cidades holandesas, Alkmaar e Bergen op Zoom, usando uma rede de 33 triângulos. Escolheu essas cidades porque ficavam na mesma linha de longitude e estavam separadas exatamente por um grau de arco. Conhecendo a distância entre elas, ele pôde calcular o tamanho da Terra, publicado em seu *Eratosthenes Batavus* ("O Eratóstenes batavo") em 1617. Seu resultado tem uma precisão em torno de 4%. Ele também modificou as equações da trigonometria para refletir a natureza esférica da superfície da Terra, um passo importante rumo a uma navegação efetiva.

A triangulação é um método indireto de calcular distâncias usando ângulos. Ao fazer o levantamento de uma faixa de terra, seja numa área urbana ou no campo, a principal consideração prática é que é muito mais fácil medir ângulos que distâncias. A triangulação nos permite medir algumas distâncias e muitos ângulos; daí segue-se todo o restante a partir das equações trigonométricas. O método começa estabelecendo-se uma linha reta entre dois pontos, chamada linha de base, e medindo seu comprimento diretamente com precisão elevada. Então, escolhemos um ponto proeminente na área de visão, que seja visível de ambas as extremidades da linha de base. Medimos então o ângulo entre o segmento da base e esse ponto, em ambas as extremidades do segmento da base. Agora temos um triângulo, do qual conhecemos um lado e dois ângulos, o que fixa sua forma e tamanho. Podemos então usar a trigonometria para descobrir os outros dois lados.

Efetivamente, temos agora mais duas linhas de base: os recém-calculados lados do triângulo. A partir deles, podemos medir ângulos para outros pontos, mais distantes. Continuamos o processo até criar uma rede de triângulos que cubra toda a área do levantamento. Dentro de cada triângulo, observam-se os ângulos com todos os elementos dignos de nota – torres de igreja, cruzamentos, e assim por diante. O mesmo truque trigonométrico localiza suas posições precisas. Como lance final, a precisão de todo o levantamento pode ser verificada medindo-se um dos lados finais diretamente.

No fim do século XVIII, a triangulação era empregada rotineiramente nos levantamentos de áreas. O levantamento cartográfico da Grã-Bretanha teve início em 1783, e levou 70 anos para a tarefa ser completada. O Grande Levantamento Trigonométrico da Índia, que entre outras coisas mapeou a cordilheira do Himalaia e determinou a altura do monte Everest, começou em 1801. No século XXI, a maior parte dos levantamentos geográficos em larga escala é feita com a utilização de fotografias de satélites e GPS [sigla em inglês para Sistema de Posicionamento Global]. A triangulação explícita não é mais empregada. Mas ela ainda está lá, nos bastidores, nos métodos utilizados para deduzir as localizações a partir dos dados de satélite.

O TEOREMA DE PITÁGORAS foi vital também para a invenção da geometria de coordenadas. Trata-se de um modo de representar figuras geométricas em termos numéricos, usando um sistema de retas, conhecidas como eixos, numeradas. A versão mais familiar é conhecida como coordenadas cartesianas no plano, em homenagem ao matemático e filósofo francês René Descartes, que foi um dos grandes pioneiros na área – embora não o primeiro. Desenhemos duas retas: uma horizontal rotulada x e uma vertical rotulada y. Essas retas são conhecidas como eixos, e se cruzam num ponto chamado origem. Marcamos pontos ao longo desses eixos segundo sua distância da origem, como se fosse uma régua: números positivos para a direita e para cima, negativos para a esquerda e para baixo. Agora podemos determinar qualquer ponto no plano em termos de dois números x e y, suas coordenadas, relacionando o ponto aos dois eixos como na Figura 7. O par de números (x, y) especifica completamente a localização do ponto.

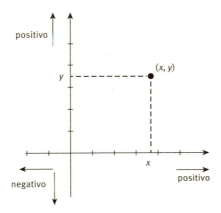

FIGURA 7 Os dois eixos e as coordenadas de um ponto.

Os grandes matemáticos europeus do século XVII perceberam que, nesse contexto, uma reta ou curva no plano corresponde a um conjunto de soluções (x, y) de alguma equação em x e y. Por exemplo, $y = x$ determina uma reta inclinada subindo da extremidade inferior esquerda para a extremidade superior direita, porque (x, y) fica nessa reta se, e somente se, $y = x$. Em geral, uma equação linear – da forma $ax + by = c$, com a, b e c constantes – corresponde a uma linha reta, e vice-versa.

Que equação corresponde a uma circunferência? É aí que entra a equação de Pitágoras. Ela implica que a distância r da origem ao ponto (x, y) satisfaça

$$r^2 = x^2 + y^2$$

e podemos solucionar esta equação em r para obter

$$r = \sqrt{x^2 + y^2}$$

Uma vez que o conjunto de todos os pontos que estão a uma distância r da origem é uma circunferência de raio r, cujo centro é a origem, então a mesma equação define uma circunferência. Mais genericamente, a circunferência de raio r com centro em (a, b) corresponde à equação

$$(x - a)^2 + (y - b)^2 = r^2$$

e a mesma equação determina a distância r entre os dois pontos (a, b) e (x, y). Logo, o teorema de Pitágoras nos conta duas coisas fundamentais: qual é a equação das circunferências e como calcular distâncias a partir de coordenadas.

O TEOREMA DE PITÁGORAS, então, é importante em si, mas exerce ainda mais influência por meio de suas generalizações. Aqui seguirei o fio de apenas um desses desenvolvimentos mais recentes para explicitar a relação com a relatividade, à qual voltarei no Capítulo 13.

A demonstração do teorema de Pitágoras em *Os elementos* de Euclides coloca o teorema firmemente no campo da geometria euclidiana. Houve uma época em que essa expressão podia ser substituída simplesmente por "geometria", porque de forma geral se presumia que a geometria de Euclides era a verdadeira geometria do espaço físico. Ela era óbvia. Como todas as coisas admitidas como óbvias, isso acabou se revelando falso.

Euclides deduziu todos os seus teoremas de um pequeno número de premissas básicas, que ele classificou como definições, postulados e noções comuns. Sua estrutura era elegante, intuitiva e concisa, com uma flagrante exceção, o quinto postulado: "Se uma linha reta cruzando duas linhas retas forma os ângulos internos do mesmo lado somando menos de dois ângulos retos, as linhas retas, se prolongadas indefinidamente, encontram-se do lado em que estão os dois ângulos menores que dois ângulos retos." É um tanto prolixo: a Figura 8 poderá ajudar.

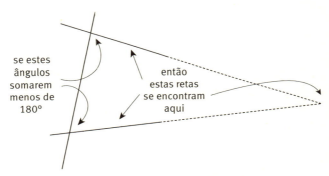

FIGURA 8 O postulado das paralelas de Euclides.

Por bem mais de mil anos, os matemáticos tentaram consertar aquilo que viam como uma falha. Não estavam apenas procurando por algo mais simples e mais intuitivo que atingisse o mesmo fim, embora muitos tenham descoberto tais coisas. Queriam se livrar totalmente de um postulado desconfortável, provando-o. Após vários séculos, os matemáticos finalmente perceberam que havia geometrias "não euclidianas" alternativas, implicando que tal prova não existia. Essas novas geometrias eram tão consistentes do ponto de vista lógico quanto a de Euclides, e obedeciam a todos os postulados, exceto o das paralelas. Podiam ser interpretadas como a geometria das geodésicas – caminhos mais curtos – em superfícies curvas, Figura 9. Isso focalizou a atenção no significado de curvatura.

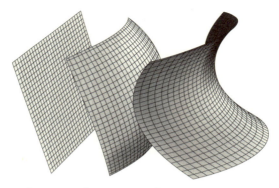

FIGURA 9 Curvatura de uma superfície. *Esquerda:* curvatura zero. *Centro:* curvatura positiva. *Direita:* curvatura negativa.

O plano de Euclides é achatado, curvatura zero. Uma esfera tem a mesma curvatura em todo lugar, e é positiva: perto de qualquer ponto ela parece um domo. (Como refinamento técnico: círculos máximos se encontram em dois pontos, não em um, como requer o postulado de Euclides, de modo que a geometria esférica é modificada identificando-se pontos antípodas na esfera – considerando-os idênticos. A superfície torna-se um assim chamado plano projetivo e a geometria é chamada elíptica.) Existe também uma superfície de curvatura negativa constante: em qualquer ponto ela parece uma sela. Essa superfície é chamada de plano hiperbólico, e pode ser representada em várias formas prosaicas. Talvez a mais simples seja considerar o interior de um disco circular, e definir "reta" como um arco de circunferência que se encontra com a borda formando ângulos retos (Figura 10).

FIGURA 10 Modelo de disco do plano hiperbólico. Todas as três linhas que passam por *P* não conseguem se encontrar com a linha *L*.

Teorema de Pitágoras

Poderia parecer que, enquanto a geometria no plano pudesse ser não euclidiana, isso seria impossível para a geometria do espaço. Pode-se dobrar uma superfície forçando-a para uma terceira dimensão, mas não se pode dobrar o *espaço* porque não há lugar para uma dimensão extra para a qual forçá-lo. Entretanto, essa é uma visão bastante ingênua. Por exemplo, podemos modelar um espaço tridimensional hiperbólico usando o interior de uma esfera. As retas são modeladas como arcos de círculos que encontram a borda em ângulos retos, e os planos são modelados como partes de esferas que encontram a borda em ângulos retos. A geometria é tridimensional, satisfaz todos os postulados de Euclides, exceto o Quinto, e, num certo sentido que pode ser identificado, define um espaço tridimensional curvo. Mas ele se curva em torno de nada, e em nenhuma direção. É simplesmente curvo.

Com todas essas novas geometrias à disposição, um novo ponto de vista começou a ocupar o centro do palco – mas como física, não como matemática. Uma vez que o espaço não *precisa* ser euclidiano, qual *é* então a sua forma? Os cientistas perceberam que, na verdade, não sabiam. Em 1813, Gauss, sabendo que num espaço curvo os ângulos de um triângulo não somam 180°, mediu os ângulos de um triângulo formado por três picos – o Brocken, o Hohenhagen e o Inselberg. Ele obteve uma soma de quinze segundos a mais que 180°. Se correto, isso indicava que o espaço (ao menos nessa região) tinha curvatura positiva. Mas seria preciso um triângulo muito maior, e medições muito mais precisas, para eliminar erros de observação. Assim, as observações de Gauss foram inconclusivas. O espaço podia ser euclidiano, mas podia também não ser.

MINHA OBSERVAÇÃO DE QUE o espaço hiperbólico tridimensional é "simplesmente curvo" depende de um novo ponto de vista sobre curvatura, que também retrocede até Gauss. A esfera tem uma curvatura positiva constante, e o plano hiperbólico tem uma curvatura negativa constante. Mas a curvatura de uma superfície não precisa ser constante. Ela pode ser acentuadamente curva em alguns lugares, menos encurvada em outros. De fato, poderia ser positiva em algumas regiões e negativa em outras. A curvatura poderia variar continuamente de um lugar para outro. Se a superfície tem a aparência de um osso de cachorro, então os calombos nas extremidades têm curvatura positiva, mas a parte que as une tem curvatura negativa.

Gauss buscou uma fórmula para caracterizar a curvatura de uma superfície em qualquer ponto. Quando finalmente encontrou, ele a publicou em seu *Disquisitiones Generales Circa Superficies Curvas* ("Investigações gerais sobre superfícies curvas"), de 1828, denominando-a "teorema notável". O que era tão notável? Gauss havia partido de uma visão primitiva de curvatura: embutir a superfície num espaço tridimensional e calcular quão curva ela é. Mas a resposta lhe disse que o espaço em volta não tinha importância. Ele não entrava na fórmula. Gauss escreveu: "A fórmula ... leva a si mesma a um teorema notável: se uma superfície curva é desenvolvida sobre qualquer outra superfície, a medida da curvatura em cada ponto permanece inalterada." Por "desenvolvida" ele queria dizer "enrolada em torno".

Pegue uma folha de papel plana, curvatura zero. Agora enrole-a em torno de uma garrafa. Se a garrafa é cilíndrica o papel se ajusta perfeitamente, sem se dobrar, esticar ou torcer. Ele se curva até onde alcança sua aparência visual, mas trata-se de um tipo de enrolamento trivial, porque não alterou a geometria do papel de nenhuma maneira. Ele só mudou a forma como o papel se relaciona com o espaço em volta. Desenhe um triângulo retângulo nesse papel plano, meça seus lados, verifique Pitágoras. Agora enrole o desenho em torno da garrafa. Os comprimentos dos lados, *medidos ao longo do papel*, não mudam. Pitágoras ainda vigora.

A superfície de uma esfera, porém, tem curvatura diferente de zero. Então não é possível enrolar uma folha de papel de modo que ela se ajuste perfeitamente contra a esfera, sem dobrá-la, esticá-la ou rasgá-la. A geometria de uma esfera é intrinsecamente diferente da geometria de um plano. Por exemplo, o equador da Terra e as linhas de longitude de 0° e 90° ao norte determinam um triângulo que possui três ângulos retos e três lados iguais (presumindo que a Terra seja uma esfera). Então a equação de Pitágoras é falsa.

Hoje em dia chamamos curvatura em seu sentido intrínseco de "curvatura gaussiana". Gauss explicou por que ela é importante usando uma

Teorema de Pitágoras 33

vívida analogia, ainda atual. Imaginemos uma formiga confinada à superfície. Como ela pode descobrir se a superfície é curva? Ela não pode sair da superfície para ver se tem uma aparência dobrada. Mas ela pode usar a fórmula de Gauss fazendo medições adequadas puramente sobre a superfície. Nós estamos na mesma situação que a formiga quando tentamos descobrir a verdadeira geometria do nosso espaço. Não podemos dar um passo para fora dele. No entanto, antes de podermos imitar a formiga fazendo medições, precisamos de uma fórmula para a curvatura de um espaço de três dimensões. Gauss não a tinha. Mas um de seus discípulos, num acesso de temeridade, anunciou que tinha.

O DISCÍPULO ERA Georg Bernhard Riemann, e estava tentando obter o que as universidades alemãs chamam de habilitação, o passo seguinte ao doutorado. Na época de Riemann isso significava que se podia cobrar dos estudantes uma taxa pelas aulas. Na época e hoje, a habilitação requer a apresentação de cada pesquisa numa aula pública que também constitui um exame. O candidato apresenta vários tópicos e o examinador, que no caso de Riemann era Gauss, escolhe um deles. Riemann, um brilhante talento matemático, fez uma lista de vários tópicos ortodoxos que sabia de trás para a frente, mas num jorro de sangue para o cérebro sugeriu também "Sobre as hipóteses que jazem nos fundamentos da geometria". Gauss havia muito se interessava exatamente por esse tema, e naturalmente o escolheu para o exame de Riemann.

Riemann imediatamente se arrependeu de apresentar algo tão desafiador. Ele tinha uma profunda aversão a falar em público, e não havia pensado detalhadamente a matemática do tema. Tinha simplesmente algumas ideias vagas, embora fascinantes, sobre espaço curvo. Em *qualquer* número de dimensões. O que Gauss fizera para duas dimensões, com seu notável teorema, Riemann queria fazer em quantas dimensões se desejasse. Precisava tornar aquilo realidade, e depressa. A aula pública estava assomando. A pressão quase lhe provocou um esgotamento nervoso, e seu emprego diurno ajudando Wilhelm Weber, colaborador de Gauss, em experimentos com eletricidade, não contribuiu em nada. Bem, talvez tenha, sim, contribuído, porque enquanto Riemann estava pensando na relação entre forças elétricas e magnéticas no trabalho, percebeu que a força pode estar relacionada com a curvatura. Trabalhando de trás para diante, ele podia usar a matemática das forças para definir curvatura, conforme seu exame exigia.

Em 1854, Riemann apresentou sua aula, obtendo uma recepção calorosa, o que não foi de admirar. Ele começou definindo aquilo que chamou de "variedade", no sentido de uma grandeza de aspectos múltiplos. Formalmente, uma "variedade" é especificada por um sistema de muitas coordenadas, juntamente com uma fórmula para distância entre pontos próximos, agora chamada de métrica riemanniana. Informalmente, uma variedade é um espaço multidimensional em toda a sua glória. O clímax da aula de Riemann foi uma fórmula que generalizava o notável teorema de Gauss: definia a curvatura da variedade somente em termos de sua métrica. E é aqui que a história dá a volta completa, como a serpente Uróboro, e engole a própria cauda: a métrica contém visíveis remanescentes de Pitágoras.

Suponhamos, por exemplo, que uma variedade tenha três dimensões. Sejam (x, y, z) as coordenadas de um ponto e $(x + dx, y + dy, z + dz)$ as coordenadas de um ponto próximo, em que o "d" significa "um minúsculo acréscimo de". Se for um espaço euclidiano, com curvatura zero, a distância entre esses dois pontos satisfaz a equação

$$ds^2 = dx^2 + dy^2 + dz^2$$

e isso é exatamente Pitágoras, restrito a pontos muito próximos. Se o espaço for curvo, com curvatura variável de ponto a ponto, a fórmula análoga, a métrica, terá o seguinte aspecto:

$$ds^2 = X\,dx^2 + Y\,dy^2 + Z\,dz^2 + 2U\,dx\,dy + 2V\,dx\,dz + 2W\,dy\,dz$$

Aqui X, Y, Z, U, V, W podem depender de x, y e z. Pode parecer um pouco prolixo, mas, como a equação de Pitágoras, ela envolve somas de quadrados (e produtos intimamente relacionados de duas grandezas como dx e dy) mais alguns enfeites menos relevantes. O número 2 ocorre porque a fórmula pode ser embalada numa tabela ou matriz 3×3:

$$\begin{bmatrix} X & U & V \\ U & Y & W \\ V & W & Z \end{bmatrix}$$

em que X, Y, Z aparecem uma vez, mas U, V, W aparecem duas. A tabela é simétrica em relação à diagonal; em linguagem de geometria diferencial ela é um tensor simétrico. A generalização de Riemann do notável teorema de Gauss é uma fórmula para a curvatura da variedade, num ponto dado, em termos deste tensor. No caso especial em que Pitágoras se aplica, a curvatura acaba se revelando zero. Assim, a validade da equação de Pitágoras é um teste para a ausência de curvatura.

Como a fórmula de Gauss, a expressão de Riemann para a curvatura depende apenas da métrica da variedade. Uma formiga confinada à variedade poderia observar a métrica medindo minúsculos triângulos e calculando a curvatura. Curvatura é uma propriedade intrínseca de uma variedade, independentemente de qualquer espaço em volta. De fato, a métrica já determina a geometria, de modo que nenhum espaço em volta é exigido. Em particular, nós, formigas humanas, podemos perguntar qual é a forma do nosso vasto e misterioso universo, e ter esperança de responder fazendo observações que não exijam que saiamos do universo. Que no fundo é muito bom, já que de fato não podemos sair.

Riemann descobriu sua fórmula usando forças para definir a geometria. Cinquenta anos depois, Einstein reverteu a ideia de Riemann na sua cabeça, usando geometria para definir a força da gravidade em sua teoria da relatividade geral, e inspirando novas ideias sobre a forma do universo (ver Capítulo 13). Trata-se de uma progressão de eventos impressionante. A equação de Pitágoras veio a existir inicialmente cerca de 3.500 anos atrás para medir a terra de um agricultor. Sua extensão para triângulos sem ângulos retos, e triângulos sobre uma esfera, permitiu que mapeássemos os nossos continentes e medíssemos o nosso planeta. E uma notável generalização nos permite medir a forma do universo. Grandes ideias têm pequenos começos.

2. Abreviando os procedimentos
Logaritmos

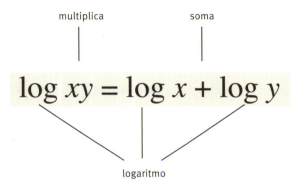

O que diz?
Como multiplicar números fazendo, em vez da multiplicação, uma soma de números correlacionados.

Por que é importante?
Somar é muito mais simples que multiplicar.

Qual foi a consequência?
Métodos eficientes para calcular fenômenos astronômicos tais como eclipses e órbitas planetárias. Formas rápidas de executar cálculos científicos. A companheira fiel dos engenheiros, a régua de cálculo. Decaimento radiativo e psicofísica da percepção humana.

Os NÚMEROS SE ORIGINARAM a partir de problemas práticos: registrar propriedade, tal como animais ou terras, e transações financeiras, tais como taxação e contabilidade. A primeira notação conhecida de números, além de simples entalhes como IIII, encontra-se na parte externa de invólucros de argila. Em 8000 a.C., os contadores mesopotâmios mantinham registros usando pequenas fichas de argila de vários formatos. A arqueóloga Denise Schmandt-Besserat notou que cada formato representava um bem básico – uma esfera para grãos, um ovo para um cântaro de óleo, e assim por diante. Por segurança, as fichas eram colocadas e lacradas em invólucros de argila. Mas era um estorvo quebrar um invólucro para descobrir quantas fichas cada um continha, então os antigos contadores rabiscavam símbolos na parte externa para mostrar o que havia dentro. Finalmente acabaram percebendo que, uma vez tendo os símbolos, podiam abandonar as fichas. O resultado foi uma série de símbolos escritos para os números – a origem de todos os símbolos numéricos posteriores, e talvez também da escrita.

Junto com os números veio a aritmética: métodos para somar, subtrair, multiplicar e dividir números. Dispositivos como o ábaco eram usados para somas; então os resultados podiam ser registrados em símbolos. Após um tempo, foram encontrados meios de usar símbolos para executar os cálculos sem auxílio mecânico, embora o ábaco ainda seja amplamente utilizado em muitas partes do mundo, enquanto as calculadoras eletrônicas suplantaram os cálculos feitos com lápis e papel na maioria dos países.

A aritmética provou também ser essencial de outras maneiras, especialmente em astronomia e levantamentos de áreas. À medida que começaram a surgir os contornos básicos das ciências físicas, os primeiros cientistas precisaram executar cálculos cada vez mais elaborados, a mão.

Geralmente isso ocupava grande parte de seu tempo, às vezes meses ou anos, vindo a atrapalhar atividades mais criativas. Acabou se tornando essencial acelerar o processo. Foram inventados inúmeros dispositivos mecânicos, mas o avanço mais importante foi conceitual: pense primeiro, calcule depois. Usando uma matemática inteligente, seria possível facilitar muito os cálculos.

A nova matemática evoluiu rapidamente, desenvolvendo vida própria e revelando possuir profundas implicações teóricas, bem como práticas. Hoje, essas ideias iniciais tornaram-se ferramenta indispensável em toda ciência, chegando até a psicologia e as ciências humanas. Foram amplamente usadas até 1980, quando os computadores as tornaram obsoletas para objetivos práticos, mas, apesar disso, sua importância em matemática e ciência tem continuado a crescer.

A ideia central é uma técnica matemática chamada logaritmo. Seu inventor foi um proprietário de terras escocês, mas foi necessário um professor de geometria com fortes interesses em navegação e astronomia para substituir a ideia brilhante, porém falha, do senhor de terras por outra melhor.

EM MARÇO DE 1615 Henry Briggs escreveu uma carta a James Ussher, registrando um fato crucial na história da ciência:

> Napper, lorde de Markinston, pôs minha cabeça e minhas mãos para trabalhar com seus novos e admiráveis logaritmos. Espero vê-lo neste verão, se Deus quiser, pois nunca vi um livro que me agradasse tanto ou me deixasse mais maravilhado.

Briggs foi o primeiro professor de geometria no Gresham College, em Londres, e "Napper, lorde de Markinston" era John Napier, oitavo senhor de Merchiston, agora parte da cidade de Edimburgo, na Escócia. Napier parece ter sido um pouco místico; tinha fortes interesses teológicos, mas que se centravam principalmente no livro do Apocalipse. Na sua opinião, sua obra mais importante foi *A Plaine Discovery of the Whole Revelation of St.*

Logaritmos

John, que o levou a predizer que o mundo terminaria ou em 1688 ou em 1700. Acredita-se que ele tenha se envolvido tanto em alquimia quanto em necromancia, e seus interesses no oculto lhe valeram uma reputação de mago. Segundo um boato, ele levava para todo lugar que ia uma aranha preta numa caixinha, e possuía um "familiar", ou companheiro mágico: um galo preto. De acordo com um de seus descendentes, Mark Napier, John empregava seu familiar para pegar criados que estivessem roubando. Trancava os suspeitos num quarto com o galo, e os instruía a afagá-lo, dizendo que seu pássaro mágico detectaria o culpado sem risco de errar. Mas o misticismo de Napier tinha um núcleo racional, que neste exemplo específico envolvia cobrir o galo com uma fina camada de fuligem. Um criado inocente teria confiança suficiente para afagar a ave conforme instruído, e ficaria com fuligem nas mãos. O culpado, receoso de ser descoberto, evitaria afagar o galo. Assim, ironicamente, mãos limpas provavam que o sujeito era culpado.

Napier dedicou grande parte do seu tempo à matemática, especialmente a métodos para acelerar cálculos matemáticos complicados. Um dos inventos, os ossos de Napier, era um conjunto de dez bastões, marcados com números, que simplificava o processo de multiplicações longas. Melhor ainda foi a invenção que gerou sua reputação e criou uma revolução científica: não o seu livro sobre o Apocalipse, como ele esperava, mas seu *Mirifici Logarithmorum Canonis Descriptio* ("Descrição do maravilhoso cânone dos logaritmos"), de 1614. O prefácio mostra que Napier sabia exatamente o que tinha produzido, e para que servia.[1]

> Já que não existe nada mais enfadonho, colegas matemáticos, na prática da arte matemática do que o grande atraso sofrido no tédio de extensas multiplicações e divisões, de encontrar razões, e na extração de raízes quadradas e cúbicas – e ... os muitos erros traiçoeiros que podem surgir: eu estive, portanto, revirando em minha mente que arte segura e expedita eu poderia ser capaz de aperfeiçoar para tais mencionadas dificuldades. No final, após muito pensar, finalmente descobri uma surpreendente maneira de abreviar

os procedimentos ... e é uma tarefa prazerosa apresentar o método para o uso público dos matemáticos.

No momento que Briggs ouviu falar dos logaritmos, ficou encantado. Como muitos matemáticos de sua época, ele passava bastante tempo fazendo cálculos astronômicos. Sabemos disso porque outra carta de Briggs para Ussher, datada de 1610, menciona o cálculo de eclipses, e pelo fato de Briggs ter publicado anteriormente dois livros sobre tabelas numéricas, uma relacionada com o polo Norte e outra com navegação. Todas essas obras exigiram vastas quantidades de complicada aritmética e trigonometria. A invenção de Napier economizaria uma grande dose dessa tediosa labuta. Mas quanto mais Briggs estudava o livro, mais convencido ficava de que, embora a estratégia de Napier fosse maravilhosa, a tática estava errada. Briggs concebeu um aperfeiçoamento simples porém efetivo, e fez a longa viagem para a Escócia. Quando se encontraram, "passou-se quase um quarto de hora, um observando o outro com admiração, antes que qualquer palavra fosse dita".[2]

O QUE FOI QUE PROVOCOU tanta admiração? A observação fundamental, óbvia para qualquer um que aprenda matemática, era que somar números é relativamente fácil, mas multiplicar não é. A multiplicação requer muito mais operações matemáticas que a adição. Por exemplo, somar dois números de dez dígitos envolve cerca de dez passos simples, mas multiplicar exige 200. Com computadores modernos, esta questão ainda é importante, mas agora fica escondida nos bastidores, nos algoritmos utilizados para a multiplicação. Mas no tempo de Napier tudo tinha de ser feito a mão. Não seria ótimo se houvesse algum truque matemático que pudesse converter aquelas cansativas multiplicações em agradáveis e rápidas somas? Parece bom demais para ser verdade, mas Napier percebeu que era possível. O truque era trabalhar com as potências de um número fixo.

Em álgebra, as potências de um x desconhecido são indicadas por um pequeno número sobrescrito – o expoente. Isto é, $xx = x^2$, $xxx = x^3$, $xxxx = x^4$, e assim por diante, uma vez que em álgebra é usual colocar duas letras

Logaritmos

uma ao lado da outra significando que devem ser multiplicadas. Então, por exemplo, $10^4 = 10 \times 10 \times 10 \times 10 = 10.000$. Você não precisa brincar muito com essas expressões para descobrir uma maneira fácil de deduzir, digamos, $10^4 \times 10^3$. Basta escrever

$$10.000 \times 1.000 = (10 \times 10 \times 10 \times 10) \times (10 \times 10 \times 10)$$
$$= 10 \times 10 \times 10 \times 10 \times 10 \times 10 \times 10$$
$$= 10.000.000$$

O número de zeros na resposta é 7, que equivale a $4 + 3$. O primeiro passo no cálculo mostra *por que* é $4 + 3$: grudamos quatro 10 e três 10 lado a lado. Resumindo,

$$10^4 \times 10^3 = 10^{4+3} = 10^7$$

Da mesma forma, qualquer que seja o valor de x, se multiplicarmos x elevado à potência a por x elevado à potência b, sendo a e b números inteiros, então teremos x elevado à potência $(a + b)$:

$$x^a \, x^b = x^{a+b}$$

Esta pode parecer uma fórmula inócua, mas à esquerda estamos multiplicando duas grandezas, enquanto à direita o passo principal é somar a e b, o que é mais simples.

Suponha que você quisesse multiplicar, digamos, 2,67 por 3,51. Pela multiplicação longa você chega a 9,3717, que, com duas casas decimais, fica 9,37. E se você tentar usar a fórmula acima? O truque reside na escolha de x. Se tomarmos x como 1,001, então um pouco de aritmética revela que

$$(1,001)^{983} = 2,67$$
$$(1,001)^{1.256} = 3,51$$

arredondados para duas casas decimais. A fórmula então nos diz que $2,67 \times 3,51$ é

$$(1,001)^{983 + 1.256} = (1,001)^{2.239}$$

que, com duas casas decimais, é 9,37.

O núcleo do cálculo é uma fácil adição: $983 + 1.256 = 2.239$. No entanto, se você tentar verificar a minha aritmética logo perceberá que na verdade eu dificultei o problema ao invés de facilitar. Para descobrir $(1,001)^{983}$ é preciso multiplicar $1,001$ por si mesmo 983 vezes. E para descobrir que 983 é a potência certa a se usar, é preciso mais trabalho ainda. Então, à primeira vista, parece uma ideia bastante inútil.

A grande sacada de Napier foi que essa objeção é errada. Mas para superá-la alguma alma intrépida precisa calcular montões de potências de $1,001$, a começar por $(1,001)^2$, e subir até algo como $(1,001)^{10.000}$. Então pode-se publicar uma tabela de todas essas potências. Depois disso, a maior parte do trabalho já está feita. Basta você correr os dedos pelas potências sucessivas até ver $2,67$ perto de 983; da mesma forma você localiza $3,51$ perto de 1.256. Aí você soma os dois números para obter 2.239. A fila correspondente na tabela lhe diz que esta potência de $1,001$ é $9,37$. Tarefa cumprida.

Resultados realmente acurados requerem potências de algo bem mais perto de 1, algo como $1,000001$. Isso torna a tabela muito maior, com cerca de um milhão de potências. Fazer os cálculos para essa tabela é uma empreitada gigantesca. *Mas precisa ser feita apenas uma vez.* Se algum benfeitor disposto ao autossacrifício fizer tal esforço de antemão, gerações sucessivas serão poupadas de um volume enorme de aritmética.

No contexto deste exemplo, podemos dizer que as potências 983 e 1.256 são os *logaritmos* dos números $2,67$ e $3,51$ que queremos multiplicar. Da mesma forma, 2.239 é o logaritmo de seu produto $9,37$. Escrevendo log como abreviatura, o que fizemos equivale à equação

$$\log ab = \log a + \log b$$

que é válida para quaisquer números a e b. A escolha relativamente arbitrária de $1,001$ é chamada *base*. Se usarmos uma base diferente, os logaritmos que podemos calcular também serão diferentes, mas para qualquer base fixada tudo funciona da mesma maneira.

Isto é o que Napier deveria ter feito. Mas por razões que podemos apenas adivinhar, ele fez algo ligeiramente diferente. Briggs, abordando a técnica de uma nova perspectiva, divisou duas formas de melhorar a ideia de Napier.

Logaritmos 43

QUANDO NAPIER COMEÇOU a pensar nas potências de números, no fim do século XVI, a ideia de reduzir multiplicação à adição já circulava entre os matemáticos. Um método bastante complicado conhecido como "prostaférese", baseado numa fórmula que envolve funções trigonométricas, estava em uso na Dinamarca.[3] Napier, intrigado, era esperto o bastante para perceber que as potências de um determinado número podiam fazer o mesmo trabalho de maneira mais simples. As tabelas necessárias não existiam – mas isso seria remediado facilmente. Alguma alma com senso de coletividade precisava fazer o trabalho. Napier se apresentou como voluntário para a tarefa, mas cometeu um erro estratégico. Em vez de usar uma base que fosse ligeiramente maior que 1, usou uma base ligeiramente menor que 1. Como resultado, a sequência de potências tinha início com números grandes, que iam diminuindo sucessivamente. Isso tornou os cálculos um pouco mais complicados.

Briggs identificou o problema, e viu como lidar com ele: usou uma base ligeiramente maior que 1. E também identificou um problema um pouco mais sutil, e também lidou com ele. Se o método de Napier fosse modificado para funcionar com potências de algo como 1,0000000001, não haveria relação direta entre os logaritmos de, digamos, 12,3456 e 1,23456. Então não ficava inteiramente claro aonde a tabela podia *parar*. A origem do problema era o valor de log 10, porque

$$\log 10x = \log 10 + \log x$$

Infelizmente log 10 era uma confusão: com a base 1,0000000001 o logaritmo de 10 era 23.025.850.929. Briggs pensou que seria muito melhor se a base pudesse ser escolhida de modo que log 10 = 1. Então, log $10x = 1 + \log x$, de modo que, qualquer que fosse o log 1,23456, bastava somar 1 para obter log 12,3456. Agora as tabelas de logaritmos precisavam abranger somente de 1 a 10. Se aparecessem números maiores, bastava somar o número inteiro apropriado.

Para fazer log 10 = 1, faz-se o que Napier fez, usando a base de 1,0000000001, e aí se divide cada logaritmo por esse curioso número 23.025.850.929. A tabela resultante consiste em logaritmos de base 10, que escreverei como $\log_{10} x$. Eles satisfazem

$$\log_{10} xy = \log_{10} x + \log_{10} y$$

como antes, mas também

$$\log_{10} 10x = \log_{10} x + 1$$

Dois anos depois, Napier faleceu, então Briggs começou a trabalhar numa tabela de logaritmos de base 10. Em 1617 publicou *Logarithmorum Chilias Prima* ("Logaritmos do primeiro milhar"), os logaritmos de inteiros de 1 a 1.000 com precisão de catorze casas decimais. Em 1624 deu prosseguimento com *Arithmetic Logarithmica* ("Aritmética dos logaritmos"), uma tabela de logaritmos com base 10 de números de 1 a 20.000 e de 90.000 a 100.000, com igual precisão. Outros seguiram rapidamente o caminho de Briggs, preenchendo o grande vão e desenvolvendo tabelas auxiliares tais como logaritmos de funções trigonométricas como log sen x.

As MESMAS IDEIAS QUE INSPIRARAM os logaritmos nos permitem definir potências x^a de uma variável positiva x para valores de a que não sejam números positivos inteiros. Tudo que temos a fazer é insistir que a nossa definição seja consistente com a equação $x^a x^b = x^{a+b}$, e seguir nosso instinto. Para evitar complicações desagradáveis, é melhor assumir que x seja positivo e definir x^a de modo que também seja positivo. (Para um x negativo, é melhor introduzir números complexos, como no Capítulo 5.)

Por exemplo, o que é x^0? Tendo em mente que $x^1 = x$, a fórmula diz que x^0 precisa satisfazer $x^0 x = x^{0+1} = x$. Dividindo por x descobrimos que $x^0 = 1$. E agora, o que significa x^{-1}? Bem, a fórmula diz que $x^{-1} x = x^{-1+1} = x^0 = 1$. Dividindo por x, obtemos $x^{-1} = 1/x$. De forma idêntica, $x^{-2} = 1/x^2$, $x^{-3} = 1/x^3$, e assim por diante.

Começa a ficar mais interessante, e potencialmente muito útil, quando pensamos em $x^{1/2}$. Isso precisa satisfazer $x^{1/2} x^{1/2} = x^{1/2 + 1/2} = x^1 = x$. Logo, $x^{1/2}$, multiplicado por si mesmo, é x. O único número com essa propriedade é a raiz quadrada de x. Logo, $x^{1/2} = \sqrt{x}$. Da mesma forma, $x^{1/3} = \sqrt[3]{x}$, a raiz cúbica de x. Prosseguindo dessa maneira podemos definir $x^{p/q}$ para

Logaritmos

qualquer fração p/q. Então, usando frações como aproximações de números reais, podemos definir x^a para qualquer real a. E a equação $x^a x^b = x^{a+b}$ ainda permanece válida.

Segue-se também que log $\sqrt{x}$ = ½ log x e que log $\sqrt[3]{x}$ = ⅓ log x, de modo que podemos calcular as raízes quadradas e cúbicas utilizando a tabela de logaritmos. Por exemplo, para encontrar a raiz quadrada de um número formamos seu logaritmo, dividimos por 2, e então descobrimos qual número tem como resultado aquele logaritmo. Para raízes cúbicas, fazemos o mesmo dividindo por 3. Os métodos tradicionais para esses problemas eram tediosos e complicados. Você pode ver por que Napier mencionou raízes quadradas e cúbicas no prefácio de seu livro.

Tão logo as tabelas de logaritmos completas ficaram disponíveis, tornaram-se uma ferramenta indispensável para cientistas, engenheiros, topógrafos e navegadores. Economizavam tempo, poupavam esforços e aumentavam a probabilidade de a resposta estar correta. De início, uma importante beneficiária foi a astronomia, porque os astrônomos rotineiramente necessitavam executar cálculos longos e difíceis. O matemático e astrônomo francês Pierre Simon de Laplace disse que a invenção dos logaritmos "reduz para alguns poucos dias o trabalho de muitos meses, duplica a vida do astrônomo e o poupa de erros e desgostos". À medida que foi aumentando o emprego de maquinário na produção, os engenheiros começaram a fazer mais e mais uso da matemática – para projetar equipamentos complexos, analisar a estabilidade de pontes e edifícios, fabricar carros, bondes, navios e aviões. Algumas décadas atrás, os logaritmos eram parte integrante do currículo escolar de matemática. E os engenheiros carregavam no bolso o que era efetivamente uma calculadora analógica para logaritmos, uma representação física da equação básica para logaritmos para uso imediato. Era chamada régua de cálculo, e a utilizavam rotineiramente em aplicações que iam de arquitetura a projetos aeronáuticos.

A primeira régua de cálculo foi construída em 1630 por um matemático inglês, William Oughtred, usando escalas circulares. Ele modificou o desenho em 1632, fazendo as duas escalas retas. Esta foi a primeira régua de cálculo. A ideia é simples: quando você alinha duas hastes, as medidas se somam. Se as hastes são marcadas utilizando uma escala logarítmica, na qual os números estão espaçados segundo seus logaritmos, então os números correspondentes se *multiplicam*. Por exemplo, alinhemos o 1 de uma haste com o 2 da outra. Então, qualquer número x da primeira haste estará alinhado com $2x$ da segunda. Desse modo, alinhado com o 3 teremos 6, e assim por diante, como vemos na Figura 11. Se os números forem mais complicados, digamos 2,67 e 3,51, colocamos o 1 alinhado com o 2,67 e lemos o número alinhado com o 3,51, ou seja, 9,37. É muito fácil.

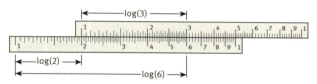

FIGURA 11 Multiplicando 2 por 3 na régua de cálculo.

Engenheiros rapidamente desenvolveram réguas de cálculo extravagantes, com funções trigonométricas, raízes quadradas, escalas log-log (logaritmos de logaritmos) para calcular potências, e assim por diante. Os logaritmos acabaram ficando em segundo plano com a invenção dos computadores digitais, mas mesmo hoje o logaritmo ainda desempenha um papel enorme em ciência e tecnologia, juntamente com sua inseparável companheira, a função exponencial. Para logaritmos de base 10, trata-se da função 10^x; para logaritmos naturais, a função e^x, onde $e = 2,71828$, aproximadamente. Em cada par, as duas funções são o inverso uma da outra. Se pegarmos um número, tirarmos seu logaritmo, e então fizermos a exponencial dele, obteremos o número com o qual se começou.

Logaritmos 47

Por que precisamos de logaritmos agora que temos computadores?

Em 2011 um terremoto de magnitude 9,0 na costa oriental do Japão provocou um gigantesco tsunami, que devastou uma área densamente habitada, matando cerca de 25 mil pessoas. No litoral havia uma usina de energia nuclear, Fukushima Dai-ichi (Usina Fukushima 1, para distinguir de uma segunda usina nuclear situada nas proximidades). Seis reatores nucleares distintos ficaram comprometidos: três estavam em operação quando o tsunami atingiu a usina; os outros três haviam cessado de operar temporariamente e seu combustível fora transferido para reservatórios de água fora dos reatores, mas dentro dos edifícios da usina.

O tsunami sobrecarregou as defesas da usina, cortando o suprimento de energia elétrica. Os três reatores em operação (números 1, 2 e 3) foram fechados como medida de segurança, mas seus sistemas de resfriamento ainda precisavam impedir o derretimento do combustível. No entanto, o tsunami também destruiu os geradores de emergência, que deveriam suprir a energia do sistema de resfriamento e outros sistemas de segurança críticos. O nível seguinte de sustentação eram baterias, que rapidamente escoaram sua energia. O sistema de resfriamento parou e o combustível nuclear em vários reatores começou a superaquecer. Improvisando, os operadores usaram extintores de incêndio para bombear água do mar nos três reatores em funcionamento, mas esta água reagiu com o revestimento de zircônio das hastes de combustível produzindo hidrogênio. A formação de hidrogênio causou uma explosão no edifício que abrigava o reator 1. Os reatores 2 e 3 logo sofreram a mesma sorte. A água no reservatório do reator 4 secou, deixando seu combustível exposto. Quando os operadores recuperaram o que parecia ser o controle da situação, o recipiente de contenção de pelo menos um dos reatores havia rachado, e havia radiação vazando para o ambiente local. As autoridades japonesas evacuaram 200 mil pessoas da área ao redor porque a radiação estava bem acima dos limites de segurança normais. Seis meses depois, a companhia que operava os reatores, a Tepco, declarou que a situação permanecia crítica e muito mais trabalho seria necessário antes que os reatores pudessem ser considerados totalmente sob controle, mas alegavam que o vazamento tinha sido interrompido.

Não quero analisar aqui os méritos ou as desvantagens da energia nuclear, mas quero mostrar, sim, como o logaritmo responde a uma questão vital: se você sabe quanto material radiativo foi liberado, e de que tipo, por quanto tempo ele permanecerá no ambiente, onde pode ser perigoso?

Elementos radiativos decaem; quer dizer, transformam-se em outros elementos mediante processos nucleares, emitindo partículas nucleares ao fazê-lo. São essas partículas que constituem a radiação. O nível de radiatividade cai com o tempo da mesma maneira que a temperatura de um corpo quente ao esfriar: exponencialmente. Logo, em unidades apropriadas, que não serão discutidas aqui, o nível de radiatividade $N(t)$ num instante t segue a equação

$$N(t) = N_0\, e^{-kt}$$

Em que N_0 é o nível inicial e k uma constante que depende do elemento em questão. Mais precisamente, depende de que forma, ou isótopo, do elemento estamos considerando.

Uma medida conveniente do tempo que a radiatividade persiste é a meia-vida, um conceito introduzido pela primeira vez em 1907. É o tempo que leva para o nível inicial N_0 cair para metade de seu valor. Para calcular a meia-vida, resolvemos a equação

$$\tfrac{1}{2}\, N_0 = N_0\, e^{-kt}$$

tomando os logaritmos de ambos os lados. O resultado é

$$t = \frac{\log 2}{k} = \frac{0{,}6931}{k}$$

e podemos fazer o cálculo porque k é conhecido de experimentos.

A meia-vida é um modo conveniente de avaliar por quanto tempo a radiação persistirá. Suponhamos que a meia-vida seja uma semana, por exemplo. Então, a taxa original com que o material emite radiação cai pela metade após uma semana, cai para um quarto após duas semanas, para um oitavo após três semanas, e assim por diante. São necessárias dez semanas

Logaritmos 49

para que a taxa de radiação caia para um milésimo de seu nível original (na verdade, $\frac{1}{1024}$), e vinte semanas para cair para um milionésimo.

Em acidentes com reatores nucleares convencionais, os produtos radiativos mais importantes são o iodo-131 (um isótopo radiativo do iodo) e o césio-137 (um isótopo radiativo do césio). O primeiro pode causar câncer na tireoide, porque a glândula tireoide concentra iodo. A meia-vida do iodo-131 é de apenas oito dias, de modo que ele causa pouco dano se pudermos dispor da medicação adequada, e seus riscos decrescem de forma muito rápida a menos que continue a vazar. O tratamento padrão é dar às pessoas tabletes de iodo, que reduzem a quantidade da forma radiativa absorvida pelo corpo, mas o remédio mais eficaz é parar de beber leite contaminado.

O césio-137 é muito diferente: ele tem uma meia-vida de trinta anos. Leva cerca de duzentos anos para que o nível de radiatividade caia para um centésimo do valor inicial, de modo que ele permanece perigoso por muito tempo. A questão prática mais importante num acidente com um reator é a contaminação do solo e dos edifícios. A descontaminação é viável até certo ponto, porém cara. Por exemplo, o solo pode ser removido, carregado em caminhões, e armazenado em algum lugar seguro. Mas isso cria quantidades enormes de lixo radiativo de baixo nível.

O decaimento radiativo é apenas uma das muitas áreas nas quais os logaritmos de Napier e Briggs continuam a servir à ciência e à humanidade. Se você folhear capítulos posteriores do livro os encontrará pipocando em termodinâmica e teoria da informação, por exemplo. Ainda que computadores rápidos tenham tornado os logaritmos redundantes em seu propósito inicial, que eram os cálculos rápidos, eles ainda são centrais para a ciência por motivos conceituais e não computacionais.

OUTRA APLICAÇÃO DE LOGARITMOS provém dos estudos da percepção humana: como sentimos o mundo ao nosso redor. Os pioneiros da psicofísica da percepção fizeram estudos extensivos da visão, da audição e do tato, e encontraram algumas intrigantes regularidades matemáticas.

Na década de 1840, um médico alemão, Ernst Weber, realizou experimentos para determinar quão sensível é a percepção humana. Os participantes receberam pesos para segurar nas duas mãos, instruídos a dizer quando pudessem sentir que um era mais pesado que outro. Weber pôde então calcular qual era a menor diferença detectável nos pesos. Talvez de forma surpreendente, essa diferença (para um determinado sujeito experimental) não era um valor fixo. Dependia de quais eram os valores dos pesos que estavam sendo comparados. As pessoas não sentiam uma diferença mínima absoluta – cinquenta gramas, digamos. Sentiam uma diferença mínima *relativa* – 1% dos pesos comparados, digamos. Ou seja, a menor diferença que os sentidos humanos podem detectar é proporcional ao estímulo, à quantidade física real.

Nos anos 1850 Gustav Fechner redescobriu essa lei, e a reformulou matematicamente. Isso o conduziu a uma equação, que ele chamou de lei de Weber, embora atualmente seja em geral chamada de lei de Fechner (ou lei de Weber-Fechner, se você for purista). Ela afirma que a sensação percebida é proporcional ao *logaritmo* do estímulo. Experimentos sugeriram que essa lei se aplica não somente ao nosso senso de peso, mas também à visão e à audição. Se olharmos para uma luz, o brilho que percebemos varia com o logaritmo da emissão real de energia. Se uma fonte é dez vezes mais intensa que outra, então a diferença que percebemos é constante, por mais brilhantes que as duas fontes efetivamente sejam. O mesmo vale para a intensidade do som: uma explosão com dez vezes mais energia tem o som com valor fixo mais alto.

A lei de Weber-Fechner não é totalmente precisa, mas é uma boa aproximação. A evolução tinha de acabar recorrendo a algo como uma escala logarítmica, porque o mundo externo apresenta aos nossos sentidos estímulos que abrangem uma gama enorme de tamanhos. Um ruído pode ser um pouquinho mais do que um camundongo correndo pelo mato, ou pode ser uma trovoada; nós precisamos ser capazes de ouvir as duas coisas. Mas a gama dos níveis sonoros é tão vasta que nenhum mecanismo sensorial biológico pode responder proporcionalmente à energia gerada pelo som. Se o ouvido capaz de ouvir um camundongo fizesse isso, então uma trovoada o destruiria. Se ele sintonizasse os níveis sonoros de modo que a trovoada

Logaritmos

produzisse um sinal confortável, jamais seria capaz de ouvir o camundongo. A solução é comprimir os níveis de energia dentro de uma faixa confortável, e o logaritmo faz exatamente isso. Ser sensível a proporções em vez de valores absolutos faz muito sentido, e gera excelentes sentidos.

Nossa unidade padrão para o ruído, o decibel, incorpora a lei de Weber-Fechner numa definição. Ela mede não o ruído absoluto, mas o ruído relativo. Um camundongo na grama produz cerca de dez decibéis. Uma conversa normal entre pessoas a um metro de distância ocorre em quarenta a sessenta decibéis. Um liquidificador elétrico direciona sessenta decibéis para a pessoa que está usando-o. O ruído num carro, provocado pelo motor e pelos pneus, é de sessenta a oitenta decibéis. Um avião a jato a cem metros produz 110-140 decibéis, subindo para 150 a trinta metros. Uma vuvuzela (o irritante instrumento semelhante a uma trombeta de plástico largamente ouvido na Copa do Mundo de Futebol de 2010, trazido para casa por fãs desorientados) gera 120 decibéis a um metro; a explosão de uma granada militar chega a produzir 180 decibéis.

Escalas como essas são amplamente encontradas porque possuem um aspecto de segurança. O nível em que o som potencialmente causa dano à audição é de cerca de 120 decibéis. Por favor, jogue fora a sua vuvuzela.

3. Fantasmas de grandezas sumidas
Cálculo

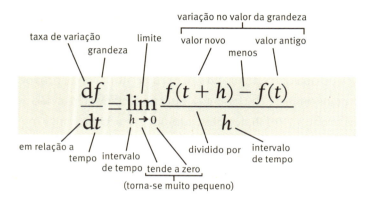

O que diz?
Encontrar a taxa de variação instantânea de uma grandeza que varia com (digamos) o tempo, calcular como seu valor varia em um breve intervalo de tempo e dividi-lo pelo tempo em questão. E então fazer com que esse intervalo se torne tão pequeno quanto se queira.

Por que é importante?
Fornece uma base rigorosa para o cálculo, o meio mais importante que os cientistas usam para modelar o mundo natural.

Qual foi a consequência?
O cálculo de tangentes e áreas. Fórmulas para volumes de sólidos e comprimentos de curvas. As leis do movimento de Newton, equações diferenciais. A lei da conservação da energia e da quantidade de movimento. A maior parte da física matemática.

EM 1665 CARLOS II ERA REI da Inglaterra e sua capital, Londres, era uma metrópole em expansão de meio milhão de pessoas. As artes floresciam e a ciência estava em seus estágios iniciais de ascendência cada vez mais rápida. A Royal Society, talvez a mais antiga sociedade científica atualmente, em existência, fora fundada cinco anos antes, e Carlos lhe concedera apoio real. Os ricos moravam em casas impressionantes e o comércio prosperava, mas os pobres viviam espremidos em ruas estreitas obscurecidas por construções decrépitas que se projetavam mais e mais à medida que cresciam, pavimento por pavimento. O saneamento era inadequado; ratos e outros bichos nocivos estavam por toda parte. No final de 1666 um quinto da população de Londres fora morta pela peste bubônica, disseminada primeiro por ratos e depois pelas próprias pessoas. Foi o pior desastre na história da capital, e a mesma tragédia se espalhou por toda a Europa e pelo norte da África. O rei partiu às pressas para a região rural mais saneada de Oxfordshire, retornando no início de 1666. Ninguém sabia o que causava a peste, e as autoridades municipais tentaram de tudo – manter fogueiras continuamente acesas para purificar o ar, queimar qualquer coisa que exalasse cheiro forte, enterrar os mortos rapidamente em fossas. Mataram muitos cães e gatos, ironicamente removendo dois predadores da população de ratos.

Durante esses dois anos, um obscuro e despretensioso estudante de graduação no Trinity College, em Cambridge, completava seus estudos. Na esperança de evitar a peste, retornou à casa onde nascera, de onde sua mãe administrava uma fazenda. Seu pai morrera pouco antes de ele nascer, e ele fora criado pela avó materna. Talvez inspirado pela paz e tranquilidade rural, ou na falta de algo melhor para fazer com seu tempo, o jovem pensava em ciência e matemática. Mais tarde, escreveu: "Naqueles dias eu estava na melhor época da minha vida para invenção, e me entreguei à matemática e à filosofia [natural] mais do que em qualquer outra época desde então." Suas pesquisas o levaram a compreender a importância da lei da gravitação variando com o inverso do quadrado, uma ideia que estivera pairando no ar ineficazmente por pelo menos cinquenta anos. Ele elaborou um método prático para resolver problemas em cálculo, outro conceito que estava no ar, mas não fora formulado de nenhuma forma genérica. E descobriu que a luz branca do Sol é composta de muitas cores diferentes – todas as cores do arco-íris.

Quando a peste cedeu, ele não contou a ninguém das descobertas que fizera. Retornou a Cambridge, fez o mestrado e tornou-se professor no Trinity. Eleito para a Cátedra Lucasiana de Matemática, finalmente começou a publicar suas ideias e a desenvolver pensamentos novos.

O jovem era Isaac Newton. Suas descobertas criaram uma revolução na ciência, originando um mundo que Carlos II jamais acreditaria que pudesse existir: prédios com mais de cem andares, carroças sem cavalos fazendo 120km/h pelas estradas enquanto o motorista escuta música usando um disco mágico feito de um estranho material que parece vidro, máquinas de voar mais pesadas que o ar que cruzam o Atlântico em seis horas, pinturas coloridas que se movem e caixas que você leva no bolso para falar com o outro lado do mundo...

Anteriormente, Galileu Galilei, Johannes Kepler e outros tinham erguido a ponta do tapete da natureza e visto algumas das maravilhas ocultas debaixo dele. Agora Newton simplesmente removia o tapete do lugar. Não só revelou que o universo tem padrões secretos, as leis da natureza; além disso, forneceu ferramentas matemáticas para exprimir essas leis precisamente e deduzir suas consequências. O sistema do mundo era matemático; o coração da criação de Deus era um universo sem alma, que funcionava como um relógio.

A visão que a humanidade tinha do mundo não mudou subitamente de religiosa para secular. Até hoje isso não ocorreu completamente, e provavelmente nunca ocorrerá. Mas depois que Newton publicou seu *Philosophiæ Naturalis Principia Mathematica* ("Princípios matemáticos da filosofia natural"), "O sistema do mundo" – subtítulo do livro – não era mais território exclusivo da religião organizada. Mesmo assim, Newton não foi o primeiro cientista moderno; ele tinha também um lado místico, e dedicou anos de sua vida à alquimia e à especulação religiosa. Em notas para uma palestra,[1] o economista John Maynard Keynes, também um erudito newtoniano, escreveu:

> Newton não foi o primeiro da idade da razão. Foi o último dos mágicos, o último dos babilônios e sumérios, a última grande mente que olhava para o mundo visível e intelectual com os mesmos olhos que aqueles que começaram a construir a nossa herança intelectual pouco menos de 10 mil anos atrás. Isaac Newton, filho póstumo nascido sem pai no dia de Natal de 1642, foi o último menino-prodígio a quem os magos puderam prestar sincera e apropriada reverência.

Hoje nós, em geral, ignoramos o aspecto místico de Newton, e nos lembramos dele pelas suas realizações científicas e matemáticas. Supremas entre elas são a percepção de que a natureza obedece a leis matemáticas e sua invenção do cálculo, a principal maneira que conhecemos para exprimir essas leis e derivar suas consequências. O matemático e filósofo alemão Gottfried Wilhelm Leibniz também desenvolveu o cálculo, de forma mais ou menos independente, na mesma época, mas pouco fez com sua descoberta. Newton usou o cálculo para entender o universo, embora o tivesse mantido encoberto em sua obra publicada, reformulando-o em linguagem geométrica clássica. Ele foi uma figura de transição que afastou a humanidade de uma visão mística, medieval, e abriu o caminho racional moderno. Depois de Newton, os cientistas reconheceram conscientemente que o universo possui profundos padrões matemáticos, *e* estavam equipados com técnicas poderosas para explorar essa percepção.

O CÁLCULO NÃO SURGIU "sem mais nem menos". Foi proveniente de questões tanto de matemática pura quanto aplicada, e seus antecedentes podem ser traçados até a época de Arquimedes. O próprio Newton fez um comentário famoso: "Se vi um pouco mais longe, foi porque estava de pé nos ombros de gigantes."[2] Soberanos entre esses gigantes estavam John Wallis, Pierre de Fermat, Galileu e Kepler. Wallis desenvolveu um precursor do cálculo em sua obra de 1656, *Arithmetica Infinitorum* ("Aritmética do infinito"). *De Tangentibus Linearum Curvarum* ("De tangentes de linhas curvas") de Fermat, publicado em 1679, apresentava um método para achar, de tangentes a curvas, problema intimamente ligado ao cálculo. Kepler formulou três leis básicas do movimento planetário, que conduziram Newton à sua lei da gravitação, assunto do próximo capítulo. Galileu fez grandes avanços em astronomia, mas também investigou aspectos matemáticos da natureza aqui embaixo, no chão, publicando suas descobertas em *De Motu* ("Do movimento"), em 1590. Investigou como se move um corpo em queda, descobrindo um elegante padrão matemático. Newton desenvolveu esse palpite nas três leis gerais do movimento.

Para entender o padrão de Galileu precisamos de dois conceitos cotidianos da mecânica: velocidade e aceleração. Velocidade é a rapidez com que algo se move, e em qual direção. Se ignorarmos a direção, teremos a velocidade escalar – o valor da velocidade. Aceleração é uma mudança de velocidade, que geralmente inclui uma mudança no seu valor – a velocidade escalar (surge uma exceção quando o valor da velocidade permanece o mesmo mas a direção muda). No dia a dia, usamos aceleração quando nos referimos a aumentar a velocidade e desaceleração quando nos referimos a frear. Mas em mecânica ambos os casos são aceleração: o primeiro é aceleração positiva e o segundo, aceleração negativa. Quando guiamos por uma rua, o valor da velocidade do carro é exibido no velocímetro – pode ser, por exemplo, 80km/h. A direção é para onde o carro está apontando. Quando baixamos o pé, o carro acelera e o valor da velocidade aumenta; quando pisamos o freio, o carro desacelera – aceleração negativa.

Se o carro se move numa velocidade constante, é fácil calcular qual é o valor da velocidade. A abreviatura km/h já diz tudo: quilômetros por

Cálculo

hora. Se o carro viaja oitenta quilômetros em uma hora, dividimos a distância pelo tempo, e essa é a velocidade. Não precisamos guiar por uma hora inteira: se o carro percorre oito quilômetros em seis minutos, tanto a distância quanto o tempo estão divididos por dez, e sua razão ainda é 80km/h. Em suma,

velocidade escalar = distância percorrida dividida pelo tempo decorrido.

Da mesma forma, uma aceleração constante é dada por

aceleração = variação de velocidade dividida pelo tempo decorrido.

Tudo isso parece muito simples, mas surgem dificuldades conceituais quando a velocidade, ou a aceleração, não é constante. E não podem ambas ser constantes, porque aceleração constante (e diferente de zero) implica uma variação de velocidade. Suponha que você esteja dirigindo por uma estrada no campo, acelerando nas retas, reduzindo o valor da velocidade nas curvas. O valor da velocidade muda o tempo todo, e o mesmo acontece com a sua aceleração. Como podemos calculá-las num determinado instante? A resposta pragmática é pegar um curto intervalo de tempo, digamos um segundo. Então a sua velocidade escalar instantânea às (digamos) 11h30 é a distância percorrida entre esse momento e um segundo depois, dividida por um segundo. O mesmo vale para a aceleração instantânea.

Exceto que... essa não é exatamente a sua velocidade escalar *instantânea*. Na verdade é uma velocidade escalar média num intervalo de tempo de um segundo. Há circunstâncias nas quais um segundo é um intervalo de tempo *enorme* – uma corda de violão tocando um Dó central vibra 440 vezes a cada segundo; faça a média de seu movimento em um segundo inteiro e você achará que ela está parada. A resposta é considerar um intervalo de tempo mais curto – um décimo de milésimo de segundo, talvez. Mas isso ainda não capta a velocidade escalar instantânea. A luz visível vibra 10^{15} vezes a cada segundo. E mesmo assim... bem, para ser pedante, isso ainda não é um *instante*. Seguindo essa linha de pensamento, parece necessário usar um intervalo de tempo mais curto que qualquer outro intervalo. Mas o único número desse tipo é 0, e isso é inútil, porque então a distância percorrida também será 0, e $\frac{0}{0}$ não tem o menor sentido.

Os pioneiros ignoravam essas questões e assumiam um ponto de vista pragmático. Quando o provável erro nas medições se torna maior do que a precisão que você teoricamente busca ao usar intervalos de tempo menores, isso já não adianta mais. Os relógios da época de Galileu eram muito imprecisos, então ele media o tempo cantarolando para si – um músico treinado é capaz de dividir uma nota em intervalos muito breves. Mesmo assim, medir o tempo de um corpo caindo é algo traiçoeiro, portanto Galileu recorreu ao truque de reduzir a velocidade do movimento de queda fazendo com que bolas rolassem num plano inclinado. Então observava a posição da bola em intervalos de tempo sucessivos. O que ele descobriu (estou simplificando os números para deixar claro o padrão, mas o padrão é o mesmo) é que para os instantes 0, 1, 2, 3, 4, 5, 6,... essas posições eram

0   1   4   9   16   25   36

A distância era (proporcional a) o quadrado do tempo. E quanto às velocidades escalares? Fazendo a média de intervalos sucessivos, as diferenças foram

1   3   5   7   9   11

entre os quadrados sucessivos. Em cada intervalo, exceto o primeiro, a velocidade escalar média aumentava em duas unidades. É um padrão surpreendente – ainda mais para Galileu, ao desenterrar algo assim de dúzias de medições com bolas de muitas massas diferentes em planos com muitas inclinações distintas.

A partir desses experimentos e do padrão observado, Galileu deduziu algo maravilhoso. A trajetória de um corpo em queda, ou de um corpo lançado no ar, como uma bala de canhão, é uma parábola. Trata-se de uma curva em forma de U, conhecida dos antigos gregos. (Nesse caso é um U de cabeça para baixo. Estou ignorando a resistência do ar, que muda a forma da trajetória: ela não tinha muito efeito nas bolas rolando de Galileu.) Kepler encontrou uma curva correlacionada, a elipse, em sua

Cálculo

análise das órbitas planetárias: isso parece ter sido significativo também para Newton, mas a história vai ter de esperar até o próximo capítulo.

Com apenas essa série particular de experimentos para se basear, não fica claro quais princípios gerais jazem sob o padrão de Galileu. Newton percebeu que a fonte do padrão são as taxas de variação. Velocidade é a taxa com que a posição varia em relação ao tempo; aceleração é a taxa com que a velocidade varia em relação ao tempo. Nas observações de Galileu, a posição variava de acordo com o quadrado do tempo, a velocidade variava linearmente e a aceleração não variava em absoluto. Newton percebeu que para adquirir uma compreensão mais profunda dos padrões de Galileu, e do que significavam para a nossa visão da natureza, teria de lidar com as taxas de variação instantâneas. Ao fazê-lo, surgiu o cálculo.

SERIA DE ESPERAR QUE uma ideia tão importante como o cálculo fosse anunciada com uma fanfarra de trombetas e desfile pelas ruas. No entanto, leva algum tempo até que o significado de novas ideias seja absorvido e apreciado, e foi o que aconteceu com o cálculo. O trabalho de Newton sobre o assunto data de 1671 ou antes, quando escreveu *O método de fluxões e séries infinitas*. Não temos certeza da data porque o livro só foi publicado em 1736, quase uma década após sua morte. Vários outros manuscritos de Newton também se referem a ideias que hoje reconhecemos como cálculo diferencial e integral, os dois principais ramos do assunto. Os cadernos de anotações de Leibniz mostram que ele obteve seus primeiros resultados significativos em cálculo em 1675, mas não publicou nada sobre o tema até 1684.

Depois que Newton alcançou a proeminência científica, muito após esses dois homens terem elaborado a base do cálculo, alguns dos amigos de Newton geraram uma controvérsia acalorada, mas sem sentido, acerca da primazia, acusando Leibniz de plagiar os manuscritos não publicados de Newton. Alguns matemáticos da Europa continental responderam com contra-alegações de plágio por parte de Newton. Matemáticos ingleses e continentais passaram quase um século sem se falar, o que causou um prejuízo enorme para os que eram ingleses, porém nenhum para os demais. Eles desenvolveram o cálculo como ferramenta central da física matemática enquanto suas contrapartes inglesas ferviam de raiva pelos insultos a Newton ao invés de explorar suas descobertas. É uma história emaranhada e ainda sujeita a disputas eruditas por parte dos historiadores da ciência, mas falando genericamente parece que Newton e Leibniz descobriram as ideias básicas do cálculo de forma independente – pelo menos, de forma tão independente quanto permitia sua cultura matemática e científica em comum.

A notação de Leibniz difere da de Newton, mas as ideias subjacentes são mais ou menos idênticas. A intuição por trás delas, porém, é diferente. A abordagem de Leibniz era formal, manipulando símbolos algébricos. Newton tinha no fundo da mente um modelo físico, no qual a função a ser considerada era uma grandeza física que varia com o tempo. É daí que vem o seu curioso termo "fluxão" – algo que flui à medida que o tempo passa.

O método de Newton pode ser ilustrado por um exemplo: uma grandeza y que é o quadrado x^2 de outra grandeza x. (Este é o padrão descoberto por Galileu para uma bola rolando: sua posição é proporcional ao quadrado do tempo decorrido. Logo, y seria a posição e x, o tempo. O símbolo habitual para o tempo é t, mas o sistema padrão de coordenadas no plano usa x e y.) Comecemos introduzindo uma nova grandeza o, representando uma pequena variação em x. A variação correspondente em y é a diferença

$$(x + o)^2 - x^2$$

que simplificada resulta em $2xo + o^2$. A taxa de variação (média em um pequeno intervalo de comprimento o, com x aumentando para $x + o$) é, portanto,

$$\frac{2xo + o^2}{o} = 2x + o$$

Isso depende de o, o que é absolutamente esperado, uma vez que estamos tirando a taxa de variação média num intervalo diferente de zero. No

Cálculo 61

entanto, se *o* for se tornando cada vez menor, "fluindo rumo" a zero, a taxa de variação $2x + o$ vai se aproximando mais e mais de $2x$. Isso não depende de *o*, e fornece a taxa de variação instantânea em *x*.

Leibniz realizou essencialmente o mesmo cálculo, substituindo *o* por d*x* ("pequena diferença em *x*") e definindo d*y* como a correspondente pequena variação em *y*. Quando uma variável *y* depende de outra variável *x*, a taxa de variação de *y* em relação a *x* é chamada de derivada de *y*. Newton escreveu a derivada de *y* colocando um ponto em cima da variável: $\dot{y}$. Leibniz escreveu dy/dx. Para derivadas de ordem superior, Newton empregava mais pontos, enquanto Leibniz escrevia algo como d^2y/dx^2. Hoje dizemos que *y* é função de *x* e escrevemos $y = f(x)$, mas na época esse conceito existia apenas numa forma rudimentar. Usamos ou a notação de Leibniz, ou uma variante da de Newton, na qual o ponto é substituído por um apóstrofo, que é mais fácil de imprimir: y', y''. Também escrevemos $f'(x)$ e $f''(x)$ para enfatizar que as derivadas são elas próprias funções. O cálculo da derivada é chamado diferenciação.

O cálculo integral – achar áreas – acaba sendo o inverso do cálculo diferencial – achar inclinações. Para ver por quê, imagine que você adiciona uma fina fatia na extremidade da área hachurada da Figura 12. Essa fatia é muito próxima de um retângulo fino e comprido, de altura *y* e largura *o*. Portanto, sua área é muito próxima de *oy*. A taxa pela qual a área varia, em relação a *x*, é a razão oy/o, que equivale a *y*. Assim, a derivada da área é a função original. Tanto Newton quanto Leibniz compreenderam que a maneira de calcular a área, um processo chamado integração, é o inverso da diferenciação neste sentido. Leibniz primeiro escreveu a integral usando o símbolo omn., abreviatura de *omnia*, ou "soma", em latim. Mais tarde, ele mudou para $\int$, um *s* longo antigo, também significando "soma". Newton não tinha notação sistemática para a integral.

Newton, porém, fez, sim, um avanço crucial. Wallis havia calculado a derivada de qualquer potência x^a: é ax^{a-1}. Assim, as derivadas de x^3, x^4, x^5 são $3x^2$, $4x^3$, $5x^4$, por exemplo. Ele havia estendido esse resultado para qualquer polinômio – uma combinação finita de potências, tais como $3x^7 - 25x^4 + x^2 - 3$. O truque é considerar cada potência separadamente,

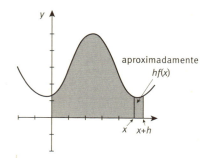

FIGURA 12 Acrescentando uma fina fatia à área sob a curva $y = f(x)$.

achar as derivadas correspondentes e combiná-las da mesma maneira. Newton notou que o mesmo método funcionava para séries infinitas, expressões que envolvem uma infinidade de potências da variável. Isso lhe permitiu executar as operações de cálculo em muitas outras expressões, mais complicadas que os polinômios.

Dada a estreita correspondência entre as duas versões do cálculo, diferindo principalmente em aspectos pouco importantes de notação, é fácil ver como uma disputa de primazia pode ter surgido. Entretanto, a ideia básica é uma formulação bastante direta e uma questão subjacente, de modo que também é fácil ver como Newton e Leibniz podem ter chegado, independentemente, cada um à sua versão, a despeito das semelhanças. Em todo caso, Fermat e Wallis superaram ambos em muitos de seus resultados. A disputa foi inútil.

UMA CONTROVÉRSIA MUITO mais frutífera dizia respeito à estrutura lógica do cálculo, ou, mais precisamente, à estrutura ilógica do cálculo. Um crítico importante foi o filósofo anglo-irlandês George Berkeley, bispo de Cloyne. Berkeley tinha uma agenda religiosa; sentia que a visão materialista do mundo que vinha se desenvolvendo a partir da obra de Newton representava Deus como um criador desligado, que se afastou de sua criação tão logo ela começou a funcionar sozinha e daí em diante foi deixada aos seus próprios desígnios – bem diferente do Deus pessoal, imanente, da crença cristã. Assim, atacou as inconsistências lógicas dos fundamentos do cálculo, presumivelmente na esperança de desacreditar a ciência resultante. Seu ataque não teve nenhum efeito perceptível no progresso da física matemática, por uma simples razão: os resultados obtidos utilizando-se o cálculo lançavam muita luz sobre a compreensão da natureza, e concordavam tanto com o experimento que aos fundamentos lógicos pareciam não ter importância. Mesmo hoje, os físicos ainda assumem esse ponto de vista: se funciona, quem se importa com quebra-cabeças lógicos?

Berkeley argumentou que não faz sentido lógico sustentar que uma grandeza pequena (o o de Newton, o dx de Leibniz) seja diferente de zero durante a maior parte de um cálculo, e então levá-la a zero, se você já dividiu anteriormente o numerador e o denominador de uma fração por essa mesma grandeza. A divisão por zero não é uma operação aceitável em aritmética, porque não tem um significado preciso. Por exemplo, $0 \times 1 = 0 \times 2$, já que ambos os resultados são 0; mas se dividirmos ambos os lados da equação por 0 obtemos $1 = 2$, o que é falso.[3] Berkeley publicou suas críticas em 1734 no panfleto *O analista: ou um discurso endereçado a um matemático infiel.*

Newton tinha, de fato, tentado recorrer à lógica, apelando para uma analogia física. Ele via o não como uma grandeza fixa, mas como algo que *fluía* – variava com o tempo –, chegando mais e mais perto de zero sem jamais chegar lá efetivamente. A derivada também era definida por uma grandeza que fluía: a razão entre a variação de y e a de x. Essa razão também fluía rumo a algo, mas nunca chegava lá; esse algo era a taxa de variação instantânea – a derivada de y em relação a x. Berkeley desconsiderou essa ideia como "o fantasma de uma grandeza sumida".

Leibniz também teve um crítico persistente, o geômetra Bernard Nieuwentijt, que publicou suas críticas em 1694 e 1695. Leibniz não se ajudara muito tentando justificar seu método em termos de "infinitesimais", palavra aberta a interpretações errôneas. No entanto, ele de fato explicou que, ao empregá-la, referia-se não a uma grandeza fixa diferente de zero que pode ser arbitrariamente pequena (o que não faz sentido lógico), mas a uma variável diferente de zero que pode se *tornar* arbitrariamente pequena. As defesas de Newton e Leibniz eram essencialmente idênticas. Para seus oponentes, ambas devem ter soado como truques verbais.

Felizmente, os físicos e matemáticos da época não esperaram que os fundamentos lógicos do cálculo fossem resolvidos antes de aplicar o método às fronteiras da ciência. Tinham um meio alternativo de se assegurar de que estavam fazendo algo sensato: comparar com as observações e os experimentos. O próprio Newton inventou o cálculo precisamente com esse propósito. Deduziu leis para a forma como os corpos se movem quando uma força é aplicada a eles, e as combinou com uma lei para a força exercida pela gravidade para explicar muitas das charadas referentes a planetas e outros corpos do Sistema Solar. Sua lei da gravitação é uma equação tão essencial em física e astronomia que merece, e recebe, um capítulo próprio (o capítulo a seguir). Sua lei do movimento – estritamente, um sistema de três leis, uma das quais contém a maior parte do conteúdo matemático – levou diretamente ao cálculo.

Ironicamente, quando Newton publicou essas leis e suas aplicações no *Principia: o sistema do mundo*, eliminou todos os vestígios de cálculo e o substituiu por argumentos geométricos clássicos. Provavelmente pensou que a geometria seria mais aceitável para seu público-alvo, e se o fez, quase com certeza tinha razão. Entretanto, muitas de suas provas geométricas são ou motivadas pelo cálculo, ou dependem do uso de técnicas de cálculo para determinar as respostas corretas, nas quais se baseia a estratégia das provas geométricas. Isso fica especialmente claro, aos olhos modernos, no seu tratamento daquilo que chamou "grandezas geradas" no Livro II do *Principia*. Estas são grandezas que aumentam ou diminuem por "contínuo movimento de fluxo", os fluxões de seu livro não publicado. Hoje nós as chamaríamos de funções contínuas (de fato diferenciáveis). Em lugar de operações explícitas de cálculo, Newton as substituiu por um método geométrico de "razões primeiras e últimas". Seu lema de abertura (nome dado a um resultado matemático auxiliar que é utilizado repetidamente

Cálculo

mas não tem interesse intrínseco por si só) entrega o ouro, pois *define* a igualdade dessas grandezas fluídas da seguinte maneira:

> Grandezas, e a razão entre grandezas, que em qualquer tempo finito convirjam continuamente para a igualdade, e antes do fim desse tempo se aproximem uma da outra mais perto do que qualquer diferença dada, tornam-se em última análise, iguais.

Em *Never at Rest*, Richard Westfall, biógrafo de Newton, explica quão radical e novo foi este lema: "qualquer que fosse a linguagem, o conceito ... era absolutamente moderno; a geometria clássica não continha nada parecido."[4] Os contemporâneos de Newton devem ter lutado para entender aonde Newton queria chegar. Berkeley presumivelmente jamais entendeu, porque – como veremos em breve – o conceito contém a ideia básica para refutar sua objeção.

O CÁLCULO, PORTANTO, estava desempenhando um influente papel nos bastidores do *Principia*, mas não aparecia na ribalta. No entanto, assim que o cálculo deu o primeiro ar de sua graça, espiando de trás das cortinas, os sucessores intelectuais de Newton rapidamente percorreram em marcha a ré seus processos de pensamento. E refrasearam suas principais ideias na linguagem do cálculo, pois esta fornecia uma estrutura mais natural e poderosa. Em seguida, saíram para conquistar o mundo científico.

A pista já era visível nas leis do movimento de Newton. A questão que levou Newton a essas leis foi filosófica: o que faz um corpo se mover, ou mudar seu estado de movimento? A resposta clássica era a de Aristóteles: um corpo se move porque uma força é aplicada a ele, e isso afeta sua velocidade. Aristóteles afirmou também que para manter um corpo em movimento, a força precisa continuar a ser aplicada. Pode-se testar a afirmativa de Aristóteles colocando um livro ou objeto semelhante sobre uma mesa. Se você empurra o livro, ele começa a se mover, e se continuar empurrando com mais ou menos a mesma força ele continua a deslizar sobre a mesa a uma velocidade aproximadamente constante. Se parar de empurrar, o livro para de se mover. Assim, a visão de Aristóteles parecia estar de acordo com o experimento. No entanto, essa concordância é superficial, porque o empurrão não é a única força que age sobre o livro. Há também o atrito com a superfície da mesa. Mais ainda, quanto mais depressa o livro se move, maior se torna o atrito – pelo menos enquanto a velocidade do livro permanecer razoavelmente pequena. Quando o livro se movimenta de maneira uniforme sobre a mesa, impulsionado por uma força constante, a resistência do atrito se anula com a força aplicada, e a força total que age sobre o corpo é efetivamente zero.

Newton, seguindo ideias anteriores de Galileu e Descartes, percebeu esse fato. A resultante teoria do movimento é muito diferente daquela de Aristóteles. As três leis de Newton são:

> *Primeira lei.* Todo corpo permanece em estado de repouso, ou em movimento uniforme em linha reta, a menos que seja levado a modificar esse estado por forças aplicadas a ele.
>
> *Segunda lei.* A mudança no movimento é proporcional à potência motora aplicada, e ocorre na direção da linha reta na qual a força é aplicada. (A constante de proporcionalidade é a recíproca da massa do corpo; isto é, 1 dividido por essa massa.)
>
> *Terceira lei.* A toda ação corresponde sempre uma reação igual e contrária.

A primeira lei contradiz explicitamente Aristóteles. A terceira lei diz que se você empurra algo, esse algo empurra de volta. A segunda lei é onde entra o cálculo. Por "mudança no movimento" Newton se refere à taxa com que a velocidade do corpo varia: sua aceleração. Esta é a derivada da velocidade em relação ao tempo, e a derivada segunda da posição. Então, a segunda lei do movimento especifica a relação entre a posição do corpo e as forças que atuam sobre ele, na forma de uma *equação diferencial*:

derivada segunda da posição = força/massa

Cálculo 67

Para achar a posição propriamente dita, precisamos resolver essa equação, deduzindo a posição da sua derivada segunda.

Essa linha de pensamento conduz a uma explicação simples das observações de Galileu de uma bola rolando. O ponto crucial é que a aceleração da bola é *constante*. Afirmei isso anteriormente usando um cálculo rápido e aproximado aplicado a intervalos discretos de tempo; agora podemos fazê-lo adequadamente, permitindo que o tempo varie continuamente. A constante está relacionada com a força da gravidade e o ângulo de inclinação do plano, mas aqui não vamos precisar de tantos detalhes. Suponhamos que a aceleração constante seja a. Integrando a função correspondente, a velocidade de descida da rampa num instante t é $at + b$, em que b é a velocidade no instante zero. Integrando novamente, a posição rampa abaixo é $\frac{1}{2} at^2 + bt + c$, em que c é a posição no instante zero. No caso especial de $a = 2$, $b = 0$ e $c = 0$, as posições sucessivas se encaixam no meu exemplo simplificado: a posição no instante t é t^2. Uma análise semelhante recupera o principal resultado de Galileu: a trajetória de um projétil é uma parábola.

As LEIS DO MOVIMENTO DE NEWTON não forneceram simplesmente um meio de calcular como os corpos se movem. Elas geraram princípios físicos genéricos e profundos. Fundamentais entre tais princípios estão as "leis de conservação", que nos dizem que quando um sistema de corpos, não importa quão complicado seja, se move, certas características desse sistema *não se modificam*. Em meio ao tumulto do movimento, algumas coisas permanecem serenamente não afetadas. Três dessas grandezas conservadas são energia, quantidade de movimento (ou momento linear) e momento angular.

Energia pode ser definida como a capacidade de realizar trabalho. Quando um corpo é erguido a certa altura, em oposição à força (constante) da gravidade, o trabalho realizado para colocá-lo ali é proporcional à massa do corpo, à força da gravidade e à altura até onde o corpo é erguido. Inversamente, se então soltamos o corpo, ele pode realizar a mesma quantidade de trabalho ao cair de volta até sua altura original. Esse tipo de energia é chamado *energia potencial*.

Por si só, a energia potencial não seria muito interessante, mas existe uma belíssima consequência matemática da segunda lei do movimento de Newton, levando a um segundo tipo de energia: a *energia cinética*. Quando o corpo se move, tanto a energia potencial quanto a energia cinética variam. Mas a variação de uma compensa a variação da outra. Quando o corpo desce sob ação da gravidade, sua velocidade aumenta. A lei de Newton permite-nos calcular como essa velocidade varia com a altura. Descobre-se que o decréscimo de energia potencial é igual à metade da massa vezes o quadrado da velocidade. Se dermos um nome a esta grandeza – energia cinética –, então a energia total, potencial mais cinética, é conservada. Essa consequência matemática prova que as máquinas de moto perpétuo são impossíveis: não existe dispositivo mecânico que possa funcionar de modo indefinido e realizar trabalho sem algum fornecimento externo de energia.

Fisicamente, energia potencial e cinética parecem ser duas coisas distintas; matematicamente, podemos trocar uma pela outra. É como se o movimento convertesse de alguma forma a energia potencial em cinética. "Energia", como termo aplicável a ambas, é uma abstração conveniente, cuidadosamente definida de modo a ser conservada. Como analogia, viajantes podem converter libras em dólares. Casas de câmbio seguem as taxas de câmbio, garantindo que, digamos, uma libra tenha valor igual a 1,4693 dólares. E também deduzem uma quantia para si. Considerando os aspectos técnicos de tarifas bancárias, e assim por diante, o valor monetário total envolvido na transação deve ficar equilibrado: o viajante recebe com exatidão a quantia em dólares que corresponde à soma original em libras, menos as várias deduções. No entanto, não existe uma *coisa* física embutida nas notas de dinheiro que de alguma maneira seja transferida de uma nota de libra para uma nota de dólar e algumas moedas. O que é transferido é a convenção humana de que esses itens específicos possuem valor monetário.

Energia é um novo tipo de grandeza "física". Do ponto de vista newtoniano, grandezas como posição, tempo, velocidade, aceleração e massa

Cálculo

possuem interpretações físicas diretas. Pode-se medir posição com uma régua, tempo com um relógio, velocidade e aceleração usando aparelhos adequados e massa com uma balança. Mas não se mede energia usando energiômetro. Tudo bem, é possível medir certos *tipos* específicos de energia. A energia potencial é proporcional à altura, então uma régua basta se você conhece a força da gravidade. A energia cinética é a metade da massa vezes o quadrado da velocidade: use uma balança e um velocímetro. Mas *energia*, como conceito, não é tanto uma coisa física como uma ficção conveniente que ajuda a equilibrar os livros mecânicos.

Quantidade de movimento, a segunda grandeza conservada, é um conceito simples: massa vezes velocidade. Ela entra em jogo quando há diversos corpos. Um exemplo importante é o foguete; aqui um corpo é o foguete e o outro é o combustível. À medida que o combustível é expelido pelo motor, a conservação da quantidade de movimento implica que o foguete deve se mover no sentido oposto. É assim que funciona um foguete no vácuo.

O momento angular é semelhante, mas está relacionado com a rotação em vez da velocidade. Também é essencial no estudo de foguetes, na verdade em toda a mecânica, terrestre ou celeste. Um dos maiores enigmas sobre a Lua é o seu grande momento angular. A teoria corrente é que a Lua foi expelida quando um planeta do tamanho de Marte atingiu a Terra há cerca de 4,5 bilhões de anos. Isso explica o momento angular, e até recentemente era geralmente aceito, mas agora parece que a Lua tem água demais em suas rochas. Tal impacto deveria ter fervido e vaporizado bastante água.[5] Qualquer que seja o resultado final, o momento angular tem importância central aqui.

O CÁLCULO FUNCIONA. Resolve problemas em física e geometria, trazendo as respostas certas. E chega a levar a novos e fundamentais conceitos físicos como energia e quantidade de movimento. Mas isso não responde à objeção do bispo Berkeley. O cálculo deve funcionar como matemática, e não só concordar com a física. Tanto Newton como Leibniz compreenderam que o e dx não podem ser simultaneamente zero e diferente de zero.

Newton tentou escapar da armadilha lógica empregando a imagem física de fluxão. Leibniz falava de infinitesimais. Ambos se referiam a grandezas que tendiam a zero sem jamais chegar lá – mas que coisas são essas? Ironicamente, o sarcasmo de Berkeley referindo-se a "fantasmas de grandezas sumidas" chega perto de resolver a questão, mas o que ele deixou de levar em conta – e que Newton e Leibniz enfatizaram – era *como* as grandezas sumiam. Faça com que elas sumam do jeito certo e você pode deixar um fantasma perfeitamente bem-formado. Se um dos dois, Newton ou Leibniz, tivesse formulado sua intuição em linguagem matemática rigorosa, Berkeley poderia ter entendido aonde eles queriam chegar.

A questão central é uma que Newton falhou em responder explicitamente porque parecia óbvia. Recordemos que no exemplo em que $y = x^2$, Newton obteve a derivada $2x + o$, e então afirmou que à medida que o flui rumo a zero, $2x + o$ flui rumo a $2x$. Isso pode parecer óbvio, mas não podemos fazer $o = 0$ para prová-lo. É verdade que *chegamos ao resultado certo fazendo isso*, mas é uma trilha errada.[6] No *Principia* Newton escorregou totalmente em volta dessa questão, substituindo $2x + o$ por sua "razão primeira" e $2x$ por sua "razão última". Mas a verdadeira chave para progredir é pegar o problema de frente. Como *sabemos* que quanto mais o se aproxima de zero, mais $2x + o$ se aproxima de $2x$? Pode parecer pedantismo, mas se eu usasse exemplos mais complicados, a resposta correta não pareceria tão plausível.

Quando os matemáticos regressaram à lógica do cálculo, perceberam que essa questão aparentemente simples era o coração da matéria. Quando dizemos que o se aproxima de zero, queremos dizer que dado qualquer número positivo diferente de zero, o pode ser escolhido como sendo menor que esse número. (Isso é óbvio: seja o, por exemplo, metade desse número.) Da mesma maneira, quando dizemos que $2x + o$ se aproxima de $2x$, queremos dizer que a diferença se aproxima de zero, no sentido anterior. Uma vez que neste caso a diferença acontece de ser o próprio o, fica ainda mais óbvio: o que quer que signifique "se aproxima de zero", é claro que o se aproxima de zero quando o se aproxima de zero. Uma função mais complicada que o quadrado exigiria uma análise mais complicada.

Cálculo

A resposta a esta pergunta-chave é formular o processo em termos matemáticos formais, evitando por completo ideias de "fluxo". Esta descoberta surgiu por meio do trabalho do matemático e teólogo da Boêmia Bernard Bolzano e do matemático Karl Weierstrass. O trabalho de Bolzano data de 1816, mas só veio a ser apreciado em 1870, quando Weierstrass estendeu a formulação a funções complexas. A resposta deles a Berkeley foi o conceito de limite. Vou formular a definição em palavras e deixar a versão simbólica para as Notas.[7] Dizemos que uma função $f(h)$ de uma variável h tende a um limite L quando h tende a zero se, dado qualquer número positivo diferente de zero, a diferença entre $f(h)$ e L puder se tornar menor que esse número escolhendo-se valores de h suficientemente pequenos diferentes de zero. Em símbolos,

$$\lim_{h \to 0} f(h) = L$$

A ideia na essência do cálculo é aproximar a taxa de variação de uma função em um pequeno intervalo h, e então tomar o limite quando h tende a zero. Para uma função geral $y = f(x)$ esse procedimento leva à equação que ilustra a abertura deste capítulo, mas usando uma variável x em vez do tempo:

$$f'(x) = \lim_{h \to 0} \frac{f(x+h) - f(x)}{h}$$

No numerador vemos a variação de f; o denominador é a variação de x. Esta equação define a derivada $f'(x)$ exclusivamente, com a condição de que o limite exista. Isso precisa ser provado para qualquer função considerada: o limite existe para a maioria das funções habituais – quadrados, cubos, potências mais altas, logaritmos, exponenciais, funções trigonométricas.

Em ponto nenhum dos cálculos nós dividimos por zero, porque jamais estabelecemos $h = 0$. Além disso, aqui nada efetivamente flui. O que importa é a gama de valores que h pode assumir, e não como ele se move ao longo dessa gama. Assim, a caracterização sarcástica de Berkeley é na realidade precisa. O limite L é o fantasma de uma grandeza sumida – meu h, o *o* de Newton. Mas a maneira como a grandeza some – *aproximando-se* de zero, e não *alcançando* zero – leva a um fantasma perfeitamente sensato e logicamente bem definido.

O cálculo tinha, então, um fundamento lógico sólido. Merecia, e obteve, um nome que manifestasse esse novo status: análise.

NÃO É POSSÍVEL LISTAR todas as maneiras que o cálculo pode ser aplicado. Seria como procurar listar tudo no mundo que depende do uso de uma chave de fenda. Num nível computacional simples, a aplicação do cálculo inclui achar comprimentos de curvas, áreas de superfícies e formas complicadas, volumes de sólidos, valores máximos e mínimos e centros de massa. Em conjunção com as leis da mecânica, o cálculo nos conta como traçar a trajetória de um foguete espacial, as tensões numa rocha em uma zona de subducção capazes de provocar um terremoto, a forma como um prédio vibrará se um terremoto ocorrer, a maneira como um carro sobe e desce em cima da suspensão, o tempo que uma infecção bacteriana leva para se espalhar, o modo como cicatriza uma incisão cirúrgica e as forças que atuam numa ponte suspensa sob vento forte.

Muitas dessas aplicações brotam da estrutura profunda das leis de Newton: são modelos da natureza formulados como equações diferenciais. Estas são equações que envolvem derivadas de alguma função desconhecida, e são necessárias técnicas de cálculo para resolvê-las. Não direi mais nada, porque a partir do Capítulo 8, todos os seguintes envolvem explicitamente o cálculo, principalmente sob a forma de equações diferenciais. A exceção é o Capítulo 15, sobre a teoria da informação, e mesmo ali existem outros desenvolvimentos que não menciono e que também envolvem cálculo. Como a chave de fenda, o cálculo é simplesmente uma ferramenta indispensável no arsenal do engenheiro e do cientista. Mais do que qualquer outra técnica matemática, ele criou o mundo moderno.

4. O sistema do mundo
A lei da gravitação de Newton

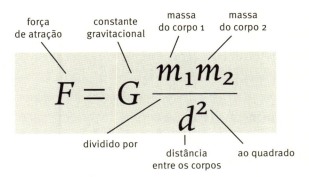

O que diz?
Determina a força de atração gravitacional entre dois corpos em termos de suas massas e da distância entre eles.

Por que é importante?
Pode ser aplicada a qualquer sistema de corpos que interagem por meio da força de gravitação, tal como o Sistema Solar. A lei nos diz que seu movimento é determinado por uma lei matemática simples.

Qual foi a consequência?
Predição acurada de eclipses, órbitas planetárias, o retorno de cometas, a rotação das galáxias. Satélites artificiais, levantamentos terrestres, o telescópio Hubble, observação de labaredas solares. Sondas interplanetárias, veículos em Marte, comunicação e televisão por satélite, GPS.

As leis do movimento de Newton captam a relação entre as forças que atuam sobre um corpo e a forma como ele se move em resposta a essas forças. O cálculo fornece as técnicas matemáticas para resolver as equações resultantes. Um ingrediente adicional é necessário para que as leis sejam aplicadas: especificar as forças. O aspecto mais ambicioso do *Principia* de Newton foi fazer precisamente isso para os corpos do Sistema Solar – o Sol, planetas, luas, asteroides e cometas. A lei da gravitação sintetizou, em uma fórmula matemática simples, milênios de observações e teorias astronômicas. Explicou muitas características intrigantes do movimento planetário e possibilitou predizer os movimentos futuros do Sistema Solar com grande precisão. A teoria geral da relatividade de Einstein acabou suplantando a teoria newtoniana da gravitação, em termos de física fundamental, mas para quase todos os propósitos práticos a abordagem newtoniana, mais simples, ainda reina suprema. Atualmente as agências espaciais no mundo, tais como a Nasa e a ESA, ainda usam as leis do movimento e a gravitação de Newton para calcular as trajetórias mais efetivas para uma nave espacial.

Foi a lei da gravitação de Newton, acima de tudo, que justificou o subtítulo do *Principia,* "O sistema do mundo". Essa lei demonstrou o enorme poder da matemática de descobrir padrões ocultos na natureza e revelar simplicidades ocultas por trás das complexidades do mundo. E com o tempo, à medida que matemáticos e astrônomos passaram a fazer perguntas mais difíceis, de revelar as complexidades ocultas implícitas na lei simples de Newton. Para apreciar o que Newton alcançou, devemos primeiro recuar no tempo, e examinar como as culturas anteriores viam as estrelas e os planetas.

A lei da gravitação de Newton

A HUMANIDADE VEM OBSERVANDO o céu noturno desde o nascer da história. A impressão inicial foi de uma distribuição aleatória de pontos claros de luz, mas logo notaram que, nesse pano de fundo, a brilhante órbita da Lua traçava um caminho regular, mudando de formato ao fazê-lo. Viram também que a maioria daqueles diminutos pontos de luz permanecia nos mesmos padrões relativos, que hoje chamamos constelações. As estrelas se movem pelo céu da noite, mas se movem com uma única unidade rígida, como se as constelações estivessem pintadas dentro de uma gigantesca cúpula em rotação.[1] Todavia, um pequeno número de estrelas se comporta de maneira diferente: parecem vagar pelo céu. Seus caminhos são bastante complicados, e algumas parecem dar voltas em torno de si mesmas de tempos em tempos. Estes são os planetas, uma palavra que vem da palavra grega para "aquele que vaga". Os antigos reconheceram cinco deles, hoje chamados Mercúrio, Vênus, Marte, Júpiter e Saturno. Eles se movem em relação às estrelas fixas em diferentes velocidades, sendo Saturno o mais lento.

Outros fenômenos celestes eram ainda mais intrigantes. De vez em quando aparecia um cometa, como se viesse de lugar nenhum, seguido por uma longa cauda curva. "Estrelas cadentes" pareciam cair do céu, como se tivessem se desgrudado da cúpula que as segurava. Não é de admirar que os primeiros humanos atribuíssem as irregularidades dos céus aos caprichos de seres sobrenaturais.

As regularidades podiam ser resumidas em termos tão óbvios que pouca gente sequer sonharia em contestá-los. O Sol, as estrelas e os planetas giram em torno da Terra imóvel. É o que parece, é esta a sensação que temos, então é assim que deve ser. Para os antigos, o cosmo era geocêntrico – centrado na Terra. Uma voz solitária questionava o óbvio: Aristarco de Samos. Usando observações e princípios geométricos, Aristarco calculou o tamanho da Terra, do Sol e da Lua. Por volta de 270 a.C. ele apresentou a primeira teoria heliocêntrica: a Terra e os planetas giram em torno do Sol. Sua teoria rapidamente caiu em desagrado e não foi revivida por quase 2 mil anos.

Na época de Ptolomeu, um romano que viveu no Egito em torno de 120 d.C., os planetas haviam sido domados. Seus movimentos não eram caprichosos, mas previsíveis. O *Almagesto* ("Grande tratado") de Ptolomeu propunha que vivemos em um universo geocêntrico no qual tudo literalmente gira em volta da humanidade em complexas combinações de círculos chamados epiciclos, sustentados por gigantescas esferas de cristal. Sua teoria estava errada, mas os movimentos que predizia eram suficientemente precisos para que os erros permanecessem não detectados durante séculos. O sistema de Ptolomeu tinha uma atração filosófica adicional: representava o cosmo em termos de figuras geométricas perfeitas – esferas e círculos. Dava continuidade à tradição pitagórica. Na Europa, a teoria ptolomaica se manteve incontestada por 1.400 anos.

Enquanto a Europa desperdiçava seu tempo, novos progressos científicos eram feitos em outros lugares, sobretudo na Arábia, na China e na Índia. Em 499 o astrônomo indiano Aryabhata apresentou um modelo matemático do Sistema Solar no qual a Terra girava em seu eixo e os períodos das órbitas planetárias eram considerados relativos à posição do Sol. No mundo islâmico, Alhazen escreveu uma contundente crítica à teoria ptolomaica, embora provavelmente não fosse centrada na sua natureza geocêntrica. Por volta do ano 1000, Abu Rayhan Biruni considerou seriamente a possibilidade de um Sistema Solar heliocêntrico, com a Terra girando em seu eixo, mas acabou se rendendo à ortodoxia da época, uma Terra estacionária. Em torno de 1300, Najm al-Din al-Qazwini al-Katibi propôs uma teoria heliocêntrica, mas logo mudou de ideia.

O grande avanço veio com o trabalho de Nicolau Copérnico, publicado em 1543 como *De Revolutionibus Orbium Coelestium* ("Das revoluções das esferas celestes"). Há evidências, em especial a ocorrência de diagramas quase idênticos classificados com as mesmas letras, a sugerir que Copérnico foi, para dizer o mínimo, influenciado por al-Katibi, mas ele foi muito além. Concebeu um sistema explicitamente heliocêntrico, argumentou que se encaixava nas observações melhor e mais economicamente do que a teoria geocêntrica de Ptolomeu, e apresentou algumas das implicações filosóficas. Especialmente relevante entre elas era a nova ideia de que a humanidade não estava no centro de todas as coisas. A Igreja cristã via essa sugestão como contrária à doutrina e fez o que pôde para desencorajá-la. Heliocentrismo explícito era heresia.

Mesmo assim, ela prevaleceu, porque a evidência era forte demais. Apareceram novas e melhores teorias heliocêntricas. Então as esferas foram totalmente jogadas fora, em favor de uma forma diferente, oriunda da geometria clássica: a elipse. Elipses são formas ovais, e evidências indiretas sugerem que foram estudadas a princípio na geometria grega por Menecmo em cerca de 350 a.C., junto com hipérboles e parábolas, como secções de um cone, Figura 13. Diz-se que Euclides escreveu quatro livros sobre secções cônicas, embora nada tenha sobrevivido, se ele realmente o fez, e Arquimedes investigou algumas de suas propriedades. A pesquisa grega sobre o tópico alcançou o clímax em cerca de 240 a.C. com a obra em oito volumes *Secções cônicas*, de Apolônio de Perga, que descobriu uma maneira de definir essas curvas apenas dentro de um plano, evitando a terceira dimensão. Contudo, persistia a visão pitagórica de que círculos e esferas atingiam um grau mais elevado de perfeição do que elipses e outras curvas mais complexas.

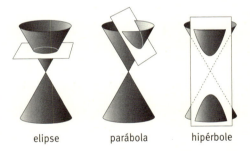

elipse   parábola   hipérbole

FIGURA 13   Secções cônicas.

As elipses consolidaram seu papel na astronomia em torno de 1600, com o trabalho de Kepler. Seu interesse astronômico começou na infância; aos seis anos ele assistiu à passagem do grande cometa de 1577,[2] e três anos depois viu um eclipse da Lua. Na Universidade de Tübingen, Kepler demonstrou grande talento para a matemática e a colocou a serviço da lucrativa atividade de fazer horóscopos. Naquele tempo, matemática, astronomia e astrologia muitas vezes andavam de mãos dadas. Ele combinava um arrebatado nível de misticismo com uma meticulosa atenção ao detalhe matemático. Um exemplo típico é seu *Mysterium Cosmographicum* ("Mistério cosmográfico"), uma vibrante defesa do sistema heliocêntrico publicada em 1596. A obra combina uma clara compreensão da teoria de Copérnico com aquilo que os olhos modernos veriam como uma estranha especulação, relacionando as distâncias entre planetas conhecidos e o Sol com os sólidos regulares. Por muito tempo Kepler encarou essa descoberta como uma de suas maiores, revelando o plano do Criador para o universo. Ele via suas pesquisas posteriores, que hoje consideramos muito mais significativas, como mera elaboração desse plano básico. Na época, uma vantagem da teoria era que explicava por que havia precisamente seis planetas (de Mercúrio a Saturno). Entre essas seis órbitas existem cinco espaços vazios, um para cada sólido regular. Com a descoberta de Urano e posteriormente de Netuno e Plutão (até a recente perda de status planetário deste último), essa característica rapidamente se transformou numa falha fatal.

A contribuição duradoura de Kepler tem raízes em seu emprego por Tycho Brahe. Os dois se conheceram em 1600, e após uma estada de dois meses e uma discussão acalorada, Kepler negociou um salário aceitável. Depois de uma série de problemas em sua cidade natal, Graz, ele se mudou para Praga, assistindo Tycho na análise de suas observações planetárias, especialmente de Marte. Quando Tycho morreu inesperadamente, em 1601, Kepler assumiu a posição de seu empregador como matemático imperial de Rodolfo II. Sua função primordial era elaborar os horóscopos imperiais, mas também teve tempo de prosseguir sua análise da órbita de Marte. Seguindo tradicionais princípios epicíclicos, refinou o modelo a ponto de seus erros, comparados com a observação, serem geralmente da ordem de meros dois minutos de arco, imprecisão típica das observações. No entanto, não parou aí, porque às vezes os erros eram maiores, e chegavam a oito minutos de arco.

Sua pesquisa o acabou levando a duas leis de movimento planetário, publicadas em *Astronomia Nova*. Por muitos anos ele tentara encaixar a órbita de Marte num ovoide – uma curva em forma de ovo, mais pontuda numa extremidade que na outra –, sem sucesso. Talvez esperasse que a órbita fosse mais curva perto do Sol. Em 1605 ocorreu a Kepler tentar uma elipse, que tem igual curvatura em ambas as extremidades. Para sua surpresa, isso funcionou muito melhor. Ele concluiu que todas as órbitas planetárias são elipses, sua primeira lei. A segunda lei descrevia como o planeta se move ao longo de sua órbita, afirmando que varrem áreas iguais em tempos iguais. O livro surgiu em 1609. Kepler dedicou então grande parte do seu esforço a preparar várias tabelas astronômicas, mas retornou às regularidades das órbitas planetárias em 1619 em seu *Harmonices Mundi* ("A harmonia do mundo"). Esse livro trazia algumas ideias que hoje julgamos estranhas, por exemplo, que os planetas emitem sons musicais ao girarem em torno do Sol. Mas também inclui sua terceira lei: os quadrados dos períodos orbitais são proporcionais aos cubos das distâncias até o Sol.

As três leis de Kepler estavam envoltas em uma massa de misticismo, simbolismo religioso e especulação filosófica. Mas representaram um grande salto adiante, conduzindo Newton a uma das maiores descobertas científicas de todos os tempos.

NEWTON DEDUZIU sua lei da gravitação a partir das três leis de Kepler do movimento planetário. Ela afirma que toda partícula no universo atrai toda outra partícula com uma força que é proporcional ao produto de suas massas e inversamente proporcional ao quadrado da distância entre elas. Em símbolos,

$$F = G\, \frac{m_1 m_2}{d^2}$$

Em que F é a força de atração, d é a distância, m_1 e m_2 são as duas massas e G é um número específico, a constante gravitacional.[3]

Quem descobriu a lei da gravitação de Newton? Soa como uma dessas perguntas que já encerram a resposta, tipo "de quem é a estátua que fica no topo da coluna de Nelson?". Mas uma resposta razoável é: o curador de experimentos da Royal Society, Robert Hooke. Quando Newton publicou a lei em 1687 no seu *Principia*, Hooke o acusou de plágio. Entretanto, Newton forneceu a primeira dedução matemática de órbitas elípticas a partir da lei, o que era fundamental para estabelecer que estava correta, e Hooke reconheceu esse fato. Ademais, Newton havia citado Hooke no livro, junto com vários outros. Presumivelmente Hooke sentiu que merecia mais crédito; ele havia sofrido problemas similares várias vezes antes e o assunto causava mal-estar.

A ideia de que corpos se atraem mutuamente estivera flutuando pelo ar já por algum tempo, da mesma forma que sua possível expressão matemática. Em 1645, o astrônomo francês Ismaël Boulliau (Bullialdus) escreveu seu *Astronomia Philolaica* ("Astronomia filolaica" – Filolau foi um filósofo grego e pensava que um fogo central, e não a Terra, era o centro do universo). No livro, ele dizia:

> Quanto ao poder pelo qual o Sol agarra ou segura os planetas, e que, sendo corpóreo, funciona da mesma maneira que as mãos, é emitido em linhas retas através de toda a extensão do mundo, e como espécies do Sol, gira com o corpo do Sol; agora, vendo que é corpóreo, torna-se mais fraco e atenuado a uma distância ou intervalo maior, e a razão da diminuição de sua força é a mesma que no caso da luz, isto é, a proporção duplicada, mas inversamente, das distâncias.

Esta é a famosa dependência do "inverso do quadrado" que a força tem em relação à distância. Há razões simples, ainda que ingênuas, para se esperar uma fórmula dessas, porque a área da superfície de uma esfera varia com o quadrado de seu raio. Se a mesma quantidade de "coisa" gravitacional se espalha por uma esfera que sempre aumenta à medida que se afasta do Sol, então a quantidade recebida num ponto deve variar na proporção inversa em relação à área da superfície. É exatamente isso que ocorre com a luz, e Boulliau supôs, sem muita evidência, que a gravidade deve ser análoga. Ele achava também que os planetas se movem ao longo de suas órbitas por seu próprio poder, por assim dizer: "Nenhum tipo de movimento pressiona os planetas restantes, [que] são levados em círculo pelas formas individuais com as quais são criados."

A lei da gravitação de Newton

A contribuição de Hooke data de 1666, quando apresentou um artigo para a Royal Society com o título "Da gravidade". Neste ele identificava onde Boulliau havia errado, argumentando que uma força de atração do Sol poderia interferir na tendência natural do planeta de mover-se em linha reta (conforme especificado pela terceira lei do movimento de Newton) e levá-lo a percorrer uma curva. Afirmava também que "esses poderes de atração são tanto mais poderosos em operar quanto mais perto o corpo estiver lavrado de seus próprios Centros", mostrando que pensava que a força diminuía com a distância. Mas não contou a mais ninguém a forma matemática para essa diminuição até 1679, quando escreveu a Newton: "A Atração é sempre em proporção duplicada à Distância a partir do Centro Recíproco." Na mesma carta ele diz que isso implica que a velocidade de um planeta varia com a distância recíproca ao Sol. O que está errado.

Quando Hooke reclamou que Newton tinha roubado sua lei, Newton não aceitou, ressaltando que discutira a ideia com Christopher Wren antes de Hooke lhe mandar a carta. Para demonstrar primazia, citou Boulliau, e também Giovanni Borelli, um fisiologista e físico matemático italiano. Borelli havia sugerido que três forças se combinam para criar o movimento planetário: uma força para dentro, causada pelo desejo do planeta de se aproximar do Sol, uma força lateral causada pela luz solar e uma força para fora causada pela rotação do Sol. Escolha uma das três, e você já estará sendo generoso.

O argumento principal de Newton, geralmente considerado decisivo, é que, o que quer que Hooke tenha feito a mais, ele não tinha deduzido a forma exata de órbitas a partir da atração conforme a lei do inverso do quadrado. Newton havia. Na verdade, ele tinha deduzido todas as três leis de Kepler do movimento planetário: órbitas elípticas, varredura de áreas iguais em intervalos de tempo iguais, com o quadrado do período sendo proporcional ao cubo da distância. "Sem as minhas Demonstrações", insistiu Newton, a lei do inverso do quadrado "não pode ser acreditada por um filósofo judicioso como sequer próxima de precisa." Mas também aceitou que "o Sr. Hook[e] ainda é estranho" a esta prova. Um traço-chave no argumento de Newton é que ele se aplica não só a uma partícula pontual, mas a uma esfera. Essa extensão, crucial para o movimento planetário, exigiu de Newton considerável esforço. Sua prova geométrica é uma aplicação disfarçada do cálculo integral, e ele tinha, justificadamente, orgulho dela. Há também evidência documental de que Newton estivera pensando nessas questões por um bom tempo.

Em todo caso, nós a chamamos de lei de Newton, e isso faz justiça à importância de sua contribuição.

O ASPECTO MAIS IMPORTANTE da lei da gravitação de Newton não é a lei do inverso do quadrado como tal. É a afirmação de que a gravidade age universalmente. *Quaisquer* dois corpos, em qualquer parte do universo, atraem-se mutuamente. É claro que é necessária uma lei precisa da força (inverso do quadrado) para obter resultados precisos, mas sem a universalidade, não se saberia como escrever as equações para qualquer sistema com mais de dois corpos. Quase todos os sistemas interessantes, tais como o próprio Sistema Solar, ou a fina estrutura do movimento da Lua sob influência (pelo menos) do Sol e da Terra, envolvem mais de dois corpos. Logo, a lei de Newton teria sido praticamente inútil se fosse aplicada apenas ao contexto no qual foi a princípio deduzida.

O que motivou essa visão de universalidade? Em *Memórias da vida de Sir Isaac Newton*, de 1752, William Stukeley relatou uma história que Newton lhe contara em 1726:

> A noção de gravitação ... foi ocasionada pela queda de uma maçã, enquanto ele estava sentado num estado de espírito contemplativo. Por que essa maçã haveria de sempre descer perpendicularmente ao chão, pensou consigo mesmo. Por que não haveria de ir para os lados ou para cima, mas constantemente em direção ao centro da Terra? Seguramente o motivo é que a Terra a atrai. Deve haver algum poder de atração na matéria. E a soma do poder de atração na matéria da Terra deve estar no centro da Terra, não em algum lado da Terra. Portanto, essa maçã cai perpendicularmente ou em direção

ao centro? Se, portanto, matéria atrai matéria, deve ser na proporção de sua quantidade. Logo, a maçã atrai a Terra, assim como a Terra atrai a maçã.

Não fica inteiramente claro se essa história é uma verdade literal ou uma ficção conveniente que Newton inventou mais tarde para ajudá-lo a explicar suas ideias. Porém, parece razoável levá-la a sério porque a ideia não termina com as maçãs. A maçã foi importante para Newton porque o fez perceber que a mesma lei de forças pode explicar tanto o movimento da maçã e quanto o movimento da Lua. A única diferença é que a Lua também se move lateralmente; é por isso que ela se mantém estável. Na verdade, ela está sempre caindo em direção à Terra, mas o movimento lateral faz com que a superfície da Terra também penda para o lado. Newton, sendo Newton, não parou neste argumento qualitativo. Fez as somas, comparou com as observações e ficou satisfeito com o fato de que sua ideia devia estar correta.

Se a gravidade age sobre a maçã, a Lua e a Terra como característica inerente à matéria, então provavelmente age sobre tudo.

Não é possível verificar a universalidade das forças gravitacionais diretamente; seria preciso estudar todos os pares de corpos do universo inteiro, e descobrir um meio de remover a influência de todos os outros corpos. Mas não é assim que funciona a ciência. Em vez disso, ela emprega uma mistura de inferência e observações. A universalidade é uma hipótese, capaz de ser refutada toda vez que é aplicada. Toda vez que ela sobrevive a uma refutação – um modo bonito de dizer que ela dá bons resultados –, a justificativa para utilizá-la torna-se um pouco mais forte. Se ela sobrevive a milhares de testes (como neste caso), a justificativa torna-se efetivamente muito forte. No entanto, a hipótese jamais pode ser provada *verdadeira*: pelo que sabemos, o próximo experimento poderia produzir resultados incompatíveis. Talvez em algum lugar numa galáxia muito, muito distante, exista algum cisco de matéria, um átomo, que não seja atraído por todo o restante. Se assim for, nunca o acharemos; da mesma forma, ele não atrapalhará nossos cálculos. A lei do inverso do quadrado é excepcionalmente difícil de verificar de forma direta, isto é, medindo realmente a força de atração. Em lugar disso, aplicamos a lei aos sistemas que podemos medir usando-a para predizer órbitas, e então verificamos se as predições estão de acordo com as observações.

Mesmo garantindo a universalidade, não basta anotar uma lei precisa de atração. Isso simplesmente produz uma equação que descreve o movimento. Para encontrar o movimento em si, é preciso resolver a equação. Mesmo para dois corpos, este não é um processo simples, e mesmo tendo em mente que ele sabia que resposta esperar, a dedução de Newton das órbitas elípticas é um *tour de force*. Isso explica por que as três leis de Kepler fornecem uma descrição muito acurada da órbita de cada planeta. E explica também por que essa descrição não é exata: os outros corpos do Sistema Solar, além do Sol e do próprio planeta, afetam o movimento. Para levar em conta essas perturbações, é necessário resolver as equações do movimento para três ou quatro corpos. Em particular, se quisermos predizer o movimento da Lua com alta precisão, devemos incluir o Sol e a Terra nas equações. Os efeitos dos outros planetas, especialmente Júpiter, não são totalmente desprezíveis, mas se manifestam apenas no longo prazo. Assim, revitalizados com o sucesso de Newton com o movimento de dois corpos sob gravitação, matemáticos e físicos foram adiante em busca do caso seguinte: três corpos. O otimismo inicial dissipou-se rapidamente: o caso de três corpos revelou-se muito diferente do caso de dois corpos. Na verdade, desafiava a uma solução.

Muitas vezes era possível calcular boas *aproximações* do movimento (que, em geral, resolviam o problema para objetivos práticos), mas não parecia mais haver uma fórmula exata. Esse problema assolava mesmo versões mais simplificadas, tais como o problema de três corpos restrito. Suponhamos que um planeta gire em torno de uma estrela num círculo perfeito: como se moverá um cisco de poeira, de massa desprezível?

Calcular órbitas aproximadas para três ou mais corpos, a mão, usando lápis e papel, era perfeitamente viável, porém muito trabalhoso. Os matemáticos inventaram inúmeros truques e atalhos, levando a uma compreensão razoável de diversos fenômenos astronômicos. Somente no fim do século XIX ficou visível a verdadeira complexidade do problema de três corpos, quando Henri Poincaré percebeu que a geometria envolvida era, necessariamente, intrincadíssima. E foi só no fim do século XX que o advento de computadores poderosos reduziu o trabalho de cálculos manuais, permitindo predições acuradas de longo prazo dos movimentos do Sistema Solar.

O GRANDE AVANÇO DE POINCARÉ – se é que pode ser chamado assim, pois na época ele parecia dizer que o problema era irremediável e não havia sentido em buscar uma solução – surgiu porque ele estava concorrendo a um prêmio em matemática. Oscar II, rei da Suécia e da Noruega, anunciou uma competição para celebrar seu sexagésimo aniversário, em 1889. Aconselhando-se com o matemático Gösta Mittag-Leffler, o rei escolheu o problema geral de um número arbitrário de corpos movendo-se sob a gravitação newtoniana. Uma vez que se entendia que uma fórmula explícita similar à elipse de dois corpos era uma meta irrealista, a exigência foi atenuada: o prêmio seria concedido para um método de aproximação de um tipo muito específico. A saber, o movimento devia ser determinado como uma série infinita, dando resultados tão precisos quanto se desejasse na medida em que fossem incluídos termos suficientes.

Poincaré não respondeu a esta questão. Em vez disso, seu memorial sobre o tópico, publicado em 1890, fornece evidências de que talvez não tivesse esse tipo de resposta, mesmo para três corpos apenas – estrela, planeta e partícula de poeira. Pensando na geometria de soluções hipotéticas, Poincaré descobriu que em alguns casos a órbita da partícula de poeira deve ser excessivamente complexa e emaranhada. Então, ergueu as mãos, horrorizado, e fez a declaração pessimista de que "quando se tenta descrever a figura formada por estas duas curvas e sua infinidade de intersecções, cada uma delas correspondendo a uma solução duplamente assintótica, essas intersecções formam uma espécie de rede, teia ou malha infinitamente entranhada... Fica-se chocado com a complexidade desta figura que eu nem tento desenhar".

Atualmente vemos o trabalho de Poincaré como um grande avanço e descontamos seu pessimismo, porque a complicada geometria que o levou ao desespero de algum dia conseguir resolver o problema é o que nos fornece poderosos *insights*, se for adequadamente desenvolvida e compreendida. A geometria complexa da dinâmica associada revelou-se um dos primeiros exemplos de *caos*: a ocorrência, em equações não aleatórias, de soluções tão complicadas que sob alguns aspectos parecem ser aleatórias (ver Capítulo 16).

Há diversas ironias na história. A historiadora de matemática June Barrow-Green descobriu que a versão publicada do premiado memorial de Poincaré não foi a que ganhou o prêmio.[4] Essa versão anterior continha um erro importante, deixando passar as soluções caóticas. A obra já estava em fase de prova quando um constrangido Poincaré percebeu seu engano e pagou pela nova impressão de uma versão corrigida. Quase todos os exemplares do original foram destruídos, mas restou um, escondido entre os arquivos do Instituto Mittag-Leffler na Suécia, onde Barrow-Green o encontrou.

Também se revelou que a presença do caos não exclui, na verdade, soluções de série, mas estas são válidas quase sempre, e não sempre. Karl Frithiof Sundman, um matemático finlandês, descobriu isso em 1912 para o problema dos três corpos, usando séries formadas a partir de potências da raiz cúbica do tempo. (Potências do tempo não servem.) As séries convergem – têm uma soma definida – a menos que o estado inicial tenha momento angular zero, mas tais estados são infinitamente raros, no sentido de que uma escolha aleatória de momento angular é quase sempre diferente de zero. Em 1991, o matemático chinês Qiudong Wang estendeu esses resultados para qualquer número de corpos, mas não classificou as raras exceções quando a série deixa de convergir. Tal classificação tende a ser muito complicada: deve incluir soluções em que corpos escapam para o infinito num tempo finito, ou oscilam cada vez mais rápido, fatos que podem ocorrer para cinco ou mais corpos.

A LEI DA GRAVITAÇÃO DE NEWTON é aplicada rotineiramente para planejar as órbitas de missões espaciais. Aqui até mesmo a dinâmica de dois corpos é útil por si só. Nos primeiros tempos, a exploração do Sistema Solar utilizava basicamente órbitas de dois corpos, segmentos de elipses.

A lei da gravitação de Newton

Queimando seus foguetes a espaçonave podia passar de uma elipse para outra. Mas à medida que as metas dos programas espaciais foram ficando mais ambiciosas, métodos mais eficientes passaram a ser necessários. Tais métodos vieram da dinâmica de muitos corpos, geralmente três, mas às vezes chegando a cinco. Os novos métodos do caos e da dinâmica topológica tornaram-se a base para soluções práticas de problemas de engenharia.

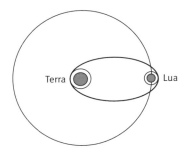

FIGURA 14 Elipse de transferência de Hohmann, de órbita próxima à Terra para órbita lunar.

Tudo começou com uma simples pergunta: qual é a rota mais eficiente da Terra à Lua ou aos planetas? A resposta clássica, conhecida como elipse de transferência de Hohmann (Figura 14), começa a partir de uma órbita circular em volta da Terra, e então segue como parte de uma longa e fina elipse até se juntar a uma segunda órbita circular em volta do destino. Este método foi empregado para as missões Apollo nas décadas de 1960 e 1970, mas para muitos tipos de missão ele tem uma desvantagem. A espaçonave precisa ser impulsionada para fora da órbita terrestre e desacelerada novamente para entrar em órbita lunar; isso desperdiça combustível. Existem outras alternativas envolvendo muitas voltas em torno da Terra, uma transição por um ponto entre a Terra e a Lua onde os campos gravitacionais se anulam e muitas voltas em torno da Lua. Mas tais trajetórias levam mais tempo que a elipse de Hohmann, então não foram usadas para as missões tripuladas Apollo, em que alimento, oxigênio e, portanto, tempo, eram essenciais. Para missões não tripuladas, porém, o tempo é relativamente barato, ao passo que qualquer coisa que provoque peso adicional na nave, inclusive combustível, custa caro.

Encarando com um olhar novo a lei da gravitação de Newton e sua segunda lei do movimento, matemáticos e engenheiros espaciais recentemente descobriram uma abordagem nova e extraordinária para uma viagem interplanetária eficiente em termos de combustível.

Ir de tubo.

É uma ideia vinda diretamente da ficção científica. No seu livro de 2004, *Pandora's Star*, Peter Hamilton retrata um futuro em que as pessoas viajam a planetas girando em torno de estrelas distantes de trem, com linhas ferroviárias que passam por um buraco de minhoca, um atalho através do espaço-tempo. Na sua série *Lensman*, de 1934 a 1948, Edward Elmer "Doc" Smith inventou o tubo hiperespacial, que alienígenas malvados usavam para invadir mundos humanos vindo da quarta dimensão.

Embora ainda não tenhamos buracos de minhocas ou alienígenas da quarta dimensão, descobriu-se que planetas e luas do Sistema Solar estão ligados por uma rede de tubos cuja definição matemática requer muito mais dimensões que quatro. Os tubos fornecem rotas de um mundo a outro que são eficientes do ponto de vista energético. Podem ser vistos apenas através de olhos matemáticos, pois não são feitos de matéria; suas paredes são níveis de energia. Se pudéssemos visualizar o panorama sempre mutável dos campos gravitacionais que controla como os planetas se movem, seríamos capazes de ver os tubos, rodando junto com os planetas enquanto estes giram em torno do Sol.

Tubos explicam algumas intrigantes dinâmicas orbitais. Consideremos, por exemplo, o cometa chamado Oterma. Um século atrás, a órbita de Oterma era bem externa à de Júpiter. Mas após um quase encontro com o planeta gigante, a órbita do cometa se desviou para dentro da órbita de Júpiter. Após outro quase encontro, voltou para a órbita externa. Podemos predizer com confiança que o Oterma continuará a trocar de órbita dessa maneira a cada tantas décadas: não porque viola a lei de Newton, mas porque lhe obedece.

A lei da gravitação de Newton

Este é um grito distante das ordenadas elipses. As órbitas preditas pela gravitação newtoniana são elípticas apenas quando não existem outros corpos exercendo atração gravitacional significativa. Mas o Sistema Solar está cheio de outros corpos, que podem fazer uma enorme – e surpreendente – diferença. É aqui que os tubos entram na história. A órbita de Oterma reside dentro de dois tubos, que se encontram nas proximidades de Júpiter. Um tubo se localiza dentro da órbita de Júpiter; o outro, fora. Eles encerram órbitas em ressonância 3:2 e 2:3 com Júpiter, o que significa que um corpo numa dessas órbitas circundará o Sol três vezes a cada duas revoluções de Júpiter, ou duas vezes a cada três de Júpiter. Na junção dos tubos perto de Júpiter, o cometa pode trocar de tubo, ou não, dependendo de efeitos bastante sutis da gravidade solar e jupiteriana. Mas uma vez dentro de um tubo, Oterma fica preso ali até o tubo retornar à junção. Como um trem que precisa permanecer nos trilhos, mas pode mudar de rumo para outra rota se alguém acionar o desvio, Oterma tem alguma liberdade de mudar de itinerário, mas não muita (Figura 15).

Os tubos e suas junções podem parecer bizarros, mas são características naturais e importantes da geografia gravitacional do Sistema Solar. Os construtores de ferrovias da época vitoriana entendiam a necessidade

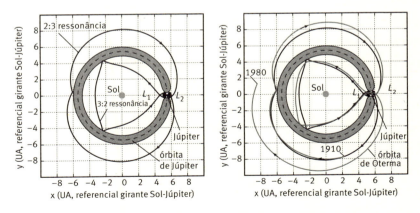

FIGURA 15 *Esquerda:* Duas órbitas periódicas, em ressonância 2:3 e 3:2 com Júpiter, conectadas via pontos de Lagrange. *Direita:* Órbita real do cometa Oterma, 1910-80.

de explorar características naturais do terreno, correndo as ferrovias por vales e curvas de nível e escavando túneis nas montanhas em vez de levar o trem até o cume. Um dos motivos era que os trens tendem a escorregar em declives íngremes, mas o motivo principal era a energia. Subir um morro, contra a força da gravidade, custa energia, o que se manifesta por aumento do consumo de combustível, que custa dinheiro.

É a mesma coisa com viagens interplanetárias. Imagine uma nave movendo-se através do espaço. Para onde ela vai não depende apenas de onde esteja agora: depende também da rapidez com que está se movendo e em que direção. São necessários três números para especificar a posição da nave – por exemplo, sua direção é vindo da Terra, o que requer dois números (os astrônomos usam ascensão e declinação direita, o que é análogo a longitude e latitude na esfera celeste, a esfera aparente formada pelo céu noturno), e sua distância da Terra. São necessários mais três números para especificar sua velocidade nessas três direções. Assim, a espaçonave viaja por um terreno matemático que tem seis dimensões em vez de duas.

Um terreno natural não é plano: possui morros e vales. É preciso energia para subir um morro, mas um trem pode ganhar energia descendo para um vale. Na verdade, entram em jogo dois tipos de energia. A altitude acima do nível do mar determina a energia potencial, que representa o trabalho realizado contra a força da gravidade. Quanto mais alto você sobe, mais energia potencial você precisa criar. O segundo tipo de energia é a energia cinética, que corresponde à velocidade. Quanto mais rápido você anda, maior é a sua energia cinética. Quando o trem desce o morro e ganha velocidade, transforma energia potencial em cinética. Quando sobe o morro e desacelera, a transformação se dá no sentido inverso. A energia total é constante, de modo que a trajetória do trem é análoga a uma curva de nível no terreno da energia. No entanto, trens possuem um terceiro tipo de energia: carvão, diesel ou eletricidade. Gastando combustível, o trem pode escalar uma ladeira ou acelerar, libertando-se de sua trajetória natural de movimento livre. A energia total não pode mudar, mas todo o resto é negociável.

A *lei da gravitação de Newton*

Com a nave espacial dá-se o mesmo. Os campos gravitacionais combinados do Sol, de planetas e outros corpos do Sistema Solar fornecem energia potencial. A velocidade da nave corresponde à energia cinética. E a sua potência locomotora – seja combustível de foguetes, íons ou pressão da luz – acrescenta uma fonte de energia adicional, que pode ser ligada ou desligada conforme se necessite. O trajeto seguido pela espaçonave é uma espécie de curva de nível no correspondente terreno de energia, e ao longo desse trajeto a energia total permanece constante. E alguns tipos de curvas de nível estão cercados de tubos, correspondendo aos níveis de energia próximos.

Os engenheiros ferroviários vitorianos também tinham ciência de que a paisagem terrestre tem características especiais – picos, vales, passagens entre montanhas – que têm grande efeito em rotas eficazes para ferrovias, pois constituem uma espécie de esqueleto da geometria total dos contornos. Por exemplo, perto de um pico ou do fundo de um vale as curvas de nível são fechadas. Nos picos, a energia potencial está localmente no máximo; num vale, está num mínimo local. As passagens entre montanhas combinam características de ambas, estando no máximo numa direção e no mínimo em outra. Da mesma maneira, o terreno energético do Sistema Solar tem características especiais. As mais óbvias são os próprios planetas e suas luas, que se encontram no fundo de poços de gravidade, como vales. Igualmente importantes, mas menos visíveis, são os picos e passagens do terreno energético. Todas essas características organizam uma geometria global, e com ela, os tubos.

O terreno energético tem outras características atraentes para o turista, notavelmente os pontos de Lagrange. Imagine um sistema que consista apenas da Terra e da Lua. Em 1772, Joseph-Louis Lagrange descobriu que em qualquer instante há precisamente cinco lugares onde os campos gravitacionais dos dois corpos, junto com a força centrífuga, se anulam exatamente. Três estão alinhados tanto com a Terra como com a Lua – L1 fica entre as duas, L2 está na extremidade oposta da Lua e L3 na extremidade oposta da Terra. O matemático suíço Leonhard Euler já os havia descoberto por volta de 1750. Mas existem também L4 e L5, conhecidos como pontos troianos: localizam-se na mesma órbita que a Lua, mas 60°

adiante ou atrás dela. Quando a Lua gira em volta da Terra, os pontos de Lagrange giram com ela. Outros pares de corpos também têm pontos de Lagrange – Terra/Sol, Júpiter/Sol, Titã/Saturno.

A antiquada órbita de transferência Hohmann é formada por trechos de círculos e elipses, que são as trajetórias naturais para sistemas de dois corpos. As novas trajetórias baseadas em tubos são formadas por trechos das trajetórias naturais de sistemas de três corpos, tais como Sol/Terra/nave. Os pontos de Lagrange desempenham um papel especial, da mesma forma que picos e vales no caso das ferrovias: eles são as junções onde os tubos se encontram. L1 é um ótimo local para executar pequenas alterações de rumo, porque a dinâmica natural de uma nave perto de L1 é caótica, Figura 16. O caos tem uma característica vantajosa (ver Capítulo 16): mudanças muito pequenas de posição ou velocidade provocam mu-

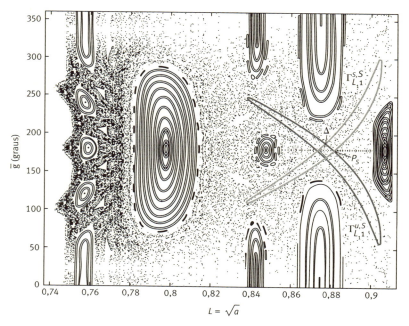

FIGURA 16 Caos perto de Júpiter. O diagrama mostra uma seção transversal de órbitas. Os laços aninhados são órbitas quase periódicas e a região pontilhada restante é uma órbita caótica. Os dois laços finos que se cruzam à direita são seções transversais de tubos.

A lei da gravitação de Newton

danças grandes na trajetória. Assim, é fácil redirecionar a nave de maneira eficiente do ponto de vista do combustível, ainda que vagarosa.

A primeira pessoa a levar esta ideia a sério foi o matemático de origem alemã Edward Belbruno, um analista de órbitas no Laboratório de Propulsão a Jato de 1985 a 1990. Ele descobriu que a dinâmica caótica nos sistemas de corpos múltiplos oferecia uma oportunidade para órbitas de transferência novas, de baixa energia, dando à técnica o nome de teoria das fronteiras difusas. Em 1991, ele pôs suas ideias em prática. *Hiten*, uma sonda japonesa, vinha explorando a Lua, e completara sua missão programada, retornando para uma órbita em volta da Terra. Belbruno programou uma nova órbita que a levaria de volta para a Lua apesar de ter esgotado boa parte de seu combustível. Depois de se aproximar da Lua, conforme planejado, Hiten visitou seus pontos L4 e L5 em busca de poeira cósmica que talvez pudesse ter ficado presa ali.

Um recurso semelhante foi usado em 1985 para redirecionar a quase morta ISEE-3 (International Sun-Earth Explorer) para um encontro com o cometa Giacobini-Zinner, e foi outra vez usado para a missão Genesis da Nasa para trazer amostras do vento solar. Matemáticos e engenheiros queriam repetir o truque e achar outros do mesmo tipo, o que significava descobrir o que realmente o fazia funcionar. Acabou-se descobrindo que eram os tubos.

A ideia subjacente é simples mas inteligente. Esses lugares especiais no terreno energético, que se assemelham a passagens entre montanhas, criam gargalos que os possíveis viajantes dificilmente conseguem evitar. Os seres humanos antigos descobriram, ainda que do modo mais difícil, que embora seja necessário usar energia para galgar uma passagem, é preciso *mais* energia para percorrer qualquer outra rota – a menos que se possa contornar a montanha, numa direção totalmente diferente. A passagem extrai o melhor de uma opção ruim.

No terreno energético, os análogos às passagens incluem os pontos de Lagrange. Associados a eles há trajetos embutidos muito específicos, que são a melhor maneira de galgar o morro até a passagem. Há também trajetos externos igualmente específicos, análogos às rotas naturais que contornam a montanha no sopé. Para seguir com exatidão essas trajetórias internas e externas é preciso viajar na velocidade certa, mas se a velocidade é um pouco diferente, ainda assim é possível permanecer próximo dessas trajetórias. No final dos anos 1960 os matemáticos americanos Charles Conley e Richard McGehee deram continuidade ao trabalho pioneiro de Belbruno, mostrando que tal trajetória é cercada por um conjunto aninhado de tubos, um dentro do outro. Cada tubo corresponde a uma escolha de velocidade específica; quanto mais distante está da velocidade ideal, mais largo é o tubo. Na superfície de qualquer tubo dado, a energia total é constante, mas as constantes diferem de um tubo para outro. Assim como uma curva de nível está numa altitude constante, mas a altitude varia de uma curva para outra.

O MODO DE PLANEJAR um perfil de missão eficiente, portanto, é descobrir quais tubos são relevantes para a sua escolha de destino. Então você direciona a sua espaçonave ao longo da rota que está dentro do primeiro tubo embutido, e quando ela chegar ao ponto de Lagrange associado acionam-se rapidamente os motores para redirecioná-la pelo tubo externo mais adequado, Figura 17. Esse tubo natural corre para o tubo embutido correspondente do próximo ponto de baldeação... e assim por diante.

Planos para futuras missões tubulares já estão sendo traçados. Em 2000, Wang Sang Koon, Martin Lo, Jerrold Marsden e Shane Ross usa-

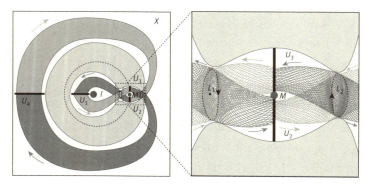

FIGURA 17 *Esquerda:* Tubos se juntando perto de Júpiter.
Direita: Detalhe da região onde os tubos se juntam.

A *lei da gravitação de Newton* 95

ram a técnica do tubo para encontrar um "Petit Grand Tour" das luas de Júpiter, terminando com uma órbita de captura em torno de Europa, o que era muito traiçoeiro com os métodos anteriores. A trajetória envolve uma impulsão gravitacional perto de Ganimedes seguido de uma viagem por tubo a Europa. Uma rota mais complexa, requerendo ainda menos energia, inclui também Calisto. Ela faz uso de outra característica do terreno energético – ressonâncias. Estas ocorrem quando, digamos, duas luas voltam repetidamente às mesmas posições relativas, mas uma circunda Júpiter duas vezes enquanto a outra circunda três. Quaisquer números pequenos podem substituir 2 e 3 aqui. Esse trajeto utiliza a dinâmica de cinco corpos: Júpiter, as três luas e a espaçonave.

Em 2005, Michael Dellnitz, Oliver Junge, Marcus Post e Bianca Thiere usaram tubos para planejar uma missão energeticamente eficiente da Terra a Vênus. Aqui o tubo principal liga o ponto L1 Sol/Terra ao ponto L2 Sol/Vênus. Como comparação, essa rota utiliza apenas um terço do combustível requerido pela missão Venus Express, da Agência Espacial Europeia, porque pode usar motores de baixa impulsão; o preço pago é um alongamento do tempo de trânsito de 150 a cerca de 650 dias.

A influência de tubos pode ir ainda além. Num trabalho ainda não publicado, Dellnitz descobriu evidências de um sistema natural de tubos conectando Júpiter a cada um dos planetas internos. Essa notável estrutura, agora chamada Supervia Expressa Interplanetária, indica que Júpiter, há muito conhecido como o planeta dominante no Sistema Solar, também faz o papel de uma Estação Central celestial. Seus tubos podem muito bem ter organizado a formação de todo o Sistema Solar, determinando o espaçamento entre os planetas internos.

Por que os tubos não foram identificados antes? Até muito recentemente, faltavam duas coisas vitais. Uma eram computadores poderosos, capazes de realizar os cálculos necessários para corpos múltiplos. Eles são trabalhosos demais para serem feitos a mão. Mas a outra coisa, ainda mais importante, era uma compreensão matemática profunda da geografia do terreno energético. Sem este criativo trunfo dos modernos métodos matemáticos, não haveria nada a ser calculado pelos computadores. E sem a lei da gravitação de Newton, tais métodos matemáticos jamais teriam sido concebidos.

5. Prodígio do mundo ideal
A raiz quadrada de menos um

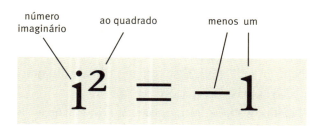

O que diz?
Ainda que devesse ser impossível, o quadrado do número i é menos um.

Por que é importante?
Levou à criação dos números complexos, que por sua vez levou à análise complexa, uma das mais poderosas áreas da matemática.

Qual foi a consequência?
Métodos aperfeiçoados de calcular tabelas trigonométricas. Generalizações de quase toda a matemática para o domínio complexo. Métodos mais poderosos de compreender ondas, calor, eletricidade e magnetismo. A base matemática da mecânica quântica.

A Itália da Renascença foi um solo fértil para política e violência. O norte do país era controlado por uma dúzia de cidades-Estados bélicas, entre elas Milão, Florença, Pisa, Gênova e Veneza. No sul, guelfos e gibelinos viviam em conflito enquanto papas e sacros imperadores romanos lutavam por supremacia. Bandos de mercenários vagavam pela Terra, aldeias eram deixadas em desolação, cidades costeiras travavam batalhas navais entre si. Em 1454, Milão, Nápoles e Florença assinaram o Tratado de Lodi, e a paz reinou pelas quatro décadas seguintes, mas o papado permaneceu envolvido em política corrupta. Foi a época dos Bórgia, notórios por envenenar qualquer um que se pusesse no caminho de sua busca por poder político e religioso, mas foi também a época de Leonardo da Vinci, Brunelleschi, Piero della Francesca, Ticiano e Tintoretto. Contra um pano de fundo de intrigas e assassinatos, premissas por muito tempo sustentadas estavam sendo questionadas. A grande arte e a grande ciência floresciam em simbiose, cada qual alimentando a outra.

A grande matemática também floresceu. Em 1545, o jogador e estudioso Girolamo Cardano estava escrevendo um novo texto de álgebra, e encontrou um novo tipo de número, tão desconcertante que ele o declarou "tão sutil quanto inútil" e desconsiderou a ideia. Rafael Bombelli tinha uma compreensão sólida do livro de álgebra de Cardano, mas achou a exposição confusa, e decidiu que era capaz de fazer melhor. Em 1572, ele notara algo intrigante: embora esses desconcertantes números novos não fizessem sentido, podiam ser usados em cálculos algébricos, levando a resultados que eram demonstravelmente corretos.

Durante séculos os matemáticos se engajaram numa relação de amor e ódio com esses "números imaginários", como ainda são chamados até hoje. O nome trai uma atitude ambivalente: não são números *reais*, os números habituais encontrados em aritmética, mas sob a maioria dos aspectos comportam-se como eles. A principal diferença é que quando se eleva um número imaginário ao quadrado, o resultado é negativo. Mas isso não deveria ser possível, porque quadrados são sempre positivos.

Somente no século XVIII os matemáticos descobriram o que eram os números imaginários. E somente no século XIX começaram a se sentir confortáveis com eles. Mas quando o status lógico dos números imaginários passou a ser visto como inteiramente comparável ao dos mais tradicionais números reais, os imaginários já tinham se tornado indispensáveis para toda a matemática e a ciência, e a questão de seu significado não parecia muito interessante. No fim do século XIX e no começo do século XX, um interesse renovado nos fundamentos da matemática levou a se repensar o conceito de número, e os tradicionais números "reais" passaram a ser vistos como não mais reais que os imaginários. Do ponto de vista lógico, os dois grupos de números eram parecidos como Tweedledum e Tweedledee. Ambos eram construções da mente humana, ambos representavam – mas não eram sinônimos de – aspectos da natureza. Mas representavam a realidade em diferentes formas e em diferentes contextos.

Na segunda metade do século XX, os números imaginários eram simplesmente parte e parcela da caixa de ferramentas mental de todo matemático e de todo cientista. Estavam entranhados na mecânica quântica de uma forma tão fundamental que não se podia mais fazer física sem eles, da mesma forma que não se podia praticar alpinismo sem cordas. Mesmo assim, os números imaginários raramente são ensinados nas escolas. As somas são bastante fáceis, mas a sofisticação mental necessária para apreciar por que os imaginários são dignos de estudo ainda é elevada demais para a vasta maioria dos estudantes. Poucos adultos, mesmo cultos, estão cientes de quão profundamente a sociedade depende de números que não representam quantidades, comprimentos, áreas ou somas de dinheiro. Ainda assim, a maior parte da tecnologia moderna, da iluminação elétrica às câmeras digitais, não teria sido inventada sem eles.

A *raiz quadrada de menos um*   99

DEIXEM-ME RETROCEDER a uma questão crucial. *Por que* os quadrados são sempre positivos?

Nos tempos da Renascença, quando equações eram geralmente rearranjadas para tornar positivo todo número presente nelas, eles não teriam formulado a pergunta exatamente desta maneira. Teriam dito que se você soma um número a um quadrado, então precisa obter um número maior – não se pode obter zero. Mas mesmo que você leve em conta números negativos, como fazemos agora, os quadrados ainda precisam ser positivos. Eis por quê.

Números reais podem ser positivos ou negativos. Entretanto, o quadrado de qualquer número real, qualquer que seja seu sinal, é sempre positivo, porque o produto de dois números negativos é positivo. Então tanto 3×3 como -3×-3 têm o mesmo resultado: 9. Portanto, 9 tem *duas* raízes quadradas, 3 e -3.

E quanto a -9? Quais são suas raízes quadradas?

Ele não tem.

Tudo isso parece tremendamente injusto: os números positivos se fartam com duas raízes quadradas, enquanto os negativos passam sem nenhuma. É tentador mudar a regra para a multiplicação de dois números negativos, fazendo $-3 \times -3 = -9$. Então tanto os números positivos quanto os negativos ficam com uma raiz quadrada; além disso, cada número tem o mesmo sinal que seu quadrado, o que parece claro e organizado. Mas esta linha sedutora de raciocínio tem uma incoerência não intencional: acaba com as regras habituais da aritmética. O problema é que -9 já ocorre em 3×-3, sendo esta uma consequência das regras usuais da aritmética e um fato que quase todo mundo fica feliz em aceitar. Se insistirmos que -3×-3 também é -9, então $-3 \times -3 = 3 \times -3$. Há diversas maneiras de ver que isso causa problemas; a mais simples é dividir ambos os lados por -3, e obteremos $3 = -3$.

É claro que as regras da aritmética podem ser mudadas. Mas aí tudo fica complicado e atrapalhado. Uma solução mais criativa é manter as regras da aritmética e estender o sistema de números reais, permitindo imaginários. Notavelmente – e ninguém poderia ter antecipado isso, simplesmente é necessário acompanhar a lógica – esse passo audacioso conduz a um lindo e consistente sistema de números, com uma miríade de usos. Agora todos os números, exceto o zero, têm *duas* raízes quadradas, uma sendo o oposto da outra. Isso é verdade mesmo para os novos tipos de números; uma ampliação do sistema é o bastante. Levou algum tempo até que isso se tornasse claro, mas em retrospecto há um ar de inevitabilidade. Os números imaginários, por mais impossíveis que fossem, recusaram-se a ir embora. Pareciam não fazer sentido, mas viviam aparecendo em cálculos. Às vezes o uso de números imaginários tornava os cálculos mais simples, e o resultado era mais abrangente e mais satisfatório. Sempre que uma resposta obtida utilizando números imaginários, mas sem envolvê-los diretamente, podia ser verificada independentemente, ela se revelava certa. Mas quando uma resposta envolvia números imaginários explícitos, ela parecia não fazer sentido, e muitas vezes era contraditória do ponto de vista lógico. O enigma permaneceu em aquecimento por duzentos anos, e quando finalmente ferveu, os resultados foram explosivos.

CARDANO É CONHECIDO COMO o erudito jogador porque as duas atividades desempenharam um papel proeminente em sua vida. Ele era tanto um gênio quanto um patife. Sua vida consiste numa desconcertante série de altos altíssimos e baixos baixíssimos. Sua mãe tentou abortá-lo, seu filho foi decapitado por matar sua (do filho) esposa, e ele (Cardano) perdeu no jogo toda a fortuna da família. Foi acusado de heresia por elaborar o horóscopo de Jesus. No entanto, nesse meio-tempo tornou-se também reitor da Universidade de Pádua, foi eleito para o Colégio Médico em Milão, ganhou 2 mil coroas de ouro por curar a asma do arcebispo de St. Andrews e recebeu uma pensão do papa Gregório XIII. Inventou a fechadura de combinação e balancins para segurar um giroscópio, além de escrever numerosos livros, inclusive uma extraordinária autobiografia *De Vita Propria* ("Da minha vida"). O livro relevante para o nosso relato é *Ars Magna* ("A grande arte"), de 1545. O título significa "grande arte", e refere-se à álgebra. Nele, Cardano reuniu as ideias algébricas mais avançadas de seu tempo, inclusive novos e dramáticos métodos de resolver equações, alguns

A raiz quadrada de menos um

inventados por um aluno seu, alguns obtidos de outros em circunstâncias controversas.

A álgebra, no seu sentido familiar de matemática escolar, é um sistema para representar os números simbolicamente. Suas raízes remontam ao grego Diofante, cerca de 250 d.C., cuja *Aritmética* empregava símbolos para descrever formas de resolver equações. A maior parte do trabalho era verbal – "encontre dois números cuja soma seja 10 e cujo produto seja 24". Mas Diofante resumia simbolicamente os métodos que usava para encontrar as soluções (aqui, 4 e 6). Os símbolos (ver Tabela 1) eram muito diferentes dos que utilizamos hoje em dia, e maioria eram abreviações, mas já era um começo. Cardano usava principalmente palavras, com alguns poucos símbolos para raízes, e, mais uma vez, os símbolos se assemelham muito pouco aos que hoje usamos. Autores posteriores criaram, mais ou menos a esmo, a notação atual, cuja maior parte foi padronizada por Euler em seus numerosos livros didáticos. No entanto, Gauss usava xx em vez de x^2 ainda em 1800.

DATA	AUTOR	NOTAÇÃO
c. 250	Diofante	$\Delta^Y a \varsigma \beta \overset{\circ}{M} \gamma$
c. 825	Al-Khowârizmî	*potência mais lado dobrado mais três* [em árabe]
1545	Cardano	*quadrado mais lado dobrado mais três* [em italiano]
1572	Bombelli	$3p \cdot 2 \overset{\perp}{\smile} p \cdot 1 \overset{\smile}{}$
1585	Stevin	$3 + 2^{①} + 1^{②}$
1591	Viète	x quadr. $+ x \, 2 + 3$
1637	Descartes, Gauss	$xx + 2x + 3$
1670	Bachet de Méziriac	$Q + 2N + 3$
1765	Euler, moderna	$x^2 + 2x + 3$

TABELA 1 O desenvolvimento da notação algébrica.

Os tópicos mais importantes no *Ars Magna* foram novos métodos para resolver equações cúbicas e quárticas. Elas são semelhantes a equações de segundo grau, que a maioria de nós conhece da álgebra na escola, porém mais complicadas. Uma equação de segundo grau exprime uma relação envolvendo um valor desconhecido – a incógnita, geralmente representada pela letra x, e seu quadrado x^2.* Um exemplo típico é:

$$x^2 - 5x + 6 = 0$$

Verbalmente, isso significa: "Eleve ao quadrado a incógnita, subtraia cinco vezes a incógnita e acrescente seis: o resultado é zero." Dada uma equação envolvendo uma incógnita, nossa tarefa é resolver a equação – achar o valor ou valores da incógnita que tornam correta a equação.

Para um valor de x escolhido ao acaso, essa equação geralmente será falsa. Por exemplo, se tentarmos $x = 1$, então $x^2 - 5x + 6 = 1 - 5 + 6 = 2$, que não é zero. Mas para algumas raras escolhas de x, a equação é verdadeira. Por exemplo, quando $x = 2$, temos $x^2 - 5x + 6 = 4 - 10 + 6 = 0$. Mas esta não é a *única* solução! Quando $x = 3$, temos $x^2 - 5x + 6 = 9 - 15 + 6 = 0$ também. Existem duas soluções, $x = 2$ e $x = 3$, e pode-se demonstrar que não há outras. Uma equação de segundo grau pode ter duas soluções, uma solução ou nenhuma (em números reais). Por exemplo, $x^2 - 2x + 1 = 0$ tem apenas uma solução, $x = 1$, e $x^2 + 1 = 0$ não tem solução em números reais.

A obra-prima de Cardano fornece métodos para resolver equações cúbicas – de terceiro grau, que juntamente com x e x^2 envolvem o cubo x^3 da incógnita, e equações quárticas – de quarto grau, nas quais também aparece x^4. A álgebra fica bastante complicada; mesmo com o simbolismo moderno leva-se uma ou duas páginas para calcular as respostas. Cardano não chegou a equações quínticas – de quinto grau, envolvendo x^5, porque não sabia como resolvê-las. Muito mais tarde provou-se que não existem soluções (do tipo que Cardano teria buscado): embora se possam calcular soluções numéricas altamente precisas em qualquer caso particular, não existe uma *fórmula* geral para elas, a menos que você invente novos símbolos especialmente para essa tarefa.

---

* São conhecidas também como "quadráticas", uma vez que o "quadrado" se refere ao expoente de segundo grau. (N.T.)

A raiz quadrada de menos um

Vou anotar algumas fórmulas algébricas, porque sinto que o tópico faz mais sentido se não tentarmos evitá-las. Você não precisa seguir os detalhes, mas eu gostaria de mostrar como é o aspecto da coisa. Usando símbolos modernos podemos escrever a solução de Cardano para a equação de terceiro grau num caso especial, quando $x^3 + ax + b = 0$ para números específicos a e b. (Se houver x^2 presente, usa-se um truque ardiloso para livrar-se dele, de modo que este caso na verdade lida com tudo.) A resposta é:

$$x = \sqrt[3]{-\frac{b}{2} + \sqrt{\frac{b^2}{4} + \frac{a^3}{27}}} + \sqrt[3]{-\frac{b}{2} - \sqrt{\frac{b^2}{4} + \frac{a^3}{27}}}$$

Isso pode parecer um pouco complicado, mas é bem mais simples do que muitas fórmulas algébricas. A fórmula nos diz como calcular a incógnita x trabalhando com o quadrado de b e o cubo de a, somando algumas frações e extraindo um par de raízes quadradas (o símbolo $\sqrt{\ }$) e um par de raízes cúbicas (o símbolo $\sqrt[3]{\ }$). A raiz cúbica de um número é aquilo que você precisa elevar ao cubo para obter o número.

A descoberta da solução de equações de terceiro grau envolve pelo menos três outros matemáticos, um dos quais queixou-se amargamente de que Cardano havia prometido não revelar seu segredo. A história, embora fascinante, é complicada demais para ser relatada aqui.[1] A equação quártica foi solucionada pelo aluno de Cardano, Lodovico Ferrari. Eu pouparei o leitor das fórmulas ainda mais complicadas para equações quárticas.

Os resultados relatados no *Ars Magna* foram um triunfo matemático, o ápice de uma história que se estendeu por milênios. Os babilônios sabiam como resolver equações de segundo grau por volta de 1500 a.C., talvez antes. Os gregos antigos e Omar Khayyam conheciam métodos geométricos para resolver cúbicas, porém soluções algébricas para equações cúbicas, para não dizer quárticas, não tinham precedentes. De um só golpe, os matemáticos ultrapassaram suas origens clássicas.

Havia, porém, um pequeno obstáculo. Cardano o notou, e vários outros tentaram explicá-lo; todos fracassaram. Às vezes o método funciona brilhantemente; outras vezes, a fórmula é tão enigmática quanto o oráculo de Delfos. Suponhamos aplicar a fórmula de Cardano à equação $x^3 - 15x - 4 = 0$.

O resultado é

$$x = \sqrt[3]{2 + \sqrt{-121}} + \sqrt[3]{2 - \sqrt{-121}}$$

No entanto, -121 é negativo, de modo que não tem raiz quadrada. Para contribuir com o mistério, existe uma solução perfeitamente boa, $x = 4$. A fórmula não a fornece.

Uma certa luz foi lançada em 1572 quando Bombelli publicou *L'Algebra*. Seu principal objetivo era clarificar o livro de Cardano, mas quando chegou a este tópico espinhoso específico, enxergou algo que tinha passado despercebido por Cardano. Se você ignorar o que o símbolo significa, e simplesmente executar cálculos de rotina, as regras padrão da álgebra mostram que

$$(2 + \sqrt{-1})^3 = 2 + \sqrt{-121}$$

Portanto, estamos autorizados a escrever

$$\sqrt[3]{2 + \sqrt{-121}} = 2 + \sqrt{-1}$$

Da mesma maneira,

$$\sqrt[3]{2 - \sqrt{-121}} = 2 - \sqrt{-1}$$

Agora a fórmula que deixou Cardano perplexo pode ser reescrita como

$$(2 + \sqrt{-1}) + (2 - \sqrt{-1})$$

que é igual a 4 porque as problemáticas raízes quadradas se cancelam. Então os cálculos formais sem sentido de Bombelli *obtiveram a resposta correta*. E era um número real perfeitamente normal.

De alguma maneira, fingir que as tais raízes quadradas de números negativos tinham sentido, ainda que obviamente não tivessem, podia levar a respostas sensatas. Por quê?

PARA RESPONDER A ESTA PERGUNTA, os matemáticos tiveram de desenvolver boas formas de pensar as raízes quadradas de valores negativos, e de fazer cálculos com elas. Autores antigos, entre eles Descartes e Newton,

A raiz quadrada de menos um

interpretaram esses números "imaginários" como sinal de que um problema não tem soluções. Se se quisesse achar o número cujo quadrado fosse menos um, a solução formal "raiz quadrada de menos um" era imaginária, de modo que não existia solução. Mas o cálculo de Bombelli implicava que havia mais do que isso em relação aos imaginários. Eles podiam ser usados para *encontrar* soluções; podiam surgir como parte de um cálculo de soluções que *de fato* existiam.

Leibniz não tinha dúvida a respeito da importância dos números imaginários. Em 1702, escreveu: "O Espírito Divino encontrou uma sublime manifestação naquela maravilha da análise, naquele prodígio do mundo ideal, naquele anfíbio entre ser e não ser, que chamamos de raiz imaginária de uma unidade negativa." Mas a eloquência dessa declaração falha em obscurecer um problema fundamental: ele não tinha nenhuma pista do que eram efetivamente os números imaginários.

Uma das primeiras pessoas a conceber uma representação sensata dos números complexos foi Wallis. A imagem dos números reais sobre uma reta, como pontos marcados sobre uma régua, já era de uso comum. Em 1673 Wallis sugeriu que um número complexo $x + iy$ deveria ser pensado como um ponto num plano. Desenhe uma linha reta num plano e identifique pontos nessa reta com os números reais, da forma habitual. Então, pense em $x + iy$ como um ponto localizado ao lado da reta, a uma distância y do ponto x.

A ideia de Wallis foi largamente ignorada, ou pior, criticada. François Daviet de Foncenex, escrevendo sobre os imaginários em 1758, disse que pensar que tais números formavam uma linha em ângulo reto com a linha dos reais não fazia sentido. Mas a ideia acabou sendo retomada de uma maneira ligeiramente mais explícita. Na verdade, três pessoas surgiram com exatamente o mesmo método para representar números complexos, em intervalos de poucos anos, Figura 18. Uma foi um agrimensor norueguês, outra, um matemático francês, e uma terceira, um matemático alemão. Foram, respectivamente, Caspar Wessel, que publicou em 1797, Jean-Robert Argand, em 1806, e Gauss, em 1811. Eles diziam basicamente o mesmo que Wallis, mas acrescentaram uma segunda linha reta à figura, um eixo imaginário formando um ângulo reto com o eixo real. Ao longo desse segundo eixo viviam os números imaginários i, 2i, 3i, e assim por diante. Um número complexo genérico, como por exemplo 3 + 2i, existia no plano, três unidades na direção do eixo real e duas unidades na direção do eixo imaginário.

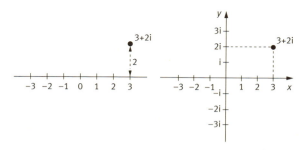

FIGURA 18   O plano complexo. *Esquerda*: Segundo Wallis.
Direita: Segundo Wessel, Argand e Gauss.

Esta representação geométrica estava perfeita, mas não explicava por que os números complexos formam um sistema logicamente coerente. Não nos dizia em que sentidos eles eram *números*. Simplesmente fornecia um meio de visualizá-los. Isso não definia que um número complexo é de fato mais do que desenhar linhas retas para definir um número real. Oferecia, sim, uma espécie de sustentáculo psicológico, um elo ligeiramente artificial entre aqueles imaginários malucos e o mundo real, mas nada mais que isso.

O que convenceu os matemáticos de que deveriam levar a sério os números imaginários não foi uma descrição lógica do que eram. Foi a avassaladora evidência de que, o que quer que eles fossem, os matemáticos podiam fazer bom uso deles. Você não faz perguntas difíceis sobre a base filosófica de uma ideia se a está utilizando diariamente para resolver problemas, podendo perceber que ela dá as respostas certas. Questões de fundamentos ainda têm algum interesse, é claro, mas elas ficam em segundo plano em relação às questões pragmáticas de se usar uma ideia nova para solucionar problemas antigos e novos.

Os NÚMEROS IMAGINÁRIOS, e o sistema de números complexos que eles geraram, consolidaram seu lugar na matemática quando alguns pioneiros voltaram sua atenção para a análise complexa: o cálculo (Capítulo 3), mas com números complexos em lugar de reais. O primeiro passo foi estender todas as funções usuais – potências, logaritmos, exponenciais, funções trigonométricas – para o domínio complexo. O que é sen z quando $z = x + iy$ é complexo? O que é e^z ou log z?

Logicamente, essas coisas podem ser o que quisermos que sejam. Estamos operando num domínio novo, em que as ideias velhas não se aplicam. Não faz muito sentido, por exemplo, pensar em um triângulo retângulo cujos lados tenham comprimentos complexos, então a definição geométrica da função seno é irrelevante. Poderíamos respirar fundo, insistir que sen z tem seu valor habitual quando z é real, mas é igual a 42 sempre que z não for real: tarefa cumprida. Mas esta seria uma definição bastante tola: não por ser imprecisa, mas porque não apresenta relação razoável com a definição original para números reais. Um dos requisitos para uma definição ampliada deve ser que ela concorde com a definição antiga quando aplicada a números reais, mas isso não é suficiente. E é verdade para a minha tola extensão do seno. Outro requisito é que o conceito novo deve conservar o máximo de características do antigo que possamos conseguir; de certa maneira, ele deve ser "natural".

Que propriedades do seno e do cosseno desejamos preservar? Presumivelmente, gostaríamos que todas as belas fórmulas da trigonometria permanecessem válidas, tais como sen $2z = 2$ sen z cos z. Isso impõe uma restrição, mas não ajuda. Uma propriedade mais interessante, derivada usando análise (a formulação rigorosa do cálculo), é a existência de uma série infinita:

$$\text{sen } z = z - \frac{z^3}{1.2.3} + \frac{z^5}{1.2.3.4.5} - \frac{z^7}{1.2.3.4.5.6.7} + \ldots$$

(A soma de uma série desse tipo é definida pelo limite da soma de termos finitos à medida que o número de termos cresce indefinidamente.) Há uma série similar para o cosseno:

$$\cos z = 1 - \frac{z^2}{1.2} + \frac{z^4}{1.2.3.4} - \frac{z^6}{1.2.3.4.5.6} + \cdots$$

e as duas estão obviamente relacionadas de alguma forma com a série para a exponencial:

$$e^z = 1 + z + \frac{z^2}{1.2} + \frac{z^3}{1.2.3} + \frac{z^4}{1.2.3.4} + \cdots$$

Estas séries podem parecer complicadas, mas possuem uma característica atraente: nós sabemos como fazê-las ter sentido para números complexos. Tudo o que elas envolvem são potências inteiras (que obtemos por multiplicações repetidas) e uma questão técnica de convergência (dando sentido à soma infinita). Esses dois aspectos se estendem naturalmente para o domínio complexo e apresentam todas as propriedades esperadas. Logo, podemos definir senos e cossenos de números complexos usando as mesmas séries com as quais trabalhamos no caso dos números reais.

Uma vez que todas as fórmulas usuais na trigonometria são consequências destas séries, tais fórmulas automaticamente também permanecem válidas. E, do mesmo modo, os dados básicos do cálculo, tais como "a derivada do seno é o cosseno". E o mesmo vale para $e^{z+w} = e^z e^w$. Isso tudo é tão agradável que os matemáticos ficaram felizes em se fixar nas definições de séries. E uma vez feito isso, muitos aspectos restantes tiveram de se encaixar. Se você seguir seu faro, poderá descobrir aonde tudo isso levou.

Por exemplo, essas três séries parecem bastante similares. De fato, se substituirmos z por iz na série para a exponencial, poderemos dividir a série resultante em duas partes, e o que se obtém são precisamente as séries para seno e cosseno. Então a definição da série implica que

$$e^{iz} = \cos z + i \operatorname{sen} z$$

Pode-se expressar também tanto o seno quanto o cosseno usando exponenciais:

$$\cos z = \frac{e^{iz} + e^{-iz}}{2} \qquad \operatorname{sen} z = \frac{e^{iz} - e^{-iz}}{2}$$

Esta relação oculta é de uma beleza extraordinária. Mas ninguém suspeitaria de que algo assim pudesse existir se permanecêssemos presos ao domínio dos reais. Semelhanças curiosas entre fórmulas trigonométricas e exponenciais (por exemplo, as séries infinitas) não passariam disso. Visualizadas através das lentes dos complexos, tudo de repente se encaixa.

Uma das mais belas, porém enigmáticas, equações de toda a matemática emerge quase por acidente. Nas séries trigonométricas o número z (quando real) deve ser medido em radianos, e nesse caso um círculo total de 360° torna-se 2π radianos. Em particular, o ângulo de 180° é π radianos. Além disso, $\operatorname{sen} \pi = 0$ e $\cos \pi = -1$. Portanto,

$$e^{i\pi} = \cos \pi + i \operatorname{sen} \pi = -1$$

O número imaginário i une os dois números mais notáveis da matemática, "e" e π, numa única e elegante equação. Se você nunca a viu antes, e tem alguma sensibilidade matemática, deve sentir os cabelos da nuca se eriçar e arrepios percorrerem a espinha. Esta equação, atribuída a Euler, geralmente aparece no topo das listas de pesquisas como a mais bela equação da matemática. Isso não significa que *seja* a equação mais bonita, mas mostra quanto os matemáticos a apreciam.

Armados com funções complexas e conhecendo suas propriedades, os matemáticos do século XIX descobriram algo extraordinário: podiam usar essas coisas para resolver equações diferenciais em física matemática. Podiam aplicar o método a eletricidade estatística, magnetismo e fluxo de fluidos. E não só isso: era *fácil*.

No Capítulo 3 falamos sobre funções – regras matemáticas para atribuir, a qualquer número dado, um número correspondente, tais como quadrado ou seno. Funções complexas são definidas da mesma maneira, mas agora permitimos que os números sejam complexos. O método para resolver equações diferenciais era deliciosamente simples. Tudo que se precisava fazer era pegar alguma função complexa, chamá-la $f(z)$, e dividi-la em suas partes real e imaginária:

$$f(z) = u(z) + iv(z)$$

Agora temos duas funções u e v de valor *real*, definidas para qualquer z no plano complexo. Mais ainda, qualquer que seja a função com a qual comecemos, essas duas funções componentes satisfazem equações diferenciais encontradas em física. Numa interpretação de fluxo de fluidos, por exemplo, u e v determinam linhas de fluxo. Numa interpretação eletrostática, as duas componentes determinam o campo elétrico e como uma pequena carga carregada se moveria; numa interpretação magnética, determinam o campo magnético e as linhas de força.

Vou dar apenas um exemplo: uma barra imantada. A maioria de nós se lembra de ter visto um famoso experimento no qual um ímã é colocado sob uma folha de papel, e espalha-se limalha de ferro sobre o papel. A limalha automaticamente se alinha para mostrar as linhas de força magnéticas associadas ao ímã – as trajetórias que um minúsculo ímã de teste seguiria se colocado no campo magnético. As curvas têm aspecto semelhante à Figura 19 (*esquerda*).

Para obter esta figura usando funções complexas, fazemos $f(z) = \frac{1}{2}z$. As linhas de força acabam se revelando círculos, tangentes ao eixo real, como na Figura 19 (*direita*). Este seria o aspecto das linhas de campo magnético de uma barra imantada muito pequena. A escolha de uma função mais complicada corresponde a um ímã de tamanho finito: eu escolhi essa função para manter tudo o mais simples possível.

Isso era maravilhoso. Havia infinitas funções para trabalhar. Você decidia que função examinar, achava suas partes real e imaginária, deduzia sua geometria … e eis que você solucionava um problema de magnetismo, ou eletricidade ou fluxo de fluidos. A experiência logo lhe dizia que função usar para qual problema. O logaritmo era uma fonte puntiforme, menos o logaritmo era um escoadouro por onde o líquido desaparecia, como um ralo de pia de cozinha, i vezes o logaritmo era um vórtice puntiforme por onde o fluido girava e girava e girava… Era mágico! Aí estava um

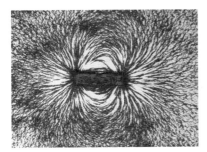 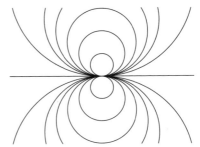

FIGURA 19 *Esquerda:* Campo magnético numa barra imantada.
Direita: Campo definido utilizando-se análise complexa.

método capaz de trazer à luz solução após solução para problemas que de outra maneira seriam opacos. E, no entanto, vinha com uma garantia de sucesso, e se você estava preocupado com toda aquela coisa de análise complexa, podia verificar diretamente que os resultados obtidos realmente representavam soluções.

Isso foi só o começo. Da mesma forma que soluções especiais, podia-se provar princípios gerais, padrões ocultos nas leis físicas. Podia-se analisar ondas e resolver equações diferenciais. Podia-se transformar formas em outras formas usando equações complexas, e as mesmas equações transformavam as linhas de fluxo em torno delas. O método era limitado a sistemas no plano, porque era no plano que o número complexo naturalmente existia, mas o método foi uma dádiva divina quando até mesmo problemas no plano estavam fora de alcance. Hoje, todo engenheiro aprende a usar análise complexa para resolver problemas práticos, logo no início do curso na universidade. A transformação de Joukowski $z + \frac{1}{2}$ transforma um círculo numa forma de aerofólio, a seção transversal de uma asa de avião rudimentar (ver Figura 20). Portanto, transforma o fluxo que passa por um círculo, fácil de descobrir caso você conheça os truques do ofício, no fluxo passando por um aerofólio. Esse cálculo, e aperfeiçoamentos mais realistas, foram importantes nos primeiros tempos da aerodinâmica e dos projetos aeronáuticos.

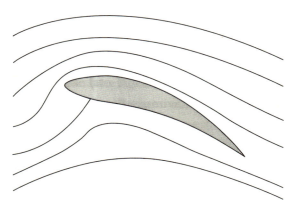

FIGURA 20 Fluxo passando por uma asa derivado da transformação de Joukowski.

Essa profusão de experiência prática tornou discutíveis os tópicos relativos aos fundamentos. Por que olhar os dentes de um cavalo dado? Deveria haver algum significado razoável para os números complexos – senão eles não funcionariam. A maioria dos cientistas e matemáticos estava muito mais interessada em achar o ouro do que em estabelecer exatamente de onde ele tinha vindo e o que o distinguia do ouro de tolo. Mas alguns persistiram. Finalmente, o matemático irlandês William Rowan Hamilton matou toda a charada de vez. Ele pegou a representação geométrica proposta por Wessel, Argand e Gauss e a expressou em coordenadas. Um número complexo era um par de números reais (x, y). Os números reais tinham a forma $(x, 0)$. O número imaginário i era $(0, 1)$. Havia fórmulas simples para somar e multiplicar esses pares. Se você estava preocupado com alguma lei da álgebra, como a propriedade comutativa $ab = ba$, podia trabalhar rotineiramente com ambos os lados como pares, e certificar-se de que eram iguais. (E eram.) Se você identificasse $(x, 0)$ com um simples x, embutiria os números reais nos complexos. Melhor ainda, $x + iy$ funcionava então como o par (x, y).

Isso não era apenas uma representação, mas uma *definição*. Um número complexo, disse Hamilton, é nada mais, nada menos do que um par de números reais comuns. O que os tornava tão úteis era uma inspirada

A raiz quadrada de menos um

escolha das regras para somá-los e multiplicá-los. O que eles eram na realidade era trivial; a forma como eram usados era o que produzia a mágica. Com este simples golpe de gênio, Hamilton superou séculos de acaloradas discussões e debates filosóficos. Mas a essa altura os matemáticos estavam tão acostumados a trabalhar com números e funções complexos que ninguém se importava mais. Bastava lembrar-se de que $i^2 = -1$.

6. Muito barulho por nódoa
A fórmula de Euler para poliedros

O que diz?
Os números de faces, arestas e vértices de um sólido não são independentes, mas estão relacionados de uma maneira simples.

Por que é importante?
Distingue sólidos com diferentes topologias usando o exemplo mais antigo de invariante topológico. Isso pavimentou o caminho para técnicas mais gerais e mais poderosas, criando um novo ramo da matemática.

Qual foi a consequência?
Uma das mais importantes e poderosas áreas da matemática pura: a topologia, que estuda propriedades geométricas que permanecem inalteradas por deformações contínuas. Exemplos incluem superfícies, nós e laços. A maioria das aplicações é indireta, mas sua influência nos bastidores é vital. Ajuda-nos a compreender como enzimas agem sobre o DNA numa célula, e por que o movimento dos corpos celestes pode ser caótico.

À MEDIDA QUE SE APROXIMAVA o fim do século XIX, os matemáticos começaram a desenvolver um novo tipo de geometria, no qual conceitos familiares como comprimentos e ângulos não desempenhavam nenhum papel e não se fazia distinção entre triângulos, quadrados e círculos. Inicialmente foi chamada de *analysis situs*, a análise de posição, mas os matemáticos rapidamente optaram por outro nome: topologia.

A topologia tem suas raízes em um curioso padrão numérico que Descartes notou em 1639, quando pensava sobre os cinco sólidos regulares de Euclides. Descartes foi um polímata nascido na França que passou a maior parte de sua vida na república holandesa. Sua fama reside principalmente na sua filosofia, que provou ser tão influente que durante muito tempo a filosofia ocidental em grande medida consistiu em respostas a Descartes. Nem sempre concordando, é preciso ressaltar, mas não obstante motivadas por seus argumentos. Seu bordão, *cogito ergo sum* – "Penso, logo existo" –, tornou-se moeda cultural corrente. Mas os interesses de Descartes estendiam-se para além da filosofia, abrangendo ciência e matemática.

Em 1639 Descartes voltou sua atenção para os sólidos regulares, e foi então que notou seu curioso padrão numérico. Um cubo tem 6 faces, 12 arestas e 8 vértices; a soma $6 - 12 + 8$ é igual a 2. Um dodecaedro tem 12 faces, 30 arestas e 20 vértices; a soma $12 - 30 + 20 = 2$. Um icosaedro tem 20 faces, 30 arestas e 12 vértices; a soma $20 - 30 + 12 = 2$. A mesma relação vale para o tetraedro e o octaedro. Na verdade, ela se aplica a um sólido de *qualquer* forma, regular ou não. Se o sólido tem F faces, A arestas e V vértices, então $F - A + V = 2$. Descartes encarou essa fórmula como uma curiosidade menor e não a publicou. Só muito mais tarde os matemáticos viram essa equação simples como um dos primeiros e cuidadosos passos rumo à grande história de sucesso na matemática do século XX, a inexorável ascensão da topologia. No século XIX, os três pilares da matemática pura eram álgebra, análise e geometria. No fim do século XX, eram álgebra, análise e topologia.

A TOPOLOGIA É FREQUENTEMENTE caracterizada como "geometria da folha de borracha", porque é o tipo de geometria que seria apropriada para figuras desenhadas numa folha de elástico, de modo que as linhas podem se curvar, encolher ou esticar e os círculos podem ser deformados e transformados em triângulos e quadrados. Tudo o que importa é a *continuidade*: você não tem permissão de rasgar a folha. Pode parecer incrível que uma coisa tão esquisita pudesse ter alguma importância, mas continuidade é um aspecto básico do mundo natural e uma característica fundamental da matemática. Hoje em dia nós usamos a topologia quase sempre indiretamente, como uma técnica matemática entre muitas outras. Você não acha nada obviamente topológico na sua cozinha. No entanto, uma companhia japonesa comercializou uma lavadora de pratos caótica que, segundo seu pessoal de marketing, limpava os pratos com mais eficiência; a nossa compreensão do caos repousa sobre a topologia. E o mesmo ocorre com alguns aspectos importantes da teoria de campo quântica e daquela icônica molécula, o DNA. Mas quando Descartes contou as características mais óbvias dos sólidos regulares e notou que não eram independentes, tudo isso ainda estava num futuro longínquo.

Sobrou para o infatigável Euler, o matemático mais prolífico da história, provar e publicar essa relação, o que foi feito em 1750 e 1751. Vou esquematizar uma versão moderna. A expressão $F - A + V$ pode parecer bastante arbitrária, mas possui uma estrutura muito interessante. Faces (F) são polígonos, de dimensão 2, arestas (A) são linhas, então têm dimensão 1, e vértices (V) são pontos, de dimensão 0. Os sinais na expressão se alternam $+ - +$, com $+$ sendo atribuído aos elementos de dimensão par e $-$ aos de dimensão ímpar. Isso implica que você pode simplificar um sólido fundindo suas faces ou removendo arestas e vértices, e estas mudanças não alteram o número $F - A + V$, contanto que toda vez que se livrar de

A fórmula de Euler para poliedros

uma face, você tire também uma aresta, ou toda vez que se livrar de um vértice remova uma aresta. Os sinais alternados significam que mudanças desse tipo se cancelam.

Agora explicarei como esta hábil estrutura faz a prova dar certo. A Figura 21 mostra os estágios básicos. Pegue o seu sólido. Deforme-o até transformá-lo numa bela e redonda esfera, com suas arestas sendo curvas sobre essa esfera. Se duas faces se encontram ao longo de uma aresta comum, então você pode remover essa aresta e fundir as duas faces numa só. Uma vez que essa fusão reduz igualmente F e A em 1, não modifica $F - A + V$. Continue a fazer isso até chegar a uma única face, que cobre quase a totalidade da esfera. À parte dessa face, restam a você apenas arestas e vértices. Estes devem formar uma árvore, uma rede sem laços fechados, pois qualquer laço fechado sobre uma esfera separa pelo menos duas faces: uma dentro e outra fora dele. Os galhos dessa árvore são as arestas remanescentes do sólido, e se juntam nos vértices remanescentes. A essa altura, sobra apenas uma face: a esfera inteira menos a árvore. Alguns galhos dessa árvore se ligam a outros galhos nas duas extremidades, mas alguns, nas extremidades, terminam num vértice, ao qual não estão ligados outros galhos. Se você remover um desses galhos extremos junto com esse vértice, então a árvore fica menor, mas uma vez que tanto A como V diminuíram em 1, a expressão $F - A + V$ mais uma vez permanece inalterada.

Esse processo continua até que lhe reste um único vértice sobre uma esfera sem mais características. Agora $V = 1$, $A = 0$ e $F = 1$. Então $F - A + V = 1 - 0 + 1 = 2$. Mas uma vez que cada passo deixa $F - A + V$ inalterado, seu valor no início também deve ter sido 2, que é o que queremos provar.

FIGURA 21 Estágios básicos na simplificação de um sólido. *Da esquerda para a direita*: (1) Início. (2) Fusão de faces adjacentes. (3) Árvore que resta quando todas as faces tiverem sido fundidas. (4) Remoção de uma aresta e de um vértice da árvore. (5) Fim.

É uma ideia astuta, e contém o germe de um princípio abrangente. A prova tem dois ingredientes. Um é o processo de simplificação: remover ou uma face e uma aresta adjacente, ou um vértice e uma aresta que se liga a ele. O outro é um invariante, uma expressão matemática que se mantém inalterada sempre que se dá um passo no processo de simplificação. Toda vez que esses dois ingredientes coexistem, pode-se calcular o valor do invariante para um objeto inicial simplificando-o até onde for possível, e então calculando o valor do invariante para essa versão simplificada. Pelo fato de ser invariante, os dois valores precisam ser iguais. Como o resultado final é simples, o invariante é facilmente calculado.

Agora devo admitir que estou guardando uma questão técnica na manga. A fórmula de Descartes não se aplica, na verdade, a qualquer sólido. O sólido mais conhecido para o qual ela não se aplica é uma moldura de quadro. Pense numa moldura de quadro feita de quatro barras de madeira, cada uma delas de seção transversal retangular, unidas nos quatro cantos por esquadrias de 45°, como na Figura 22 (*esquerda*). Cada barra de madeira contribui com 4 faces, logo, $F = 16$. Cada barra também contribui com 4 arestas, mas a junção cria mais 4 em cada canto, de modo que $A = 32$. Cada canto contém 4 vértices, logo, $V = 16$. Portanto, $F - A + V = 0$.

O que deu errado?

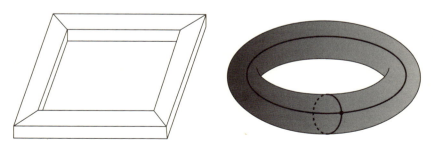

FIGURA 22 *Esquerda:* Uma moldura de quadro com $F - A + V = 0$.
Direita: Configuração final quando a moldura é aplainada e simplificada.

Não há problema em $F - A + V$ ser invariante. Tampouco há algum problema com o processo de simplificação. Mas se o aplicarmos para a moldura, sempre cancelando uma face com uma aresta, ou um vértice com uma aresta, então a configuração final simplificada não é um único vértice assentado em uma única face. Realizando o cancelamento da maneira mais óbvia, o que se obtém é a Figura 22 (*direita*), com $F = 1$, $V = 1$, $A = 2$. Eu aplainei as faces e arestas por razões que em breve ficarão claras. Neste estágio, a remoção de uma aresta simplesmente funde a única face restante consigo mesma, logo, as mudanças nos números não se cancelam mais. É por isso que paramos, mas de toda forma chegamos ao fim: para esta configuração, $F - A + V = 0$. Assim, o *método* funciona perfeitamente. Só que apresenta um resultado diverso para a moldura. Deve haver alguma diferença fundamental entre uma moldura e um cubo, e o invariante $F - A + V$ a está captando.

A diferença acaba por se revelar uma diferença topológica. No início da minha versão da demonstração de Euler, eu disse para pegar o sólido e "deformá-lo numa bela esfera redonda". Mas isso não é possível com a moldura. Ela não tem forma de esfera, mesmo depois de simplificada. Ela é um toro, que tem o aspecto de um anel de borracha inflável com um buraco no meio. O buraco também é claramente visível na forma original: é onde entraria o quadro. Uma esfera, ao contrário, não tem buracos. O buraco na moldura é o motivo por que o processo de simplificação leva a um resultado diferente. No entanto, podemos arrancar a vitória das garras da derrota, porque $F - A + V$ ainda é um invariante. Logo, a demonstração nos diz que *qualquer* sólido deformável num toro satisfará a ligeiramente distinta equação $F - A + V = 0$. Em consequência, temos a base para uma prova rigorosa de que o toro não pode ser deformado numa esfera: isto é, as duas superfícies são topologicamente diferentes.

É claro que isso é intuitivamente óbvio, mas gora podemos respaldar a intuição com lógica. Da mesma forma que Euclides começou a partir de propriedades óbvias do ponto e da linha, e as formalizou numa rigorosa teoria da geometria, o matemático dos séculos XIX e XX podia agora desenvolver uma rigorosa teoria formal da topologia.

FIGURA 23 *Esquerda:* Toro com dois buracos. *Direita:* toro com três buracos.

Por onde começar não era problema. Existem sólidos como o toro, mas com dois ou mais buracos, como na Figura 23, e o mesmo invariante deveria nos dizer algo útil a respeito deles. Acontece que qualquer sólido deformável em um toro de dois buracos satisfaz $F - A + V = -2$, qualquer sólido deformável em um toro de três buracos satisfaz $F - A + V = -4$, e, em geral, qualquer sólido deformável em um toro de g buracos satisfaz $F - A + V = 2 - 2g$. O símbolo g é a abreviatura de "genus", o nome técnico para "número de buracos". Seguindo a linha de pensamento iniciada por Descartes e Euler chegamos a uma relação entre uma propriedade quantitativa dos sólidos, seu número de faces, vértices e arestas, e uma propriedade qualitativa, possuir buracos. Chamamos a expressão $F - A + V$ de *característica de Euler do sólido*, e observamos que ela depende apenas de qual sólido estamos considerando e não da maneira como o cortamos em faces, arestas e vértices. Isso a torna uma característica intrínseca do próprio sólido.

Muito bem, contamos o número de buracos, uma operação quantitativa, mas o "buraco" em si é qualitativo no sentido de que, obviamente, não é em absoluto uma característica do sólido. Intuitivamente, é uma região no espaço onde o sólido *não está*. Mas não é uma região qualquer. Afinal, esta descrição se aplica a todo espaço que cerca o sólido, e ninguém a consideraria um buraco. E aplica-se também a todo espaço que cerca uma esfera... que *não tem* buraco. Na verdade, quanto mais se pensa no que é um buraco, mais se percebe que é algo bastante traiçoeiro defini-lo. Meu exemplo favorito para mostrar como tudo vai ficando mais confuso é a forma apresentada na Figura 24, conhecida como buraco-através-de-buraco-dentro-de-buraco. Aparentemente você pode enfiar um buraco através de outro buraco, que na verdade é um buraco dentro de um buraco.

É por aí que mora a loucura.

A fórmula de Euler para poliedros

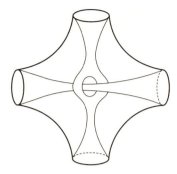

FIGURA 24 Buraco-através-de-buraco-dentro-de-buraco.

Isso tudo não teria muita importância se sólidos com buracos nunca aparecessem em algo importante. Mas no final do século XIX eles surgiam por toda a matemática – na análise complexa, na geometria algébrica e na geometria diferencial de Riemann. Pior, sólidos análogos de dimensão superior estavam assumindo o centro do palco, em todas as áreas da matemática pura e aplicada; como já foi mencionado, a dinâmica do Sistema Solar requer seis dimensões por corpo. E havia análogos de dimensão superior dos buracos. Era necessário, de alguma maneira, trazer um pouco de ordem para essa área. E a resposta acabou sendo... invariantes.

A IDEIA DE INVARIANTES TOPOLÓGICOS remonta ao trabalho de Gauss sobre o magnetismo. Ele estava interessado em como as linhas de campo magnéticas e elétricas podiam se ligar umas às outras, e definiu o número de ligação, que enumera quantas vezes uma linha de campo se enrola em torno da outra. Isto é um invariante topológico: permanece o mesmo ainda que as curvas sejam continuamente deformadas. Gauss encontrou uma fórmula para esse número usando cálculo integral, e com bastante frequência expressava o desejo de compreender melhor as "propriedades geométricas básicas" dos diagramas. Não é coincidência que as primeiras incursões nesse entendimento tenham vindo por meio do trabalho de um dos discípulos de Gauss, Johann Listing, e do assistente de Gauss, August

Möbius. A obra de Listing *Vorstudien zur Topologie* ("Estudos em topologia"), de 1847, introduziu a palavra "topologia", e Möbius deixou explícito o papel das transformações contínuas.

Listing teve uma ideia brilhante: buscar generalizações da fórmula de Euler. A expressão $F - A + V$ é um invariante combinatório: uma característica de um modo específico de descrever um sólido baseado em cortá-lo em faces, arestas e vértices. O número g de buracos é um invariante topológico: uma coisa que não muda por mais que o sólido seja deformado, contanto que a deformação seja contínua. Um invariante topológico captura uma característica conceitual qualitativa de uma forma; um invariante combinatório fornece um método para calculá-la. Ambos juntos são poderosos, porque podemos usar o invariante conceitual para pensar em formas, e a versão combinatória para esmiuçar aquilo de que estamos falando.

Na verdade, a fórmula nos permite contornar completamente a traiçoeira questão de definir "buraco". Em vez disso, definimos "número de buracos" como um pacote, sem definir buraco nem contar quantos são. Como? É fácil. Basta escrever a versão generalizada da fórmula de Euler $F - A + V = 2 - 2g$ na forma

$$g = 1 - F/2 + A/2 - V/2$$

Agora podemos calcular g desenhando faces, e assim por diante, no nosso sólido, contando F, A e V, e substituindo esses valores na fórmula. Uma vez que a expressão é um invariante, não importa como cortamos o sólido: sempre obtemos a mesma resposta. Mas nada do que fazemos depende de ter uma definição de buraco. Em vez disso, o "número de buracos" torna-se uma interpretação, em termos intuitivos, derivada de exemplos simples, nos quais sentimos saber o que a expressão significa.

Pode parecer uma trapaça, mas isso representa um progresso significativo numa questão central da topologia: quando é que uma forma pode ser deformada continuamente em outra? Ou seja, no que diz respeito aos topologistas, as duas formas são a mesma ou não? Se são a mesma, seus invariantes também devem ser iguais; e reciprocamente, se os invariantes forem diferentes, assim serão as formas. (No entanto, às vezes duas formas podem ter o mesmo invariante e serem diferentes; isso depende do invariante.) Considerando que uma esfera tem característica de Euler igual a 2 e um toro tem característica de Euler igual a 0, não há como deformar uma esfera continuamente para se obter um toro. Isso pode parecer óbvio, por causa do buraco... mas nós vimos as águas turbulentas às quais nos pode levar este modo de pensar. Não é preciso interpretar a característica de Euler para usá-la para distinguir formas, e aqui isso é decisivo.

De maneira menos óbvia, a característica de Euler mostra que o intrigante buraco-através-de-buraco-dentro-de-buraco (Figura 24) é, na verdade, um toro de três buracos disfarçado. A maior parte da aparente complexidade provém não da topologia intrínseca da superfície, mas da maneira que escolhi para inseri-la no espaço.

O PRIMEIRO TEOREMA REALMENTE significativo em topologia brotou da fórmula para a característica de Euler. Era uma classificação completa de superfícies, formas curvas bidimensionais como a superfície de uma esfera ou de um toro. Algumas condições técnicas também foram impostas: a superfície deveria não ter borda e ser de extensão finita (o jargão é "compacta").

Para esse propósito uma superfície é descrita intrinsecamente; isto é, não é concebida como existente em algum espaço circundante. Uma maneira de fazer isso é encarar a superfície como um número de regiões poligonais (que topologicamente são equivalentes a discos circulares) coladas entre si pelas arestas de acordo com regras específicas, como as instruções do tipo "cole a aba A na aba B" quando se monta um recorte de cartolina. Uma esfera, por exemplo, pode ser descrita usando dois discos, colados entre si ao longo de suas bordas. Um disco torna-se o hemisfério norte, o outro, o hemisfério sul. Um toro tem uma descrição especialmente elegante, um quadrado com lados opostos grudados entre si. Esta construção pode ser visualizada em um espaço circundante (Figura 25), que explica por que se cria um toro, mas a matemática pode ser executada usando-se apenas o quadrado com as regras de colagem, e isso oferece vantagens precisamente por ser intrínseco.

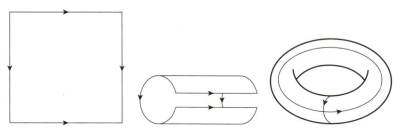

FIGURA 25 Colando as bordas de um quadrado para formar um toro.

A possibilidade de colar pedaços de bordas uns aos outros provoca um fenômeno bastante estranho: superfícies com um lado apenas. O exemplo mais famoso é a faixa de Möbius, introduzida por Möbius e Listing em 1858, que é uma faixa retangular cujas extremidades são coladas uma à outra com um giro de 180° (geralmente chamado semitorção, tendo por convenção que um giro de 360° constitui uma torção inteira). A faixa de Möbius, ver Figura 26 (*esquerda*) tem uma borda, que compreende as bordas do retângulo que não são coladas a nada. Esta borda é única, porque as duas bordas separadas do retângulo estão ligadas entre si num laço fechado pela semitorção, que as gruda uma à outra.

É possível fazer um modelo da faixa de Möbius com uma tira de papel, porque ela pode ser imersa naturalmente no espaço tridimensional. A faixa tem apenas um lado, no sentido de que se você começa a pintar uma de suas superfícies, e continuar indo adiante, vai acabar cobrindo a superfície inteira, frente e verso. Isso ocorre porque a semitorção liga a frente com o verso. Esta não é uma descrição intrínseca, porque se apoia na imersão da faixa no espaço, mas há uma propriedade equivalente, mais técnica, conhecida como orientabilidade, que é intrínseca.

A fórmula de Euler para poliedros

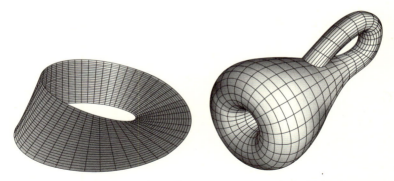

FIGURA 26 *Esquerda:* Faixa de Möbius. *Direita:* Garrafa de Klein. A aparente autointersecção ocorre porque o desenho está inserido no espaço tridimensional.

Existe uma superfície relacionada com um lado apenas, sem borda nenhuma, a Figura 26 (*direita*). Ela surge quando juntamos dois lados de um retângulo, como na faixa de Möbius, e colamos os outros dois lados sem torção nenhuma. Qualquer modelo num espaço tridimensional precisa passar através de si mesmo, ainda que do ponto de vista intrínseco as regras de colagem não introduzam quaisquer autointersecções. Se a figura é retratada com tal cruzamento, fica parecendo uma garrafa cujo gargalo foi enfiado pela parede lateral e grudado à base. Foi inventada por Felix Klein, e é conhecida como garrafa de Klein – quase com certeza uma brincadeira baseada num trocadilho em alemão, mudando *Kleinsche Fläche* ("superfície de Klein") para *Kleinsche Flasche* ("garrafa de Klein").

A garrafa de Klein não tem borda alguma e é compacta, logo, qualquer classificação de superfícies deve incluí-la. Ela é a mais conhecida de toda uma família de superfícies de apenas um lado, e, surpreendentemente, não é a mais simples. A honra cabe ao plano projetivo, que surge quando se juntam ambos os pares de lados opostos de um quadrado, com uma semitorção para cada um. (Isto é difícil de fazer com papel porque o papel é rígido demais; assim como a garrafa de Klein, requer que a superfície interseccione a si mesma. É melhor fazê-lo "conceitualmente", ou seja, desenhando imagens do quadrado mas lembrando das regras de colagem quando as linhas ultrapassam a borda e "dão a volta".) O teorema de classificação para superfícies, provado por Johann Listing por volta de 1860, conduz a duas famílias de superfícies. Aquelas com dois lados são a esfera, o toro, toro de dois buracos, toro de três buracos, e assim por diante. Aquelas com um lado só formam uma família igualmente infinita, começando pelo plano projetivo e a garrafa de Klein. Podem ser obtidos cortando-se um pequeno disco da superfície bilateral correspondente e colando a uma faixa de Möbius.

As superfícies surgem naturalmente em muitas áreas da matemática. São importantes na análise complexa, na qual superfícies são associadas a singularidades, pontos em que a função se comporta de maneira estranha – por exemplo, a derivada deixa de existir. Singularidades são a chave de muitos problemas em análise complexa; num certo sentido, elas capturam a essência da função. E uma vez que as singularidades sejam associadas a superfícies, a topologia de superfícies fornece uma importante técnica para a análise complexa. Historicamente, foi isso que motivou a classificação.

A MAIOR PARTE DA TOPOLOGIA moderna é altamente abstrata, e um bocado dela ocorre em quatro ou mais dimensões. Podemos ter alguma ideia do assunto num contexto mais familiar: os nós. No mundo real, um nó é um emaranhado ao longo de um pedaço de fio. Os topologistas precisam de um jeito de impedir que o nó escape por uma das pontas uma vez que tenha sido amarrado, então juntam as pontas do fio para formar um laço fechado. Assim, o nó é apenas um círculo inserido no espaço. Intrinsecamente, um nó é topologicamente idêntico a um círculo, mas neste caso o que conta é como o círculo se assenta dentro do espaço circundante. Isso pode parecer contrário ao espírito da topologia, mas a essência de um nó reside na relação entre o laço do fio e o espaço que o cerca. Considerando não só o laço, mas como ele se relaciona com o espaço, a topologia pode tentar resolver questões importantes acerca dos nós. Entre elas:

• Como sabemos que um nó está realmente amarrado?
• Como podemos distinguir topologicamente diferentes nós?
• Podemos classificar todos os nós possíveis?

A fórmula de Euler para poliedros

A experiência nos diz que existem muitos tipos diferentes de nós. A Figura 27 mostra alguns deles: o nó de trevo, nó de recife, nó da vovó, nó de oito, nó de estivador, e assim por diante. Há também o nó trivial, ou não nó, um laço circular comum; como diz o nome, este laço *não* tem nó. Muitos tipos de nós diferentes têm sido usados por gerações de marinheiros, montanhistas, escoteiros. Qualquer teoria topológica deveria, é claro, refletir essa riqueza de experiências, mas tudo deve ser provado, rigorosamente, dentro do contexto formal da topologia, da mesma maneira que Euclides teve de provar o teorema de Pitágoras em vez de apenas desenhar alguns triângulos e medi-los. Notavelmente, a primeira prova topológica de que nós existem, no sentido de que há uma imersão do círculo que não pode ser deformada em um não nó, surgiu inicialmente em 1926 no livro *Knoten und Gruppen* ("Nós e grupos"), do matemático alemão Kurt Reidemeister. A palavra "grupo" é um termo técnico em álgebra abstrata, que logo se tornou a fonte mais efetiva de invariantes topológicos. Em 1927, Reidemeister, e independentemente o americano James Waddell Alexander, em colaboração com seu aluno G.B. Briggs, achou uma prova mais simples da existência dos nós usando o "diagrama de nó". Trata-se de uma imagem esboçada do nó, desenhada com pequenas interrupções no laço para mostrar como os fios se sobrepõem, como na Figura 27. As interrupções não estão presentes no laço atado em si, mas representam sua estrutura tridimensional num diagrama bidimensional. Agora podemos usar as interrupções para dividir o diagrama dos nós num certo número de partes distintas, seus componentes, e então manipular o diagrama e ver o que acontece com os componentes.

FIGURA 27 Cinco nós e um não nó.

Se você recordar como utilizei a invariância da característica de Euler, verá que simplifiquei o sólido usando uma série de movimentos especiais: fundir duas faces removendo uma aresta, fundir duas arestas removendo um ponto. O mesmo truque se aplica aos diagramas de nós, mas agora você necessita de três tipos de movimentos para simplificá-los, chamados de movimentos de Reidemeister (Figura 28). Cada movimento pode ser executado em qualquer sentido: adicionar ou remover uma torção, sobrepor dois fios ou separá-los, mover um fio através do lugar onde dois outros se cruzam.

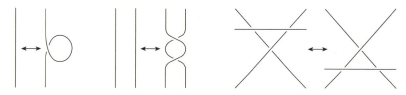

FIGURA 28   Movimentos de Reidemeister.

Com alguns pequenos acertos preliminares para arrumar o diagrama do nó, tais como modificar os lugares onde as três curvas se sobrepõem, se isso acontecer, pode-se provar que qualquer deformação de um nó pode ser representada como uma série finita de movimentos de Reidemeister aplicados ao seu diagrama. Agora podemos brincar com o jogo de Euler; tudo que precisamos é achar um invariante. Entre eles está o grupo dos nós, mas há um invariante bem mais simples que prova que o trevo é realmente um nó. Posso explicar colorindo os componentes separados num diagrama de nó. Começo com um diagrama ligeiramente mais complicado do que preciso, com um laço extra, para ilustrar algumas características da ideia (Figura 29).

FIGURA 29   Colorindo um nó de trevo com uma torção extra.

A fórmula de Euler para poliedros 129

A torção extra cria quatro componentes separados. Suponhamos que eu pinte os componentes usando três cores em cada, digamos vermelho, amarelo e azul (na figura em preto, cinza-claro e cinza-escuro). Então as cores obedecem a duas regras simples:

- São usadas pelo menos duas cores distintas. (Na verdade são usadas as três, mas isso é informação adicional de que não necessito.)
- Em cada cruzamento, ou os três fios perto dele possuem todos cores diferentes ou são todos da mesma cor. Perto do cruzamento causado pelo meu laço extra, todos os componentes são amarelos. Dois desses componentes (em amarelo) se juntam em algum outro lugar, mas perto do cruzamento estão separados.

A observação maravilhosa é que se um diagrama de nó pode ser colorido usando três cores obedecendo a essas duas regras, então o mesmo vale após qualquer movimento de Reidemeister. Pode-se provar isso com muita facilidade, descobrindo como os movimentos de Reidemeister afetam as cores. Por exemplo, se desfizermos o laço extra na minha figura, posso deixar as cores inalteradas, e tudo ainda dá certo. Por que isso é maravilhoso? Porque prova que o trevo está realmente atado. Suponhamos, só para efeito do argumento, que ele possa ser desatado; então alguma série de movimentos de Reidemeister o transforma num laço desatado. Uma vez que o trevo pode ser colorido de modo a obedecer às duas regras, o mesmo deve se aplicar ao laço desatado. Mas um laço desatado consiste num único barbante sem sobreposições, então o único jeito de colori-lo é usando a mesma cor em todo lugar. Só que isso viola a primeira regra. Por contradição, não pode existir tal série de movimentos de Reidemeister; ou seja, o trevo não pode ser desatado.

Isso prova que o trevo é um nó, mas não o distingue de outros nós, tais como o nó de recife ou o nó de estivador. Uma das primeiras maneiras efetivas de fazer isso foi inventada por Alexander. Ela era derivada dos métodos de álgebra abstrata de Reidemeister, mas leva a uma invariante que é algébrica no sentido mais familiar da álgebra escolar. Chama-se polinômio de Alexander, e associa a qualquer nó uma fórmula composta de potências de uma variável x. Estritamente falando, o termo "polinômio" aplica-se somente quando as potências são números inteiros positivos, mas aqui admitimos também potências negativas. A Tabela 2 relaciona alguns polinômios de Alexander. Se dois nós na lista têm diferentes polinômios de Alexander, e aqui é o caso de todos, com exceção do recife e da vovó, então os nós devem ser topologicamente diferentes. A recíproca não é verdadeira: recife e vovó possuem o mesmo polinômio de Alexander, mas em 1952 Ralph Fox provou que são topologicamente diferentes. A prova exigiu topologia surpreendentemente sofisticada. Era muito mais difícil do que se esperava.

NÓ	POLINÔMIO DE ALEXANDER
Não nó	1
Trevo	$x - 1 + x^{-1}$
Nó de oito	$-x + 3 - x^{-1}$
Recife	$x^2 - 2x + 3 - 2x^{-1} + x^{-2}$
Vovó	$x^2 - 2x + 3 - 2x^{-1} + x^{-2}$
Nó de estivador	$-2x + 5 - 2x^{-1}$

TABELA 2 Polinômios de Alexander para os nós.

Após 1960 a teoria dos nós entrou na estagnação topológica, tranquila num vasto oceano de questões não resolvidas, aguardando um sopro de inspiração criativa. Este veio em 1984, quando o matemático neozelandês Vaughan Jones teve uma ideia tão simples que poderia ter ocorrido a qualquer um, de Reidemeister em diante. Jones não era um teórico de nós; não era sequer topologista. Era analista, trabalhando com álgebra de operadores, uma área com fortes vínculos com a física matemática. Não foi uma surpresa total que suas ideias se aplicassem aos nós, pois matemáticos e físicos já sabiam de interessantes ligações entre operadores algébricos e tranças, que são uma espécie de nó de múltiplos fios. O novo invariante de nó que ele inventou, chamado polinômio de Jones, é definido também usando-se o diagrama de nós e três tipos de movimento. No entanto, os movimentos não preservam o tipo topológico do nó; eles não preservam o novo "polinômio de Jones". Espantosamente, porém, a ideia ainda pode ser posta em funcionamento, e o polinômio de Jones é um invariante de nó.

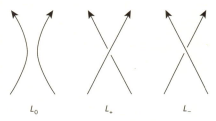

FIGURA 30 Movimentos de Jones.

Para este invariante temos de escolher um sentido específico ao longo do nó, mostrado por uma seta. O polinômio de Jones $V(x)$ é definido como um para o não nó. Dado um nó L_0, aproximam-se um do outro dois fios separados sem mudar qualquer cruzamento no diagrama. Deve-se ter o cuidado de alinhar os sentidos conforme é mostrado: por isso que a seta é necessária, e o processo não funciona sem ela. Agora substitui-se essa região de L_0 por dois fios que se cruzam de duas maneiras possíveis (Figura 30). Sejam L_+ e L_- os diagramas de nós resultantes. Definimos agora

$$(x^{1/2} - x^{-1/2})\, V(L_0) = x^{-1} V(L_+) - x V(L_-)$$

Começando pelo não nó e aplicando tais movimentos da maneira correta, pode-se deduzir o polinômio de Jones para qualquer nó. Misteriosamente, ele se revela um invariante topológico. E supera o tradicional polinômio de Alexander; por exemplo, consegue distinguir recife de vovó, porque esses nós têm diferentes polinômios de Jones.

A descoberta de Jones lhe valeu a medalha Fields, o mais prestigioso prêmio em matemática. E também detonou uma explosão de novos invariantes de nós. Em 1985, quatro diferentes grupos de matemáticos, oito pessoas no total, descobriram simultaneamente a mesma generalização do polinômio de Jones e submeteram seus artigos independentemente à mesma publicação científica. As quatro provas eram diferentes, e os editores persuadiram os oito autores a juntar forças e publicar um artigo combinado. Seu invariante é chamado polinômio de Homfly, com base nas suas iniciais. Porém mesmo os polinômios de Jones e Homfly não conseguiram responder plenamente aos três problemas da teoria dos nós. Não se sabe se um nó com polinômio de Jones igual a 1 deve ser desatado, embora muitos topologistas acreditem que isso provavelmente seja verdade. Existem nós topologicamente distintos com o mesmo polinômio de Jones; os exemplos mais simples conhecidos possuem dez cruzamentos em seus diagramas de nó. Uma classificação sistemática de todos os nós possíveis ainda é quase uma impossibilidade matemática.

É BONITA, MAS É ÚTIL? A topologia tem muitos usos, mas geralmente são indiretos. Os princípios topológicos fornecem raciocínios para outras áreas mais diretamente aplicáveis. Por exemplo, nosso entendimento do caos fundamenta-se em propriedades topológicas de sistemas dinâmicos, tais como o comportamento bizarro que Poincaré notou ao reescrever seu premiado memorial (Capítulo 4). A Supervia Expressa Interplanetária é uma característica topológica da dinâmica do Sistema Solar.

Aplicações mais esotéricas da topologia surgem nas fronteiras da física fundamental. Aqui os principais consumidores da topologia são os teóricos do campo quântico, porque a teoria das supercordas, a tão almejada unificação da mecânica quântica com a relatividade, baseia-se na topologia. Aqui análogos do polinômio de Jones na teoria dos nós surgem no contexto dos diagramas de Feynman, que mostram como partículas quânticas, tais como elétrons e fótons, se movem através do espaço-tempo, colidindo, fundindo-se e separando-se. Um diagrama de Feynman parece um pouco com um diagrama de nó, e as ideias de Jones podem ser estendidas a esse contexto.

Para mim, uma das mais fascinantes aplicações da topologia está em seu crescente uso em biologia, ajudando-nos a entender o funcionamento da molécula da vida, o DNA. A topologia aparece porque o DNA é uma dupla-hélice, como duas escadas em espiral retorcendo-se uma em volta da outra. As duas tiras estão intricadamente entrelaçadas, e importantes processos biológicos, em particular a maneira como uma célula copia seu DNA ao se dividir, precisam levar em conta essa complexa topologia. Quando Francis Crick e James Watson publicaram seu trabalho sobre a estrutura molecular do DNA, em 1953, encerraram com uma breve alusão a um possível mecanismo de cópia presumivelmente envolvido na divisão celular, no qual as duas tiras eram separadas e cada uma usada como modelo para uma nova cópia. Eles relutaram em alegar coisas demais, pois sabiam que havia obstáculos topológicos para separar tiras entrelaçadas. Se fossem específicos demais em sua proposta, poderiam turvar as águas num estágio tão precoce.

Os fatos acabaram revelando que Crick e Watson tinham razão. Os obstáculos topológicos são reais, mas a evolução tratou de prover métodos para superá-los, tais como enzimas especiais que recortam-e-colam faixas de DNA. Não é coincidência que uma delas seja chamada de topoisomerase. Nos anos 1990, matemáticos e biólogos moleculares usaram a topologia para analisar as torções e os giros do DNA, e para estudar como isso funciona na célula, onde o método habitual de difração de raios X não pode ser usado porque requer que o DNA esteja na forma cristalina.

FIGURA 31 Laço de DNA formando um nó de trevo.

Algumas enzimas, chamadas recombinases, cortam as duas tiras de DNA e as religam de forma diferente. Para determinar como tal enzima age quando está na célula, os biólogos aplicam a enzima a um laço fechado de DNA. Então observam o formato do laço modificado usando um microscópio eletrônico. Se a enzima une tiras diferentes, a imagem é um nó (Figura 31). Se a enzima mantém as tiras separadas, a imagem mostra dois laços ligados. Métodos da teoria dos nós, tais como o polinômio de Jones e outra teoria conhecida como "emaranhamento", possibilitam deduzir que nós e vínculos ocorrem, e isso fornece informação detalhada sobre o que a enzima faz. Eles fazem também predições que têm sido verificadas experimentalmente, confirmando que o mecanismo indicado pelos cálculos topológicos está correto.[1]

De maneira geral, você não vai se deparar com a topologia na vida cotidiana, com exceção da lavadora de pratos que mencionei no começo do capítulo. Mas nos bastidores a topologia fornece informações para a totalidade das principais áreas da matemática, possibilitando o desenvolvimento de outras técnicas com utilização prática mais óbvia. É por isso que os matemáticos consideram a topologia de suma importância, enquanto o resto do mundo mal ouviu falar dela.

7. Padrões de probabilidade
Distribuição normal

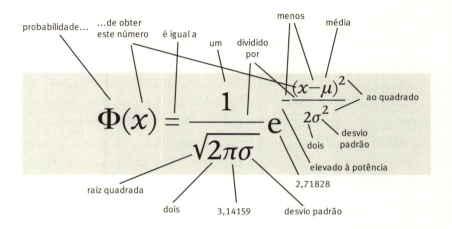

O que diz?
A probabilidade de observar um valor específico entre dados é maior perto do valor médio – a média – e decresce rapidamente à medida que aumenta a diferença em relação à média. A rapidez desse decréscimo depende de uma grandeza chamada desvio padrão.

Por que é importante?
Define uma família especial de distribuição de probabilidade em forma de sino, que são geralmente bons modelos das observações comuns do mundo real.

Qual foi a consequência?
O conceito de "homem médio", testes de significância de resultados experimentais, tais como testes médicos, e uma infeliz tendência de assumir a curva do sino como se nada mais existisse.

A MATEMÁTICA LIDA com padrões. O funcionamento aleatório da probabilidade parece estar tão distante de padrões quanto se possa imaginar. Na verdade, uma das definições em voga de "aleatório" se refere a "falta de padrões discerníveis". Matemáticos vinham investigando padrões em geometria, álgebra e análise por séculos antes de perceber que mesmo a aleatoriedade tem seus próprios padrões. Mas os padrões de probabilidade não entram em conflito com a ideia de que eventos aleatórios não possuem padrão porque as regularidades dos eventos aleatórios são estatísticas. São características de toda uma série de eventos, tais como o comportamento médio em uma longa série de tentativas. Elas nada nos dizem sobre qual evento ocorre em qual instante. Por exemplo, se você jogar um dado repetidamente, então um sexto das vezes cairá 1, e o mesmo vale para 2, 3, 4, 5 e 6 – um claro padrão estatístico. Mas isso não nos diz nada sobre o número que deverá cair na próxima jogada.

Foi apenas no século XIX que os matemáticos e cientistas se deram conta da importância dos padrões estatísticos em eventos sujeitos a probabilidade. Mesmo atos humanos, tais como suicídio e divórcio, estão sujeitos a leis quantitativas, em médio e em longo prazo. Levou algum tempo para que se acostumasse àquilo que de início parecia contradizer o livro-arbítrio. Mas hoje essas regularidades estatísticas formam a base para testes médicos, política social, prêmios de seguros, avaliações de risco e esportes profissionais.

E jogo, que foi onde tudo começou.

SIGNIFICATIVAMENTE, tudo começou com um erudito jogador, Girolamo Cardano. Tendo o hábito de desperdício, Cardano conseguia seu necessi-

Distribuição normal

tado dinheiro fazendo apostas em partidas de xadrez e jogos de azar. E aplicava seu poderoso intelecto a ambos os casos. O xadrez não depende de sorte: vencer depende de uma boa memória para posições e jogadas padronizadas, e um senso intuitivo de como corre a partida de forma geral. Em jogos de azar, no entanto, o jogador está sujeito aos caprichos da Dona Sorte. Cardano percebeu que podia aplicar seus talentos matemáticos de forma efetiva mesmo nessa relação tempestuosa. Ele podia melhorar seu desempenho em jogos de azar possuindo uma compreensão melhor das chances – a probabilidade de ganhar ou perder – do que tinham seus oponentes. E organizou um livro sobre o assunto, *Liber de Ludo Aleae* ("O livro dos jogos de azar"). A obra permaneceu inédita até 1633. Seu conteúdo erudito é o primeiro tratamento sistemático da matemática da probabilidade. Seu conteúdo menos respeitável é um capítulo sobre como trapacear e se dar bem.

Um dos princípios fundamentais de Cardano era que numa aposta justa, as chances seriam proporcionais ao número de maneiras conforme as quais cada jogador pode ganhar. Por exemplo, suponhamos que os competidores joguem um dado, e o primeiro jogador ganha se tirar um 6, ao passo que o segundo ganha se tirar qualquer outro número. O jogo seria muitíssimo injusto se cada um apostasse a mesma quantia, porque o primeiro jogador tem apenas uma maneira de ganhar, ao passo que o segundo tem cinco. Porém, se o primeiro jogador apostar uma libra e o segundo apostar cinco libras, as chances tornam-se equivalentes. Cardano estava ciente de que este método de calcular chances justas depende de que as várias formas de ganhar sejam igualmente prováveis, mas em jogos de dados, cartas ou moedas era claro como assegurar que tais condições se aplicassem. Lançar uma moeda tem dois resultados, cara ou coroa, e ambos são igualmente prováveis numa moeda honesta. Se a moeda tende a dar mais caras do que coroas, ela é, com certeza, viciada – desonesta. Da mesma forma, os seis resultados de um dado são igualmente prováveis, assim como os 52 resultados de uma carta tirada de um baralho.

A lógica por trás do conceito de objeto "viciado" é ligeiramente circular, porque inferimos um viés, uma tendência, a partir do fracasso no ajuste às condições numéricas óbvias. Mas essas condições são respaldadas por mais do que simples contagem. Elas se baseiam numa sensação de simetria. Se a moeda é um disco chato de metal, de densidade uniforme, então os dois resultados estão relacionados com uma simetria da moeda. Para os dados, os seis resultados estão relacionados por simetrias do cubo. E para cartas, a simetria relevante é que uma não difere significativamente da outra, exceto pelo valor impresso na face. As frequências $\frac{1}{2}$, $\frac{1}{6}$ e $\frac{1}{52}$ para qualquer resultado dado se assentam sobre essas simetrias básicas. Pode-se criar uma moeda ou um dado viciado pela inserção de pesos; uma carta viciada é criada usando-se marcas sutis no verso, que revelam seu valor àqueles que conhecem o segredo.

Há outros modos de trapacear, envolvendo prestidigitação – digamos, introduzir um dado viciado no jogo e retirá-lo antes que alguém perceba que ele sempre dá 6. Contudo, o meio mais seguro de "trapacear" – ganhar mediante um subterfúgio – é ser perfeitamente honesto, mas conhecer as probabilidades melhor do que seu oponente. Num certo sentido, você está seguindo os princípios morais, e pode melhorar ainda mais suas chances de encontrar um adversário adequadamente ingênuo recorrendo não às probabilidades, mas às expectativas que ele tem das probabilidades. Há diversos exemplos em que as chances reais de um jogo de azar são muito diferentes do que a maior parte das pessoas imaginaria.

Um exemplo é o jogo da coroa e âncora, muito jogado por marinheiros britânicos no século XVIII. O jogo utiliza três dados, cada um trazendo não os números de 1 a 6 e sim seis símbolos: uma coroa, uma âncora e os quatro naipes, ouros, espadas, paus e copas. Esses símbolos também estão marcados numa esteira. Os jogadores apostam pondo dinheiro sobre a esteira e jogando os três dados. Se der algum dos símbolos em que ele apostou, a banca paga a aposta multiplicada pelo número de dados que deram esse símbolo. Por exemplo, se o jogador aposta 1 libra na coroa e os dados dão duas coroas, ele ganha duas libras além da sua aposta; se forem três coroas, ganha três libras além da aposta. Tudo parece muito razoável, mas a teoria da probabilidade nos diz que a longo prazo o jogador pode esperar perder 8% do dinheiro apostado.

Distribuição normal

A TEORIA DA PROBABILIDADE começou a decolar quando atraiu a atenção de Blaise Pascal. Pascal era filho de um coletor de impostos de Rouen e menino-prodígio. Em 1646 converteu-se ao jansenismo, uma seita do catolicismo romano que o papa Inocêncio X declarou herética em 1655. No ano anterior, Pascal havia vivenciado o que chamou de sua "segunda conversão", provavelmente ocasionada por um acidente quase fatal quando seus cavalos despencaram da ponte de Neuilly e a carruagem quase fez o mesmo. A maior parte da sua produção, daí em diante, foi de filosofia religiosa. Mas pouco antes do acidente, ele e Fermat estavam se correspondendo acerca de um problema matemático que tinha a ver com jogos de azar. Chevalier de Meré, um escritor francês que se autodenominava cavaleiro mesmo não sendo, era amigo de Pascal, e quis saber como as apostas numa série de jogos de azar deveriam ser divididas se a competição tivesse de ser abandonada no meio do caminho. Não era uma questão nova: ela remonta à Idade Média. Nova foi a solução. Numa troca de cartas, Pascal e Fermat acharam a resposta correta. No decorrer do processo, criaram um novo ramo da matemática: a teoria da probabilidade.

Um conceito central na sua solução foi o que atualmente chamamos de "expectativa". Num jogo de azar, há um retorno médio do jogador a longo prazo. Seria, por exemplo, 92 centavos de libra para uma aposta de uma libra na coroa e na âncora. Após sua segunda conversão, Pascal deixou para trás seu passado de jogatina, mas registrou sua contribuição em um famoso argumento filosófico, a aposta de Pascal.[1] Pascal assumia, fazendo o papel de advogado do diabo, que alguém pudesse considerar a existência de Deus altamente improvável. Em seus *Pensées*, de 1669, Pascal analisou as consequências do ponto de vista das probabilidades:

> Vamos pesar o ganho e a perda na aposta de que Deus é [existe]. Vamos estimar essas duas probabilidades. Se você ganhar, você ganha tudo; se perder, não perde nada. Aposte então, sem hesitar, que Ele é ... Há aqui uma infinidade de uma vida infinitamente feliz a ganhar, uma chance de ganho contra um número finito de riscos de perda, e o que você aposta é finito. Assim, nossa proposição é de força infinita, quando existe a aposta finita num jogo em que há riscos iguais de ganho e perda, e o infinito a ganhar.

A teoria da probabilidade chegou como área plenamente reconhecida da matemática em 1713, quando Jacob Bernoulli publicou seu *Ars Conjectandi* ("A arte de conjecturar"). Ele começa com a definição prática usual de probabilidade de um evento: a proporção de vezes em que ele ocorre, a longo prazo, quase o tempo todo. Eu digo "definição prática" porque esta abordagem de probabilidades vai gerar problemas se você quiser fazer dela um princípio exato. Por exemplo, suponha que tenho uma moeda honesta e a lanço seguidas vezes. Na maior parte do tempo eu obtenho uma sequência aparentemente aleatória de caras e coroas, e se continuar lançando-a por tempo suficiente, obterei cara em cerca de metade das vezes. No entanto, é raro eu obter cara exatamente metade das vezes: isso é impossível, por exemplo, se eu lançar a moeda um número ímpar de vezes. Se eu tentar modificar a definição inspirando-me no cálculo, de modo que a probabilidade de obter cara seja o limite da proporção de caras quando o número de lançamentos tende ao infinito, preciso provar que esse limite existe. Mas às vezes ele não existe. Por exemplo, suponha que a sequência de caras e coroas seja, com C para cara e K para coroa,

KCCKKKCCCCCCKKKKKKKKKKKK...

com uma coroa, duas caras, três coroas, seis caras, doze coroas, e assim por diante – os números dobrando em cada fase após as três coroas. Após três lançamentos a proporção de caras é ⅔, após seis lançamentos é de ⅓, após doze lançamentos volta a ser de ⅔, após 24 lançamentos é de ⅓..., de modo que a proporção oscila para a frente e para trás, entre ⅔ e ⅓, e portanto não tem limite bem definido.

Concordo que tal sequência de lançamentos é muito improvável, mas para definir "improvável" temos de definir probabilidade, que é o que se esperava que o limite possibilitasse. Assim, trata-se de uma lógica circular. Ademais, mesmo que o limite exista, poderia não ser o valor "correto" de ½. Um caso extremo ocorre quando a moeda sempre dá cara. Agora o limite é 1. Mais uma vez, isso é altamente improvável, mas...

Bernoulli resolveu abordar toda a questão da direção oposta. Começar simplesmente *definindo* a probabilidade de cara ou coroa como sendo um

Distribuição normal

número p entre 0 e 1. Digamos que a moeda é honesta se $p = \frac{1}{2}$ e viciada se não for $\frac{1}{2}$. Agora Bernoulli prova um teorema básico, a lei dos grandes números. Vamos introduzir uma regra razoável para atribuir probabilidades a uma série de eventos repetidos. A lei dos grandes números afirma que a longo prazo, com exceção de uma fração de tentativas que se torna arbitrariamente pequena, a proporção de caras tem, sim, um limite, e o limite é p. Filosoficamente, este teorema mostra que atribuindo probabilidades – ou seja, números – de uma forma natural, a interpretação "proporção de ocorrências no longo prazo, ignorando raras exceções" é válida. Assim, Bernoulli assume o ponto de vista de que os números atribuídos como probabilidades fornecem um modelo matemático consistente do lançamento de uma moeda vezes e vezes repetidas.

Sua demonstração depende de um padrão numérico que era muito familiar a Pascal. É geralmente chamado de triângulo de Pascal, ainda que ele não tenha sido o primeiro a notá-lo. Historiadores traçaram suas origens até o *Chandas Shastra*, um texto em sânscrito atribuído a Pingala, escrito em algum momento entre 500 e 200 a.C. O original não sobreviveu, mas o trabalho é conhecido por meio de comentários hindus do século X. O triângulo de Pascal tem o seguinte aspecto:

$$
\begin{array}{ccccccccc}
 & & & & 1 & & & & \\
 & & & 1 & & 1 & & & \\
 & & 1 & & 2 & & 1 & & \\
 & 1 & & 3 & & 3 & & 1 & \\
1 & & 4 & & 6 & & 4 & & 1 \\
\end{array}
$$

onde todas as linhas começam e terminam com 1, e cada número é a soma dos dois imediatamente acima. Atualmente chamamos esses números de coeficientes binomiais, porque surgem na álgebra da expressão binomial $(p + q)^n$. Ou seja,

$$(p + q)^0 = 1$$
$$(p + q)^1 = p + q$$
$$(p + q)^2 = p^2 + 2pq + q^2$$

$$(p + q)^3 = p^3 + 3p^2q + 3pq^2 + q^3$$
$$(p + q)^4 = p^4 + 4p^3q + 6p^2q^2 + 4pq^3 + q^4$$

e o triângulo de Pascal é visível como os coeficientes dos termos separados.

A percepção-chave de Bernoulli é que ao lançarmos uma moeda n vezes, com uma probabilidade p de obter cara, então a probabilidade de um número específico de lançamentos dar cara é o termo correspondente de $(p + q)^n$, em que $q = 1 - p$. Por exemplo, suponha que eu lance a moeda três vezes. Então os oito resultados possíveis são:

CCC
CCK   CKC   KCC
CKK   KCK   KKC
KKK

em que agrupei as sequências de acordo com o número de caras. Então, em oito sequências possíveis, temos:

1 sequência com 3 caras
3 sequências com 2 caras
3 sequências com 1 cara
1 sequência com 0 cara

A ligação com os coeficientes binomiais não é coincidência. Se você expandir a fórmula algébrica $(C + K)^3$ mas não agrupar os termos, obterá:

CCC + CCK + CKC + KCC + CKK + KCK + KKC + KKK

Agrupando os termos conforme o número de Cs, obtemos:

$$C^3 + 3C^2K + 3CK^2 + K^3$$

Depois disso, é uma questão de substituir cada C ou K por sua probabilidade, p ou q, respectivamente.

Mesmo neste caso, cada extremo CCC e KKK ocorre somente uma vez em oito tentativas, e números mais equitativos ocorrem nas outras seis. Um cálculo mais sofisticado usando propriedades padrões de coeficientes binomiais prova a lei de Bernoulli para os grandes números.

Distribuição normal

PROGRESSOS EM MATEMÁTICA muitas vezes acontecem por causa da igno-rância. Quando os matemáticos não sabem como calcular algo importante, descobrem um modo de desviar-se e abordá-lo indiretamente. Nesse caso o problema é calcular esses coeficientes binomiais. Há uma fórmula explí-cita, mas se, por exemplo, quisermos saber a probabilidade de obter exata-mente 42 caras ao lançar cem vezes uma moeda, é preciso fazer duzentas multiplicações e então simplificar uma fração complicadíssima. (Existem atalhos; ainda assim, é uma grande trapalhada.) Meu computador me diz numa fração de segundo que a resposta é

$$28.258.808.871.162.574.166.368.460.400 \; p^{42}q^{58}$$

mas Bernoulli não podia contar com esse luxo. Ninguém o fez até 1960, e os sistemas algébricos de computadores não se tornaram acessíveis em larga escala até o final dos anos 1980.

Uma vez que este tipo de cálculo direto não era viável, os sucessores imediatos de Bernoulli tentaram achar boas aproximações. Por volta de 1730, Abraham De Moivre deduziu uma fórmula aproximada para as proba-bilidades envolvidas em lançamentos repetidos de uma moeda viciada. Isso levou à função de erro, ou distribuição normal, muitas vezes chamada de "curva do sino" por causa de seu formato. O que ele provou foi o seguinte: define-se *distribuição normal* $\Phi(x)$ com média μ e variância σ^2 pela fórmula

$$\Phi(x) = \frac{1}{\sqrt{2\pi}\sigma} \, e^{-\frac{(x-\mu)^2}{2\sigma^2}}$$

Assim, para um n grande a probabilidade de obter m caras em n lançamen-tos de uma moeda viciada é muito próxima de $\Phi(x)$, quando

$$x = {}^m\!/\!_n - p \qquad \mu = np \qquad \sigma = npq$$

Lembrando que "média" é a nossa habitual de valor médio, "variância" é a medida de quanto os dados estão espalhados – a largura da curva do sino. A raiz quadrada da variância, o próprio σ, chama-se desvio padrão. A Figura 32 (*esquerda*) mostra como o valor de $\Phi(x)$ varia com x. A curva se parece um pouco com um sino, daí seu nome informal. A curva do sino é um exemplo de distribuição de probabilidade; isso significa que a probabilidade de obter dados entre dois valores dados é igual à área abaixo da curva e entre as linhas verticais correspondentes a esses valores. A área total sob a curva é 1, graças àquele inesperado fator $\sqrt{2\pi}$.

A ideia pode ser captada mais facilmente por meio de um exemplo. A Figura 32 (*direita*) mostra um gráfico de probabilidades de se obter vários números de caras lançando uma moeda honesta quinze vezes (barras retangulares), junto com a curva do sino aproximada.

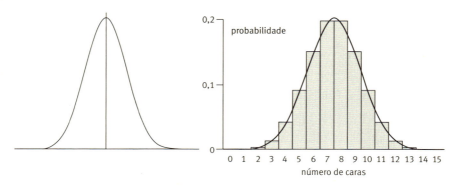

FIGURA 32 *Esquerda:* Curva do sino. *Direita:* Como ela aproxima o número de caras em quinze lançamentos de uma moeda honesta.

A curva do sino adquiriu status icônico quando começou a aparecer em dados empíricos nas ciências sociais, e não só na matemática teórica. Em 1835 Adolphe Quetelet, um belga que, entre outras coisas, foi pioneiro nos métodos quantitativos em sociologia, coletou e analisou grande quantidade de dados sobre criminalidade, taxa de divórcios, suicídios, nascimentos, mortes, altura humana, peso, e assim por diante – variáveis que ninguém esperava que se adequassem a qualquer lei matemática porque suas causas subjacentes eram complexas demais e envolviam escolhas humanas. Considere, por exemplo, o tormento emocional que leva alguém a cometer suicídio. Parecia ridículo pensar que isso podia ser reduzido a uma simples fórmula.

Essas objeções faziam sentido se você quisesse predizer exatamente quem iria se matar, e quando. Mas a partir do momento em que Quetelet

Distribuição normal

concentrou-se em questões estatísticas, tais como a proporção de suicídios em vários grupos de pessoas, vários locais e diferentes anos, começou a enxergar padrões. Estes se mostraram controversos: se se predissesse que haveria seis suicídios em Paris no ano seguinte, como isso podia fazer algum sentido se cada uma das pessoas envolvidas possui livre-arbítrio? Elas podiam todas mudar de ideia. Mas a população formada por aqueles que de fato se matam não é especificada de antemão; ela vem junto como consequência das escolhas feitas não apenas por aqueles que cometem suicídio, mas também aqueles que pensaram na possibilidade e não fizeram. As pessoas exercem o livre-arbítrio no contexto de muitas outras coisas, que influenciam aquilo que elas decidem livremente: aqui os constrangimentos incluem problemas financeiros, problemas de relacionamento, estado mental, passado religioso... Em todo caso, a curva do sino não faz predições exatas; ela simplesmente afirma qual cenário é mais verdadeiro. Podem ocorrer cinco ou sete suicídios, deixando espaço de sobra para qualquer um que queira exercer o livre-arbítrio e mudar de ideia.

Os dados acabaram ganhando a parada: qualquer que fosse o motivo, pessoas em massa se comportavam mais previsivelmente do que indivíduos. Talvez o exemplo mais simples seja altura. Quando Quetelet

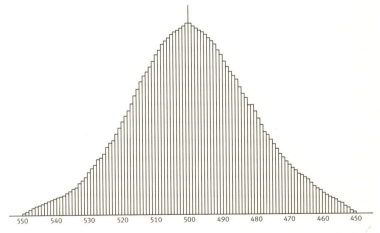

FIGURA 33 Gráfico de Quetelet de quantas pessoas (eixo vertical) têm determinada altura (eixo horizontal).

registrou a proporção de pessoas com certa altura, obteve uma bela curva do sino (Figura 33). Ele obteve o mesmo formato de curva para muitas outras variáveis sociais.

Quetelet ficou tão impressionado com os resultados que escreveu um livro, *Sur l'homme et le développement de ses facultés* ("Sobre o homem e o desenvolvimento de suas faculdades"), publicado em 1835. Nele, Quetelet introduziu a noção de "homem médio", um indivíduo fictício, médio em todos seus aspectos. Há muito já se percebeu que isso não funciona inteiramente: o "homem" médio – ou seja, a pessoa, para o cálculo incluir também homens e mulheres – tem (um pouco menos de) um seio, um testículo, 2,3 filhos, e assim por diante. Não obstante, Quetelet via seu homem médio como a meta da justiça social, não apenas uma ficção matemática sugestiva. E não é tão absurdo quanto parece. Por exemplo, se a riqueza humana for dividida igualmente entre todos, então todos terão a média da riqueza. Não é uma meta prática, já que exige enormes mudanças sociais, mas alguém com fortes visões igualitárias poderia defendê-la como algo desejável.

A CURVA DO SINO RAPIDAMENTE se tornou um ícone na teoria da probabilidade, em especial seu braço aplicado, a estatística. Houve duas razões básicas: a curva do sino era relativamente simples de calcular, e havia um motivo teórico para que ela ocorresse na prática. Uma das principais fontes dessa maneira de pensar era a astronomia do século XVIII. Dados observacionais estão sujeitos a erros, causados por ínfimas variações no equipamento, erros humanos ou meramente movimento de correntes de ar na atmosfera. Os astrônomos do período queriam observar planetas, cometas e asteroides, bem como calcular suas órbitas. Isso exigia descobrir que órbita se encaixava melhor nos dados. O encaixe jamais seria perfeito.

A solução prática para este problema surgiu primeiro. Residia no seguinte: passe uma linha reta através dos dados e escolha esta linha de maneira que o erro total seja o mínimo possível. Os erros aqui devem ser considerados positivos, e a forma mais fácil de consegui-lo mantendo uma álgebra limpa é elevá-los ao quadrado. Assim, o erro total é a soma dos quadrados dos desvios das observações em relação à linha reta que serve de modelo, e a reta desejada é aquela que minimiza essa soma. Em 1805, o matemático francês Adrien-Marie Legendre descobriu uma fórmula simples para esta reta, tornando-a fácil de calcular. O resultado é chamado de método dos mínimos quadrados. A Figura 34 ilustra o método em dados artificiais relacionando estresse (medido por um questionário) e pressão sanguínea. A reta da figura, encontrada usando-se a fórmula de Legendre, é a que melhor se encaixa nos dados segundo as medições dos erros ao quadrado. Em dez anos o método dos mínimos quadrados passou a ser o padrão entre astrônomos na França, na Prússia e na Itália. Em mais vinte anos já era padrão na Inglaterra.

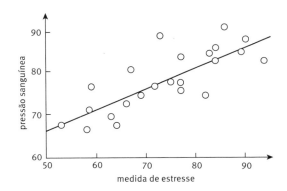

FIGURA 34 Usando o método dos mínimos quadrados
para relacionar pressão sanguínea com estresse.
Pequenos círculos: dados. Reta contínua: melhor reta de encaixe.

Gauss fez do método dos mínimos quadrados a pedra angular de seu trabalho em mecânica celeste. Ele entrou nessa área em 1801 predizendo com sucesso o retorno do asteroide Ceres depois de ficar oculto pelo brilho do Sol, quando a maioria dos astrônomos julgava que os dados disponíveis eram limitados demais. Esse triunfo selou sua reputação matemática entre o público e o estabeleceu como professor vitalício de astronomia na Universidade de Göttingen. Gauss não empregou os mínimos quadrados para essa predição: seus cálculos se concentraram em resolver uma equação algébrica de oitavo grau, o que ele fez por meio de um método numérico especialmente inventado. Mas em seu trabalho posterior, de 1809, culminando com seu *Theoria Motus Corporum Coelestium in Sectionibus Conicis Solem Ambientum* ("Teoria do movimento dos corpos celestes em secções cônicas em torno do Sol") ele colocou grande ênfase no método dos mínimos quadrados. E declarou também ter desenvolvido a ideia, e a utilizado, dez anos antes de Legendre, o que causou um pouco de rebuliço. No entanto, isso era bastante provável, e a justificativa de Gauss para o método era bem diferente. Legendre o havia encarado como um exercício de adequação de uma curva, ao passo que Gauss o via como um meio de ajustar a distribuição de probabilidades. Sua justificativa da fórmula pressupunha que os dados subjacentes, aos quais a linha reta estava sendo ajustada, seguiam uma curva de sino.

Faltava justificar a justificativa. Por que erros observacionais haveriam de estar distribuídos normalmente? Em 1810 Laplace forneceu uma estarrecedora resposta, também motivada pela astronomia. Em muitos ramos da ciência é padrão fazer a mesma observação diversas vezes, e então calcular a média. Então é natural modelar esse procedimento matematicamente. Laplace usou a transformada de Fourier, ver Capítulo 9, para provar que a média de muitas observações é descrita por uma curva de sino, ainda que as observações individuais não sejam. Seu resultado, o teorema do limite central, foi um ponto de virada em probabilidade e estatística, pois forneceu uma justificativa teórica para o uso da distribuição favorita dos matemáticos, a curva do sino, na análise de erros observacionais.[2]

O TEOREMA DO LIMITE CENTRAL escolheu a curva do sino como a única distribuição probabilística adequada para a média de muitas observações repetidas. Ela adquiriu, portanto, o nome de "distribuição normal", e era vista como a escolha de referência para a distribuição de probabilidades. A distribuição normal não só tinha agradáveis propriedades matemáticas, como havia uma razão sólida para admitir que ela modelasse dados reais.

Distribuição normal 149

Essa contribuição de atributos provou ser muito atraente para cientistas desejosos de ganhar compreensão dos fenômenos sociais que haviam interessado a Quetelet, porque oferecia um meio de analisar dados de registros oficiais. Em 1865, Francis Galton estudou como a altura de uma criança se relaciona com as alturas dos pais. Isso era parte de um objetivo maior: entender a hereditariedade – como traços humanos passam de pai para filho. Ironicamente, o teorema do limite central de Laplace levou Galton inicialmente a duvidar que essa herança existisse. E mesmo que existisse seria difícil prová-lo, porque o teorema do limite central era uma faca de dois gumes. Quetelet descobrira uma bela curva de sino para alturas, mas isso parecia influenciar muito pouco nos diferentes fatores que afetavam a altura, porque o teorema do limite central predizia de qualquer modo uma distribuição normal, quaisquer que fossem as distribuições desses fatores. Mesmo se os traços dos pais estivessem entre esses fatores, poderiam ser sobrepujados por todos os outros – tais como nutrição, saúde, posição social, e assim por diante.

Em 1889, porém, Galton já tinha descoberto uma forma de sair desse dilema. A prova do maravilhoso teorema de Laplace residia em adicionar à média os efeitos de muitos fatores distintos, mas estes precisavam satisfazer algumas condições rigorosas. Em 1875, Galton descreveu essas condições como "altamente artificiais", e notou que as influências a serem trazidas para a média

> precisam ser (1) todas independentes em seus efeitos, (2) todas iguais [tendo a mesma distribuição de probabilidades], (3) todas admitidas como simples alternativas "acima da média" ou "abaixo da média", e (4) ... calculadas com a suposição de que as influências variáveis sejam infinitamente numerosas.

Nenhuma das condições se aplicava à hereditariedade humana. A condição (4) corresponde à premissa de Laplace de que o número de fatores somados *tende* ao infinito, então "infinitamente numeroso" é um pouco de exagero; porém, o que a matemática estabelecia era que para se obter uma boa aproximação de uma distribuição normal era preciso combinar um grande número de fatores. Cada um desses fatores contribuía em pequena dose para a média: com, digamos, cem fatores, cada um contribuía com um centésimo do seu valor. Galton referiu-se a tais fatores como "insignificantes". Cada um em si não tinha efeito significativo.

Havia uma saída potencial, e Galton se agarrou a ela. O teorema do limite central oferecia condição satisfatória para uma distribuição ser normal, não uma condição necessária. Mesmo quando suas premissas falhavam, a distribuição em questão ainda poderia ser normal *por outras razões*. A tarefa de Galton era descobrir quais podiam ser essas razões. Para ter alguma esperança de ligá-la à hereditariedade, teriam de recorrer a uma combinação de poucas influências grandes e disparatadas, e não a um número enorme de influências insignificantes. Ele lentamente tateou o caminho rumo a uma solução, e a encontrou mediante dois experimentos, ambos datados de 1877. Um deles era um dispositivo chamado quincunx, no qual bolas descem um plano inclinado batendo num arranjo de pinos, com igual possibilidade de ir para a direita ou para a esquerda. Em teoria, as bolas deveriam se amontoar na base segundo uma distribuição binomial, uma aproximação discreta pra uma distribuição normal, de modo que deveriam formar – e formaram – uma pilha com formato aproximado de um sino, como na Figura 32 (*direita*). Sua grande sacada foi imaginar parar temporariamente as bolas quando estivessem a meio caminho da descida. Ainda assim formariam uma curva de sino, porém mais estreita que a curva final. Imagine liberar apenas um compartimento de bolas. Elas cairiam até a base, espalhando-se numa minúscula curva de sino. E o mesmo valia para qualquer outro compartimento. E isso significava que a curva grande, final, podia ser vista como a soma de uma porção de curvas pequenas. A curva do sino reproduz a si mesma quando diversos fatores, cada um seguindo sua própria e separada curva do sino, são combinados.

O elo decisivo veio quando Galton criou ervilhas-de-cheiro. Em 1875, ele distribuiu sementes para sete amigos. Cada um recebeu setenta sementes, mas um recebeu sementes muito leves, outro, ligeiramente mais pesadas, e assim por diante. Em 1877, ele mediu os pesos das sementes da progênie resultante. Cada grupo tinha distribuição normal, mas o peso

Distribuição normal

médio diferia em cada caso, sendo comparado ao peso de cada semente do grupo original. Ao combinar os dados para todos os grupos, os resultados tiveram novamente distribuição normal, mas a variância era maior – a curva do sino era mais larga. Mais uma vez, isso sugeria que combinar diversas curvas de sino levava a outra curva de sino. Galton foi buscar a razão matemática para isso. Suponha que duas variáveis matemáticas tenham distribuição normal, não necessariamente com as mesmas médias nem as mesmas variâncias. Então sua soma também terá uma distribuição normal; sua média é a soma das duas médias, e sua variância é a soma das duas variâncias. Obviamente o mesmo vale para somas de três, quatro ou mais variáveis aleatórias normalmente distribuídas.

Este teorema funciona quando um número pequeno de fatores é combinado, e cada fator pode ser multiplicado por uma constante, de modo que, na verdade, funciona para qualquer combinação linear. A distribuição normal é válida mesmo quando o efeito de cada fator é abrangente. Agora Galton podia ver esse resultado aplicado à hereditariedade. Supondo que a variável aleatória dada pela altura de uma criança seja alguma combinação das correspondentes variáveis aleatórias para as alturas dos pais, e que essas estejam distribuídas normalmente. Supondo que os fatores hereditários funcionem por adição, a altura da criança também terá uma distribuição normal.

Galton anotou suas ideias em 1889 sob o título *Herança natural*. Em particular, ele discutia a ideia que chamou de regressão. Quando um genitor alto e um baixo têm filhos, a altura média dos filhos deveria ser intermediária – na verdade, deveria ser a média das alturas dos pais. Da mesma forma, a variância deveria ser a média das variâncias, mas as variâncias dos pais pareciam ser aproximadamente iguais, então a variância não mudava muito. Com o passar de gerações sucessivas, a altura média "regrediria" a um valor no-meio-do-caminho, enquanto a variância se manteria praticamente inalterada. Então a bela curva do sino de Quetelet podia sobreviver de uma geração à seguinte. Seu pico rapidamente se assentaria num valor fixo, a média geral, enquanto sua largura seria a mesma. Assim, cada geração teria a mesma diversidade de alturas, apesar da regressão à média. A diversidade seria mantida pelos raros indivíduos que falhassem em regredir à média e seria automantenedora numa população suficientemente grande.

Com o papel central da curva do sino firmemente cimentado naquilo que na época foram consideradas fundações sólidas, os estatísticos puderam sistematizar as percepções e os raciocínios de Galton, e profissionais de outras áreas puderam aplicar os resultados. A ciência social foi uma das primeiras beneficiárias, mas foi logo seguida pela biologia, e as ciências físicas já estavam avançadas no jogo graças a Legendre, Laplace e Gauss. Em pouco tempo toda uma caixa de ferramentas estatísticas estava disponível a qualquer um que quisesse extrair padrões a partir de dados. Focalizarei apenas uma técnica, por ser rotineiramente utilizada para determinar a eficácia de drogas e procedimentos médicos, além de muitas outras aplicações. É chamada de teste de hipótese, e sua meta é avaliar a importância de padrões aparentes em dados. Foi concebida por quatro pessoas: os ingleses Ronald Aylmer Fisher, Karl Pearson e seu filho Egon, juntamente com um polonês nascido na Rússia que passou a maior parte de sua vida nos Estados Unidos, Jerzy Neyman. Vou me concentrar em Fisher, que desenvolveu as ideias básicas ao trabalhar como estatístico em agricultura na Estação Experimental de Rothamstead, analisando novas cepas de plantas.

Suponha que você está criando uma nova variedade de batata. Seus dados sugerem que essa variedade é mais resistente a alguma praga. Mas todos esses dados estão sujeitos a algumas fontes de erro, de modo que você não pode ter total confiança de que os números sustentem essa conclusão – certamente não a confiança de um físico que pode fazer medições muito precisas e eliminar a maioria de seus erros. Fisher percebeu que a questão-chave é distinguir uma diferença genuína de outra que surge por mero acaso, e que a maneira de fazer isso é perguntar-se qual seria a probabilidade dessa diferença se apenas o acaso estivesse envolvido.

Admita, por exemplo, que a nova espécie de batata parece conferir o dobro de resistência, no sentido de que a proporção dela que sobrevive

Distribuição normal

à praga é o dobro da proporção da velha espécie. É concebível que esse efeito ocorra por puro acaso, e pode-se calcular essa probabilidade. Na verdade, o que se calcula é a probabilidade de um resultado pelo menos tão extremo quanto o que é observado nos dados. Qual é a probabilidade de que a proporção da nova espécie sobrevivente à praga seja ao menos o dobro do que era a da velha espécie? Proporções ainda maiores são aqui permitidas porque a probabilidade de se obter *exatamente* o dobro da proporção está sujeita a ser muito pequena. Quanto maior a gama de resultados que são incluídos, mais prováveis se tornam os efeitos do acaso, então pode-se ter maior confiança na conclusão se o cálculo sugerir que não se trata de acaso. Se a probabilidade deduzida deste cálculo for baixa, digamos 0,05%, então é improvável que o resultado seja provocado pelo acaso; diz-se que ele é significativo num nível de 95%. Se a probabilidade for ainda menor, digamos 0,01%, então é extremamente improvável que o resultado seja provocado pelo acaso, e diz-se que ele é significativo num nível de 99%. A porcentagem indica que somente por acaso o resultado não seria tão extremo quanto o observado em 95% das tentativas, ou em 99% das tentativas.

Fisher descreveu seu método como uma comparação entre duas hipóteses distintas: a hipótese de que os dados são significativos no nível citado e a assim chamada hipótese nula, a de que os resultados se devem ao acaso. Ele insistia que seu método não devia ser interpretado como uma confirmação de que os dados são significativos; devia ser interpretado como uma rejeição da hipótese nula. Ou seja, ele fornece evidência contra os dados *não* serem significativos.

Isso pode parecer uma distinção muito sutil, uma vez que evidência contra os dados não serem significativos seguramente conta como evidência a favor de serem significativos. No entanto, isso não é totalmente verdade: o motivo é que a hipótese nula tem uma premissa extra embutida. Para calcular a probabilidade de que um resultado tão extremo seja devido ao acaso, precisa-se de um modelo teórico. O meio mais simples de consegui-lo é presumir uma distribuição de probabilidade específica. Esta premissa aplica-se apenas em relação à hipótese nula, porque é isso que você usa para fazer as somas. Você não está presumindo que os dados estejam normalmente distribuídos. Mas a distribuição de referência para a hipótese nula é normal: a curva do sino.

Este modelo embutido tem uma consequência importante, que a expressão "rejeita a hipótese nula" tende a ocultar. A hipótese nula é "os dados se devem ao acaso". Logo, é fácil demais ler essa afirmação como "rejeitar que os dados se devam ao acaso", o que, por sua vez, significa que você aceita que eles *não* são devidos ao acaso. Na realidade, porém, a hipótese nula é "os dados se devem ao acaso *e* os efeitos do acaso têm distribuição normal", logo, pode haver duas razões para rejeitar a hipótese nula: os dados não se devem ao acaso *ou* não estão com uma distribuição normal. A primeira sustenta a significância dos dados, mas a segunda, não. Ela só diz que você pode estar usando o modelo estatístico errado.

No trabalho de Fisher em agricultura, geralmente havia uma profusão de evidências para a distribuição normal dos dados. Assim, a distinção que estou fazendo não importava de fato. Em outras aplicações de testes de hipóteses, porém, ela pode ter importância. Dizer que o cálculo rejeita a hipótese nula tem o mérito de ser verdade, mas pelo fato de a premissa da distribuição normal não ser mencionada explicitamente, é muito fácil esquecer que é necessário verificar a normalidade da distribuição dos *dados* antes de concluir que os resultados são estatisticamente significativos. Como o método vai sendo usado por mais e mais pessoas, que foram treinadas em como fazer somas mas não nas suposições por trás dessas somas, há um crescente perigo de assumir de maneira errônea que o teste mostra que seus dados são significativos. Sobretudo quando a distribuição normal se tornou a premissa de referência automática.

NA CONSCIÊNCIA DO PÚBLICO, o termo "curva do sino" está indelevelmente associado ao controvertido livro de 1994 *A curva do sino*, de dois americanos, o psicólogo Richard J. Herrnstein e o cientista político Charles Murray. O tema central do livro é um suposto vínculo entre inteligência, medido pelo quociente de inteligência (QI), e variáveis sociais tais como renda,

Distribuição normal

emprego, índices de gravidez e criminalidade. Os autores argumentam que os níveis de QI são melhores para prever tais variáveis do que o status econômico e social dos pais ou seu nível de educação. Os motivos para a controvérsia, e os argumentos envolvidos, são complexos. Um esboço rápido não pode de fato fazer justiça ao debate, mas os temas remetem imediatamente a Quetelet e merecem ser mencionados.

A controvérsia era inevitável, não importando os méritos ou deméritos acadêmicos que o livro pudesse ter, porque tocava um nervo sensível: a relação entre raça e inteligência. Reportagens de mídia tendem a salientar a proposta de que diferenças de QI possuem uma origem predominantemente genética, mas o livro foi mais cauteloso acerca desse vínculo, deixando em aberto a interação entre genes, meio ambiente e inteligência. Outro tópico controverso era uma análise sugerindo que a estratificação social nos Estados Unidos (e, de fato, em qualquer outra parte) aumentou significativamente ao longo do século XX, e que a principal causa eram as diferenças de inteligência. Outro, ainda, era uma série de recomendações quanto à política para se lidar com este alegado problema: uma era reduzir a imigração, que o livro mencionava estar reduzindo o QI médio. Talvez a sugestão mais controversa fosse que as políticas de bem-estar social supostamente incentivando mulheres pobres a ter filhos deveriam ser interrompidas.

Ironicamente, esta ideia remonta ao próprio Galton. Seu livro de 1869, *Gênio hereditário*, composto de escritos anteriores para desenvolver a ideia de que "as habilidades naturais do homem são derivadas por herança, sob exatamente as mesmas limitações que a forma e os traços físicos de todo o mundo orgânico. Em consequência ... seria bastante prático produzir uma raça de homens altamente dotada por casamentos judiciosos durante várias gerações consecutivas". Ele afirmava que a fertilidade era maior entre os menos inteligentes, mas evitou qualquer sugestão de seleção deliberada em favor da inteligência. Em vez disso, expressava a esperança de que a sociedade pudesse mudar de modo que as pessoas mais inteligentes compreendessem a necessidade de ter muitos filhos.

Para muitos, a proposta de Herrnstein e Murray de uma reengenharia do sistema de bem-estar social estava desconfortavelmente próxima ao movimento da eugenia do início do século XX, no qual 60 mil americanos foram esterilizados, conforme alegado por causa de doenças mentais. A eugenia se tornou amplamente desacreditada quando ficou associada à Alemanha nazista e ao Holocausto, e muitas de suas práticas são agora consideradas violações de direitos humanos, em alguns casos culminando em crimes contra a humanidade. Propostas para se criar seres humanos seletivamente são vistas de modo geral como racistas. Um número de cientistas sociais endossou as conclusões científicas do livro, mas questionou a acusação de racismo; alguns deles tinham menos certeza quanto às políticas propostas.

A curva do sino deu início a um extenso debate sobre os métodos usados para compilar dados, os métodos matemáticos para analisá-los, a interpretação dos resultados e as sugestões de políticas baseadas nessas interpretações. Uma força-tarefa criada pela Associação Americana de Psicologia concluiu que alguns pontos apresentados no livro eram válidos: resultados de QI são bons para prever desempenho acadêmico, e isto está correlacionado com status de emprego, não havendo diferença significativa no desempenho de homens e mulheres. Por outro lado, o relatório da força-tarefa reafirmou que tanto genes como ambiente influenciam o QI e não encontrou evidência significativa de que diferenças raciais em resultados de QI sejam determinadas geneticamente.

Outros críticos argumentaram que existem falhas na metodologia científica, tais como ignorar dados inconvenientes, e que o estudo e algumas respostas a ele podem ter sido, até certo ponto, motivados por questões políticas. Por exemplo, é verdade que a estratificação social cresceu dramaticamente nos Estados Unidos, mas pode-se argumentar que a principal causa é a recusa dos ricos de pagar impostos, ao invés de diferenças na inteligência. Parece haver também uma inconsistência entre o problema alegado e a solução proposta. Se a pobreza leva as pessoas a ter mais filhos, e você acredita que isso é uma coisa ruim, por que raios você haveria de querer torná-las ainda mais pobres?

Distribuição normal

Uma parte importante do histórico frequentemente ignorada é a definição de QI. Em vez de ser algo mensurável de forma direta, como peso ou altura, o QI é inferido estatisticamente a partir de testes. Os indivíduos submetidos a eles respondem a questionários, e os resultados são analisados usando uma ramificação do método dos mínimos quadrados chamada análise de variância. Da mesma forma que os mínimos quadrados, esta técnica pressupõe que os dados estejam normalmente distribuídos, e busca isolar os fatores que determinam a maior quantidade de variabilidade nos dados – são, portanto, os mais importantes para moldar os dados. Em 1904, o psicólogo Charles Spearman aplicou esta técnica em diversos testes de inteligência diferentes. Ele observou que os resultados obtidos em testes diversos estavam altamente correlacionados; ou seja, se alguém se saísse bem em um teste, tendia a se sair bem em todos. Intuitivamente, eles pareciam estar medindo a mesma coisa. A análise de Spearman mostrou que um único fato comum – uma variável matemática que ele chamou de g, significando "inteligência geral" – explicava quase todas as correlações. O QI é uma versão padronizada do g de Spearman.

Uma pergunta-chave é se g é uma grandeza real ou uma ficção matemática. A resposta é complicada pelos métodos empregados para escolher testes de QI. Estes assumem que a distribuição "correta" da inteligência na população é normal – a paradigmática curva do sino – e calibram os testes manipulando matematicamente os resultados de modo a padronizar a média e o desvio padrão. Um perigo potencial aqui é que você obtém o que espera porque adota medidas para filtrar qualquer coisa que o contradiga. Stephen Jay Gould fez uma crítica extensiva de tais riscos já em 1981, no livro *A falsa medida do homem*, assinalando, entre outras coisas, que os resultados brutos de testes de QI frequentemente não obedecem em absoluto a uma distribuição normal.

O principal motivo para que se pense que g representa uma característica legítima da inteligência humana é que ele é fator *único*: matematicamente, ele define uma só dimensão. Se diversos testes parecem medir um mesmo aspecto, é tentador concluir que este mesmo aspecto deve ser real. Se não, por que os seriam tão próximos? Parte da resposta pode ser que os resultados de testes de QI se reduzem a uma contagem numérica, o que sintetiza uma gama multidimensional de questões e atitudes em potencial numa simples resposta unidimensional. Além disso, o teste foi desenvolvido de modo que a contagem se relacione fortemente com as respostas consideradas inteligentes por quem o criou – caso contrário, ninguém o levaria em conta.

Por analogia, imagine-se coletar dados em vários aspectos diferentes de "tamanho" no reino animal. Uma pessoa pode medir a massa, outra a altura, outros o comprimento, a largura, o diâmetro da pata traseira esquerda, o tamanho dos dentes, e assim por diante. Cada uma dessas medidas seria um número único. Estariam, de forma geral, intimamente correlacionados: animais altos tendem a pesar mais, ter dentes maiores, patas mais grossas... Se você correr os dados através de uma análise de variância, muito provavelmente encontrará que uma única combinação desses dados é responsável pela vasta maioria da variabilidade, assim como o g de Spearman faz com diferentes medições de elementos tidos como relacionados com inteligência. Será que isso necessariamente implicaria que todas essas características dos animais teriam a mesma causa subjacente? Que *uma coisa* controla todas? Possibilidade: o nível do hormônio de crescimento, talvez? Mas é provavel que não. A riqueza da forma animal não se comprime de maneira confortável num único número. Muitas outras características não se correlacionam em absoluto com o tamanho: habilidade de voar, ter listras ou manchas, comer carne ou vegetais. A combinação especial única de medições responsável pela maior parte da variabilidade poderia ser uma consequência matemática dos métodos utilizados para achá-la – especialmente se essas variáveis foram escolhidas, como aqui, para começar por terem muita coisa em comum.

Voltando a Spearman, vemos que seu tão alardeado g pode ser unidimensional porque testes de QI são unidimensionais. O QI é um método estatístico para quantificar certos tipos específicos de capacidade de resolução de problemas, matematicamente prático mas que não necessariamente corresponde a um atributo real do cérebro humano, e não necessariamente representa o que quer que seja aquilo a que nós nos referimos como "inteligência".

Distribuição normal 159

Focalizando um tópico, o QI, e usando-o para estabelecer uma política, *A curva do sino* ignora o contexto mais amplo. Mesmo que fosse sensato projetar geneticamente a população de um país, por que restringir o processo aos pobres? Mesmo que em média os pobres tenham QI mais baixo que os ricos, a qualquer hora uma criança pobre inteligente pode superar uma criança rica boba, a despeito das óbvias vantagens sociais e educacionais de que as crianças ricas desfrutam. Por que recorrer a cortes na política de bem-estar social quando se pode concentrar esforços no que se alega ser o verdadeiro problema: a inteligência em si? Por que não melhorar a educação? Na verdade, por que direcionar a política ao aumento de inteligência? Há muitos outros traços humanos desejáveis. Por que não reduzir a ignorância, a agressividade ou a cobiça?

É um erro pensar num modelo matemático como se fosse a realidade. Em ciências físicas, quando o modelo muitas vezes se encaixa muito bem na realidade, este pode ser um modo conveniente de pensar, um modo que traz pouco prejuízo. Mas em ciências sociais modelos geralmente são pouco melhores que caricaturas. A escolha do título *A curva do sino* aponta para essa tendência de misturar modelo com realidade. A ideia de que o QI seja alguma medida precisa de capacidade humana, apenas porque tem *pedigree* matemático, comete o mesmo erro. Não é sensato basear políticas sociais abrangentes e altamente duvidosas em modelos matemáticos falhos e simplistas. O verdadeiro ponto relevante em *A curva do sino*, um que o livro toca de forma extensiva mas inadvertida, é que esperteza, inteligência e sabedoria não são a mesma coisa.

A TEORIA DA PROBABILIDADE é muito usada em experimentos médicos de novas drogas e tratamentos, objetivando testar o significado estatístico de dados. Os testes são frequentemente, mas nem sempre, baseados na premissa de que a distribuição subjacente seja normal. Um exemplo típico é a detecção de aglomerados de câncer. Um aglomerado, para determinada doença, é um grupo dentro do qual a doença ocorre com mais frequência do que o esperado na população geral. O aglomerado pode ser geográfico, ou pode se referir mais metaforicamente a pessoas com um estilo de vida particular, ou um período específico de tempo. Por exemplo, lutadores profissionais aposentados, ou meninos nascidos entre 1960 e 1970.

Aglomerados aparentes podem ser devidos inteiramente ao acaso. É raro que números aleatórios se distribuam de forma aproximadamente uniforme; ao contrário, com frequência se aglomeram juntos. Em simulações da Loteria Nacional do Reino Unido, em que seis números entre 1 e 49 são retirados ao acaso, mais da metade parece mostrar algum tipo de padrão regular, tal como dois números consecutivos e três números separados pelo mesmo valor, por exemplo, 5, 9 e 13. Ao contrário da intuição comum, a aleatoriedade é agregada. Quando se encontra um aglomerado aparente, as autoridades médicas procuram avaliar se ele se deve ao acaso ou se poderia haver alguma possível conexão causal. Numa época, a maioria das crianças geradas por pilotos de caça israelenses eram meninos. Seria fácil pensar numa possível explicação – pilotos são muito viris e homens viris geram mais meninos (o que, aliás, não é verdade), pilotos são expostos a mais radiação que o normal, experimentam forças-g mais altas – mas tal fenômeno teve breve duração, apenas um aglomerado ao acaso. Em dados posteriores, desapareceu. Em qualquer população de pessoas, sempre é provável que haja mais crianças de um sexo ou de outro; a igualdade exata é muito improvável. Para avaliar a significação do aglomerado, dever-se-ia continuar observando e ver se ele persiste.

No entanto, essa procrastinação não pode prosseguir de maneira indefinida, especialmente se o aglomerado envolve uma doença séria. A aids foi detectada no início como um aglomerado de casos de pneumonia em homens homossexuais americanos na década de 1980, por exemplo. As fibras de amianto como causa de um tipo de câncer pulmonar, o mesotelioma, foi um fato que se revelou inicialmente entre ex-operários que trabalhavam com o produto. Assim, métodos estatísticos são usados para avaliar qual a probabilidade do surgimento de aglomerados se fosse

Distribuição normal

por razões aleatórias. Os métodos de Fisher para testar a significância e métodos correlacionados são largamente usados com este propósito.

A teoria da probabilidade também é fundamental para a nossa compreensão do risco. Esta palavra tem um significado técnico específico. Refere-se ao potencial de que uma determinada ação provoque um resultado indesejável. Por exemplo, voar de avião pode resultar em um acidente aéreo, fumar cigarros pode causar câncer de pulmão, construir uma usina nuclear pode levar a vazamento de radiação num acidente ou ataque terrorista, construir uma represa para uma usina hidrelétrica pode provocar mortes se a represa se romper. Aqui "ação" pode se referir a não fazer alguma coisa: deixar de vacinar uma criança pode ocasionar sua morte por doença, por exemplo. Nesse caso, há também um risco associado a vacinar a criança, tal como uma reação alérgica. Na população como um todo o risco é menor, mas para grupos específicos pode ser maior.

Muitos conceitos diferentes de risco são empregados em contextos diversos. A definição matemática usual é que o risco associado a alguma ação ou inação é a probabilidade de um resultado adverso multiplicada pela perda que então seria provocada. Por esta definição, uma chance de um em dez de matar dez pessoas tem o mesmo nível de risco de uma chance de um em 1 milhão de matar 1 milhão. A definição matemática é racional no sentido de que há um raciocínio específico por trás, mas isso não significa que ele seja necessariamente sensato. Já vimos que "probabilidade" refere-se ao longo prazo, mas para raros eventos o longo prazo é de fato muito longo. Os humanos, e suas sociedades, podem se adaptar a repetidos números baixos de mortes, mas um país que subitamente perde um milhão de pessoas de uma só vez está em sérios problemas, porque todos os serviços públicos e a indústria ficariam ao mesmo tempo sob severa pressão. Não serviria de consolo dizer que nos próximos 10 milhões de anos o total de mortes, nos dois casos, seria comparável. Assim, novos métodos estão sendo desenvolvidos para quantificar o risco em tais casos.

Métodos estatísticos, derivados de perguntas sobre jogo, têm uma imensa variedade de usos. Fornecem ferramentas para analisar dados sociais, médicos e científicos. Como todas as ferramentas, o resultado depende de como são usadas. Qualquer um que use métodos estatísticos precisa estar ciente das premissas subjacentes aos métodos, e de suas implicações. Alimentar cegamente um computador com números e aceitar o resultado como um evangelho, sem entender as limitações do método usado, é uma receita para o desastre. O uso legítimo da estatística, porém, tem melhorado nosso mundo além de qualquer reconhecimento. E tudo começou com a curva do sino de Quetelet.

8. Boas vibrações
Equação de onda

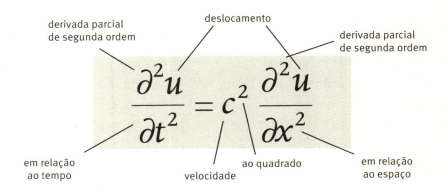

O que diz?
A aceleração de um pequeno segmento de uma corda de violino é proporcional ao deslocamento médio dos segmentos vizinhos.

Por que é importante?
Prediz que a corda se moverá em ondas, e generaliza-se naturalmente a outros sistemas físicos em que as ondas ocorrem.

Qual foi a consequência?
Grandes avanços na nossa compreensão de ondas de água, ondas sonoras, ondas de luz, vibrações elásticas… Os sismologistas usam versões modificadas da equação para deduzir a estrutura do interior da Terra pela maneira como ela vibra. As companhias de petróleo utilizam métodos similares para encontrar petróleo. No Capítulo 11 veremos como ela predisse a existência das ondas eletromagnéticas, levando ao rádio, à televisão, ao radar e aos meios de comunicação modernos.

Nós VIVEMOS NUM mundo de ondas. Nossos ouvidos detectam ondas de compressão no ar: o nome que damos a isso é "ouvir". Nossos olhos detectam ondas de radiação eletromagnética: o nome que damos a isso é "ver". Quando um terremoto atinge uma cidade, grande ou pequena, a destruição é causada por ondas no corpo sólido da Terra. Quando um navio oscila para cima e para baixo no oceano, está reagindo a ondas na água. Os surfistas usam ondas do mar para recreação; rádio, televisão e extensas partes da rede de telefonia sem fio usam ondas de radiação eletromagnética, semelhantes àquelas pelas quais vemos, mas em diferentes comprimentos de onda. Fornos de micro-ondas... bem, o nome já diz tudo, não é?

Com tantos exemplos práticos de ondas invadindo a nossa vida diária, mesmo séculos atrás os matemáticos que decidiram dar sequência à épica descoberta de Newton de que a natureza tem leis dificilmente deixariam de começar a pensar nas ondas. O empurrão inicial, porém, veio das artes: sobretudo, da música. Como uma corda de violino cria som? O que ela *faz*?

Houve um motivo para se começar com violinos, o tipo de motivo que atrai os matemáticos, embora desagrade a governos e empresários que tenham esperança de investir em matemática na esperança de um retorno rápido. Podemos considerar uma corda de violino como um modelo de linha infinitamente fina, e pode-se assumir que seu movimento – que é sem dúvida a causa do som que o instrumento produz – acontece num plano. Isso torna o problema "de baixa dimensão", o que significa que temos uma chance de resolvê-lo. Uma vez compreendido este exemplo simples de ondas, há boa possibilidade de que esse entendimento possa ser transferido, geralmente em pequenos estágios, para exemplos de ondas mais realistas e mais práticos.

Equação de onda

A alternativa, mergulhar de cabeça em problemas muito complexos, pode parecer atraente para políticos e chefes de indústrias, mas geralmente acaba atolada em complexidades. A matemática prospera em simplicidades, e, se necessário, os matemáticos as inventam artificialmente para fornecer uma porta de entrada para problemas mais complexos. Eles se referem a tais modelos, em tom de brincadeira, como "brinquedos", mas são brinquedos com um propósito sério. Os modelos de brinquedo das ondas levaram ao mundo atual da eletrônica e das comunicações globais em alta velocidade, jatos de dimensões enormes e satélites artificiais, rádio, televisão, sistema de alerta de tsunamis... mas nunca teríamos chegado a nada disso se alguns matemáticos não tivessem solucionado a charada de como funciona um violino, usando um modelo que não era realista, mesmo para um violino.

Os PITAGÓRICOS ACREDITAVAM que o mundo se baseava em números, referindo-se a números inteiros e razões entre números inteiros. Algumas de suas crenças tendiam para o místico, investindo determinados números de atributos humanos: 2 era masculino, 3, feminino, 5 simbolizava casamento, e assim por diante. O número 10 era muito importante para os pitagóricos porque era $1 + 2 + 3 + 4$, e eles acreditavam que havia quatro elementos: terra, ar, fogo e água. Esse tipo de especulação é recebido pela mentalidade moderna como ligeiramente maluco – bem, pelo menos pela minha mentalidade –, mas era razoável numa época em que os humanos estavam apenas começando a investigar o mundo ao seu redor, buscando padrões fundamentais. Levou algum tempo para se descobrir quais padrões eram significativos e quais eram tolices.

Um dos grandes triunfos da visão do mundo pitagórica veio da música. Existem várias histórias: segundo uma delas, Pitágoras estava passando por uma ferraria e notou que martelos de diferentes tamanhos faziam ruídos de diferentes tons e que martelos que se relacionavam por números simples – um sendo o dobro do outro, por exemplo – faziam ruídos que se harmonizavam. Por mais encantadora que seja essa história, qualquer um que de fato tente fazer isto com martelos reais descobrirá que as operações de um ferreiro não são especialmente musicais, e que martelos têm uma forma complicada demais para vibrar em harmonia. Mas há um grão de verdade: de modo geral, pequenos objetos fazem sons de tons mais altos do que os objetos maiores.

As histórias se encontram em solo mais firme quando se referem a uma série de experimentos que os pitagóricos realizaram usando uma corda esticada, um instrumento musical rudimentar conhecido como câ-non. Sabemos desses experimentos porque Ptolomeu os narrou em seu *Harmonia* por volta de 150 d.C. Movendo um suporte por várias posições ao longo da corda, os pitagóricos descobriram que quando duas cordas de igual tensão tinham comprimentos numa razão simples, tais como 2:1 ou 3:2, produziam notas excepcionalmente harmônicas. Razões mais complexas eram dissonantes e mais desagradáveis ao ouvido. Cientistas posteriores levaram essas ideias ainda mais longe, provavelmente longe demais: o que soa agradável para nós depende da física do ouvido, que é mais complicada do que uma corda só, e também possui dimensões culturais, porque os ouvidos de crianças em crescimento são treinados ao serem expostos aos sons que são comuns em sua sociedade. Eu prevejo que as crianças de hoje serão inusitadamente sensíveis a diferenças em toques de telefones celulares. No entanto, há uma história científica sólida por trás dessas complexidades, e grande parte dela confirma e explica as primeiras descobertas dos pitagóricos com seu instrumento experimental de uma corda só.

Os músicos descrevem pares de notas em termos de intervalo entre elas, uma medida de quantos passos as separaram na escala musical. O intervalo mais fundamental é a oitava, oito teclas brancas no piano. Notas separadas por uma oitava soam de forma notavelmente similar, exceto por uma nota ser mais aguda que a outra, e são extremamente harmoniosas. Tanto assim que, de fato, harmonias baseadas na oitava podem parecer um pouquinho pálidas. Num violino, o modo de tocar a nota uma oitava acima de uma corda solta é pressionar o meio dessa corda contra o braço do instrumento. Uma corda com a metade do comprimento toca uma nota

Equação de onda 167

uma oitava acima. Logo, a oitava está associada com uma razão numérica simples de 2:1.

Outros intervalos harmônicos também estão associados a razões numéricas simples. O mais importante para a música ocidental é a quarta, razão de 4:3, e a quinta, razão de 3:2. Os nomes fazem sentido se considerarmos a escala musical de notas inteiras dó, ré, mi, fá, sol, lá, si, dó. Tendo dó como base, a nota correspondente à quarta é fá, à quinta é sol e à oitava é dó. Se numerarmos as notas de maneira consecutiva com a base como 1, essas serão, respectivamente, a 4ª, a 5ª e a 8ª notas ao longo da escala. A geometria fica especialmente clara num instrumento como o violão, que tem segmentos metálicos, "trastes", inseridos nas posições relevantes. O "traste" da quarta está a um quarto do comprimento total da corda, o da quinta a um terço do comprimento, e o da oitava na metade do comprimento. Você pode checar isso pessoalmente com uma fita métrica.

Essas razões fornecem uma base teórica para uma escala musical e levaram à(s) escala(s) atualmente utilizada(s) na música ocidental. A história é complicada, então vou dar uma versão simplificada. Por conveniência, de agora em diante vou reescrever uma razão como 3:2 na forma de fração, ³⁄₂. Comecemos com uma nota base e vamos subindo em quintas, obtendo cordas de comprimentos

$$1 \qquad \frac{3}{2} \qquad \left(\frac{3}{2}\right)^2 \qquad \left(\frac{3}{2}\right)^3 \qquad \left(\frac{3}{2}\right)^4 \qquad \left(\frac{3}{2}\right)^5$$

Fazendo os cálculos das potências, as frações tornam-se

$$1 \qquad \frac{3}{2} \qquad \frac{9}{4} \qquad \frac{27}{8} \qquad \frac{81}{16} \qquad \frac{243}{32}$$

Todas essas notas, exceto as duas primeiras, são agudas demais para permanecer dentro de uma oitava, mas podemos reduzi-las em uma ou mais oitavas, dividindo repetidamente as frações por 2 até que o resultado fique entre 1 e 2. Isso produz as frações

$$1 \qquad \frac{3}{2} \qquad \frac{9}{8} \qquad \frac{27}{16} \qquad \frac{81}{64} \qquad \frac{243}{128}$$

Finalmente, nós as arranjamos em ordem numérica crescente, obtendo

$$1 \qquad \frac{9}{8} \qquad \frac{81}{64} \qquad \frac{3}{2} \qquad \frac{27}{16} \qquad \frac{243}{128}$$

Que corresponde de forma bastante aproximada às notas dó, ré, mi, sol, lá, si em um piano. Note que está faltando o fá. Na verdade, para o ouvido, o intervalo entre $^{81}/_{64}$ e $^{3}/_{2}$ soa maior que os outros. Para preencher o vazio, inserimos $^{4}/_{3}$, a razão para a quarta, que é muito próxima ao fá do piano. Também é proveitoso completar a escala com um segundo dó, uma oitava acima, uma razão 2. Agora obtemos uma escala musical baseada inteiramente em quartas, quintas e oitavas, com tons nas razões

1	$\frac{9}{8}$	$\frac{81}{64}$	$\frac{4}{3}$	$\frac{3}{2}$	$\frac{27}{16}$	$\frac{243}{128}$	2
dó	ré	mi	fá	sol	lá	si	dó

O comprimento é inversamente proporcional ao tom, então teríamos de inverter as frações para obter os comprimentos correspondentes.

Até aqui demos conta de todas as teclas brancas do piano, mas há também as teclas pretas. Estas aparecem porque números sucessivos na escala possuem razões diferentes entre si: $^{9}/_{8}$ (chamado um tom) e $^{256}/_{243}$ (semitom). Por exemplo, a razão de $^{81}/_{64}$ para $^{9}/_{8}$ é $^{9}/_{8}$, mas a de $^{4}/_{3}$ para $^{81}/_{64}$ é de $^{256}/_{243}$. Os nomes "tom" e "semitom" indicam uma comparação aproximada dos intervalos. Em números decimais equivalem a 1,125 e 1,05. O primeiro intervalo é maior, de modo que um tom corresponde a uma mudança maior do que um semitom. Dois semitons dão a razão $1,05^{2}$, que é cerca de 1,11; não longe de 1,125. Logo, dois semitons estão perto de um tom. Não *muito* perto, eu admito.

Continuando nesta linha podemos dividir cada tom em dois intervalos, cada um próximo a um semitom, para obter uma escala de 12 notas. Isso pode ser feito de várias maneiras diferentes, trazendo resultados ligeiramente distintos. Qualquer que seja a maneira de fazer, pode haver pequenos mas sutis problemas ao trocar a clave de uma peça musical: os intervalos variam ligeiramente se, digamos, elevarmos cada nota um semitom. Esse efeito poderia ter sido evitado se tivéssemos escolhido uma razão específica para um semitom e feito o acerto para que sua décima

Equação de onda

segunda potência resultasse em 2. Então dois semitons formariam exatamente um tom, 12 semitons fariam uma oitava, e poderíamos trocar de escala mudando todas as notas para cima ou para baixo com um valor fixo.

Tal valor existe, e é a raiz décima segunda de 2, que vale cerca de 1,059, e leva à chamada "escala equitemperada". Trata-se de um meio-termo acertado de comum acordo; por exemplo, na escala equitemperada a razão $^4\!/_3$ para uma quarta é $1,059^5 = 1,335$, em vez de $^4\!/_3 = 1,333$. Um músico altamente treinado pode detectar a diferença, mas é fácil acostumar-se a ela e a maioria de nós nem a percebe.

A TEORIA PITAGÓRICA DA HARMONIA na natureza, portanto, está na verdade embutida na base da música ocidental. Para explicar por que simples relações numéricas caminham de mãos dadas com a harmonia musical, temos de olhar para a física de uma corda vibrando. A psicologia da percepção humana também entra em jogo, mas ainda não.

A chave é a segunda lei do movimento de Newton, relacionando aceleração e força. Você também precisa saber que a força exercida por um corda sob tensão varia conforme a corda se movimenta, esticando ou contraindo ligeiramente. Para isso, usamos uma coisa que o involuntário parceiro de pugilato de Newton descobriu em 1660, chamada lei de Hooke: a deformação no comprimento de uma mola é proporcional à força exercida sobre ela. (Não estranhe – a mesma lei se aplica também à corda do violino.) Resta um obstáculo. Podemos aplicar as leis de Newton a um sistema composto por um número finito de massas: temos uma equação por massa, e então fazemos o melhor possível para resolver o sistema resultante. Mas uma corda de violino é algo contínuo, uma linha composta de infinitos pontos. Assim, os matemáticos da época pensaram na corda como uma grande quantidade de massas pontuais estreitamente espaçadas, unidas por molas obedecendo à lei de Hooke. E anotaram as equações de uma forma ligeiramente simplificada para torná-las possíveis de resolver e as resolveram; por fim deixaram a quantidade de massas ficar arbitrariamente grande, e verificaram o que acontecia com a solução.

Johann Bernoulli se encarregou desse programa em 1727, e o resultado foi extraordinariamente belo, considerando as dificuldades que estavam sendo varridas para baixo do tapete. Para evitar confusão na descrição a seguir, imagine o violino deitado com as cordas na horizontal. Se você puxa a corda, ela vibra para cima e para baixo em ângulo reto com o violino. É essa imagem que se deve ter na cabeça. O uso do arco faz a corda vibrar lateralmente, e a presença do arco gera confusão. No modelo matemático, tudo que temos é uma corda, fixa nas extremidades, e nada de violino; a corda vibra para cima e para baixo num plano. Nessa armação, Bernoulli descobriu que o formato da corda em vibração, em qualquer instante de tempo, era uma curva de seno. A amplitude da vibração – a altura máxima dessa curva também seguia uma curva de seno, no tempo e não no espaço. Em símbolos, sua solução tinha o aspecto de sen ct sen x, em que c é uma constante (Figura 35). A componente espacial sen x nos informa o formato, mas este é ponderado por um fator sen ct num instante t. A fórmula diz que a corda vibra para cima e para baixo, repetindo sempre o mesmo movimento. O período de oscilação, o tempo entre duas repetições sucessivas, é $2\pi/c$.

Esta foi a solução mais simples que Bernoulli obteve, mas houve outras; todas elas senoides, diferentes "modos" de vibração, com 1, 2, 3 ou mais ondas ao longo do comprimento da corda (Figura 36). Mais uma vez, a senoide era um instantâneo do formato num dado momento, e sua am-

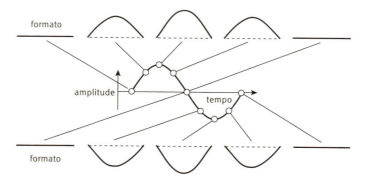

FIGURA 35 Tomadas instantâneas sucessivas de uma corda em vibração. O formato é uma curva de senos – senoide – em cada instante. A amplitude também varia senoidalmente com o tempo.

Equação de onda

FIGURA 36 Instantâneos de modos 1, 2, 3 de uma corda em vibração. Em cada caso, a corda vibra para cima e para baixo, e sua amplitude varia senoidalmente com o tempo. Quanto mais ondas há, mais depressa a corda vibra.

plitude era multiplicada por um fator dependente do tempo, que também variava senoidalmente. As fórmulas eram sen $2ct$ sen $2x$, sen $3ct$ sen $3x$, e assim por diante. Os períodos vibracionais eram $2\pi/2c$, $2\pi/3c$, e assim por diante; logo, quanto mais ondas havia, mais a corda vibrava.

A corda está sempre em repouso nas extremidades, pela construção do instrumento e pela premissa do modelo matemático. Em todos os modos, exceto o primeiro, há pontos adicionais em que a corda não vibra; esses pontos ocorrem onde a curva cruza o eixo horizontal. Esses "nós" são a razão matemática para a ocorrência das razões numéricas simples nos experimentos dos pitagóricos. Por exemplo, considerando que os modos vibracionais 2 e 3 ocorrem na mesma corda, o intervalo entre nós sucessivos na curva modo 2 é ³⁄₂ vezes o intervalo correspondente na curva modo 3. Isso explica por que relações do tipo 3:2 surgem naturalmente da dinâmica da corda vibratória, mas não por que essas relações são harmônicas e outras não. Antes de resolver esta questão, apresentamos o principal tópico deste capítulo: a equação de onda.

A EQUAÇÃO DE ONDA emerge da segunda lei do movimento de Newton se aplicarmos a abordagem de Bernoulli ao nível das equações, e não das soluções. Em 1746, Jean Le Rond d'Alembert seguiu o procedimento padrão, tratando a corda do violino em vibração como uma coleção de massas pontuais, mas em vez de resolver as equações e procurar um padrão quando o número de massas tendia a infinito, ele estudou o que acontecia às equações em si. Ele deduziu uma equação que descrevia o formato das variações na corda ao longo do tempo. Mas antes de mostrar o seu aspecto, necessitamos de uma ideia nova, chamada "derivada parcial".

Imagine-se no meio do oceano, observando a passagem de ondas de várias formas e tamanhos. Enquanto elas passam, você oscila para cima e para baixo. Fisicamente, você pode descrever como as redondezas estão se modificando de várias maneiras diferentes. Em particular, pode pôr em foco variações no tempo ou variações no espaço. À medida que passa o tempo no local onde você está, a taxa de variação da altura em relação ao tempo é a derivada (no sentido do cálculo, Capítulo 3) da sua altura, também em relação ao tempo. Mas isso não descreve a forma do mar ao seu redor, apenas a altura das ondas quando elas passam por você. Para descrever a forma, pode-se congelar o tempo (conceitualmente) e deduzir a altura das ondas: não somente no local onde você está, mas também nas proximidades. Aí pode-se usar o cálculo para deduzir o grau de *inclinação* das ondas no ponto onde você está. Você está no pico ou no sopé? Se estiver, a inclinação é zero. Está a meio caminho da descida? Então, a inclinação é bastante aguda. Em termos de cálculo, pode-se atribuir um número a essa inclinação calculando a derivada da altura da onda em relação ao espaço.

Se uma função u depende apenas de uma variável, seja por exemplo x, escrevemos a derivada como du/dx: "uma pequena variação em u dividida por uma pequena variação em x." Mas no contexto das ondas do mar a função u, altura da onda, depende não só do espaço x, mas também do tempo t. Em um dado instante, ainda podemos deduzir du/dx; ela nos informa a inclinação local da onda. Mas em vez de fixar o tempo e fazer variar o espaço, podemos também fixar o espaço e fazer variar o tempo; isso nos informa a taxa do nosso movimento de subida e descida. Poderíamos usar a notação du/dt para essa "derivada em relação ao tempo" e interpretá-la como uma "pequena variação de u dividida por uma pequena variação t". Mas essa notação oculta uma ambiguidade: a pequena variação de altura, du, pode ser, e geralmente é, diferente nos dois casos. Se nos esquecermos disso, é provável que as somas deem errado. Quando diferenciamos em relação ao espaço, fazemos a variável espaço mudar um pouquinho e

Equação de onda

vemos como a altura varia; quando diferenciamos em relação ao tempo, fazemos a variável tempo mudar um pouquinho e vemos como a altura varia. Não há motivo para as variações em relação ao tempo serem iguais às variações em relação ao espaço.

Assim, os matemáticos decidiram lembrar a si mesmos dessa ambiguidade mudando o símbolo d para alguma outra coisa que não os fizesse (diretamente) pensar em "pequena variação". Inventaram um d bonitinho e enfeitado, escrito ∂. Então escreveram as duas derivadas como $\partial u/\partial x$ e $\partial u/\partial t$. Pode-se argumentar que não se trata de um grande progresso, porque é igualmente difícil distinguir os dois significados de ∂u. Há duas respostas para essa crítica. Uma é que nesse contexto não se espera que você pense em ∂u especificamente como uma pequena variação de u. A outra é que usar um símbolo novo e rebuscado faz você se lembrar de não ficar confuso. A segunda resposta, sem dúvida, funciona: assim que vemos ∂, ele nos diz que estaremos olhando para taxas de variação em relação a diversas variáveis diferentes. Essas taxas de variação são chamadas de *derivadas parciais*, porque sob o ponto de vista conceitual estamos alterando apenas uma parte do conjunto de variáveis, mantendo o restante fixo.

QUANDO D'ALEMBERT ELABOROU sua equação para a corda em vibração, deparou-se exatamente com esta situação. A forma da corda depende do espaço – que ponto do comprimento da corda você olha – e do tempo. A segunda lei de Newton dizia a ele que a aceleração de um pequeno segmento de corda é proporcional à força que age sobre ela. Aceleração é uma derivada (de segunda ordem) em relação ao tempo. Mas a força é causada pelos segmentos vizinhos da corda, que puxam aquele no qual estamos interessados, e "vizinhos" significa pequenas variações de *espaço*. Ao calcular essas forças, foi conduzido à equação

$$\frac{\partial^2 u}{\partial t^2} = c^2 \frac{\partial^2 u}{\partial x^2}$$

em que $u(x, t)$ é a posição vertical num ponto x da corda num instante t, e c é uma constante relacionada com a tensão na corda e seu grau de elasticidade. Os cálculos, na verdade, eram mais fáceis do que os de Bernoulli, porque evitavam introduzir características especiais de soluções particulares.[1]

A elegante fórmula de d'Alembert é a *equação de onda*. Assim como a segunda lei de Newton, é uma equação diferencial – ela envolve derivadas (de segunda ordem) de u. Uma vez que são derivadas parciais, trata-se de uma *equação diferencial parcial*. A derivada de segunda ordem do espaço representa a força resultante que age sobre a corda, e a derivada de segunda ordem do tempo é a aceleração. A equação de onda estabeleceu um precedente: a maioria das equações básicas da física matemática clássica, e também muitas das modernas, são equações diferenciais parciais.

Tendo estabelecido a sua equação de onda, d'Alembert estava em condições de resolvê-la. Essa tarefa ficou muito mais fácil porque acabou se revelando uma equação *linear*. Equações diferenciais parciais têm muitas soluções, de maneira típica um número infinito, porque cada estado inicial leva a uma solução diferente. Por exemplo, a corda do violino pode, em princípio, estar curvada em qualquer forma antes de ser solta e a equação de onda assumir o comando. "Linear" significa que se $u(x, t)$ e $v(x, t)$ são soluções, então também é qualquer combinação linear $au(x, t) + bv(x, t)$, em que a e b são constantes. Outro termo é "superposição". A linearidade da equação de onda provém da aproximação que Bernoulli e d'Alembert tiveram de fazer para obter algo que pudessem resolver: todas as perturbações são admitidas como pequenas. Agora a força exercida pela corda pode ser aproximada rigorosamente como uma combinação linear dos deslocamentos das massas individuais. Uma aproximação ainda melhor levaria a uma equação diferencial parcial não linear, e a vida seria muito mais complicada. No longo prazo, essas complicações precisam ser encaradas, mas os pioneiros já tinham coisas de sobra para enfrentar, de modo que trabalharam com uma equação aproximada, mas muito elegante, e limitaram sua atenção a ondas de pequena amplitude. E funcionou muito bem. Na verdade, muitas vezes

Equação de onda

também funcionava bastante bem para ondas de amplitude maior, o que foi um afortunado bônus.

D'Alembert soube que estava no caminho certo porque descobriu soluções nas quais uma determinada forma viajava ao longo da corda, exatamente como uma onda.[2] A velocidade da onda acabou se revelando como a constante c na equação. A onda podia viajar ou para a esquerda ou para a direita, e aqui entrava em jogo o princípio da superposição. D'Alembert provou que cada solução é uma superposição de duas ondas, uma viajando para a esquerda e outra para a direita. Mais ainda, cada onda separada podia ter qualquer forma.[3] A onda estacionária encontrada na corda do violino, com as extremidades fixas, revela-se uma combinação de ondas com a mesma forma, uma de cabeça para baixo comparada com a outra, e uma viajando para a esquerda e a outra (invertida) viajando para a direita. Nas extremidades, as duas ondas se cancelam exatamente: os picos de uma vêm a coincidir com os vales da outra. Assim elas obedecem às condições de fronteira física.

Os MATEMÁTICOS AGORA ESTAVAM atrapalhados por excessos: havia duas maneiras de resolver a equação de onda: a de Bernoulli, que conduzia a senos e cossenos, e a de d'Alembert, que conduzia a ondas com qualquer forma que se quisesse. De início tinha-se a impressão de que a solução de d'Alembert devia ser mais geral: senos e cossenos são funções, mas a maioria das funções não são senos e cossenos. Contudo, a equação de onda é linear, então podia se combinar as soluções de Bernoulli somando múltiplos constantes delas. Para simplificar, considere apenas o instantâneo de um determinado momento, livrando-se da dependência em relação ao tempo. A Figura 37 mostra $5\mathrm{sen}\, x + 4\mathrm{sen}\, 2x - 2\cos 6x$, por exemplo. Resulta em uma figura muito acidentada, e ela serpenteia bastante, mas ainda assim é regular e ondulante.

O que incomodava os matemáticos mais sérios é que algumas funções são demasiado acidentadas e denteadas, e não se pode obtê-las como combinação linear de senos e cossenos. Bem, não se usarmos muitos

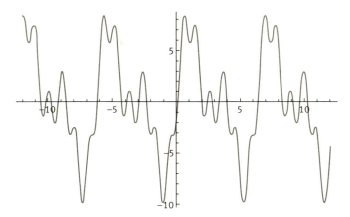

FIGURA 37 Combinação típica de senos e cossenos com várias amplitudes de frequências.

termos finitos – e isso sugeria uma saída. Uma série convergente infinita de senos e cossenos (uma em que a soma infinita faça sentido) também satisfaz a equação de onda. Será que ela serve para funções acidentadas, bem como para funções suaves? Os matemáticos mais proeminentes discutiram essa questão, que finalmente chegou ao auge quando o mesmo assunto surgiu na teoria do calor. Problemas com fluxo de calor envolviam naturalmente funções descontínuas, com saltos súbitos, o que era muito pior que funções acidentadas. Contarei essa história no Capítulo 9, mas o desfecho é que formas de ondas mais "razoáveis" podem ser representadas por uma série infinita de senos e cossenos, de modo que podem ser aproximadas quanto se queira por uma combinação finita de senos e cossenos.

Senos e cossenos explicam as razões harmônicas que tanto impressionavam os pitagóricos. Essas formas especiais de ondas são importantes na teoria do som, porque representam tons "puros" – notas únicas em um instrumento ideal, por assim dizer. Qualquer instrumento real produz misturas de notas puras. Se você puxa uma corda de violino, a nota principal que se ouve é a onda sen x, mas superposta a ela está um pouco de sen $2x$, talvez algum sen $3x$, e assim por diante. A nota principal é chamada

Equação de onda 177

de fundamental e as outras, de harmônicas. O número na frente do x é chamado número de onda. Os cálculos de Bernoulli nos dizem que o número de onda é proporcional à frequência: quantas vezes a corda vibra, para esta particular onda senoidal, durante uma única oscilação da fundamental.

Em particular, sen $2x$ tem o dobro da frequência de sen x. Como é que ela soa? É a nota *uma oitava acima*. Essa é a nota que soa mais harmônica quando tocada junto com a fundamental. Se você olhar a forma da corda para o segundo modo (sen $2x$), na Figura 36, notará que ela cruza o eixo no ponto médio, além das duas extremidades. Nesse ponto, um chamado nó, ela permanece fixa. Se você colocasse o dedo nesse ponto, as duas metades da corda ainda seriam capazes de vibrar no padrão sen $2x$, mas não no padrão sen x. Isso explica a descoberta dos pitagóricos de que uma corda com metade do comprimento produz uma nota uma oitava acima. Uma explicação similar trata de outras razões numéricas simples que haviam sido por eles descobertas: estão todas associadas com curvas senoidais cujas frequências têm essa mesma razão numérica, e tais curvas se ajustam perfeitamente numa corda de comportamento fixo cujas extremidades estejam impedidas de se mover.

Por que essas razões soam harmônicas? Parte da explicação é que as ondas senoidais com frequências que não estejam em razões numéricas simples produzem um efeito chamado "batimento" quando são superpostas. Por exemplo, uma razão como 11:23 corresponde a sen $11x$ + sen $23x$, que tem o aspecto da Figura 38, com uma porção de mudanças de forma súbitas. Outra parte é que o ouvido responde aos sons aproximadamente da mesma maneira que uma corda de violino. O ouvido também vibra. Quando duas notas entram em batimento, o som correspondente é como um zumbido que repetidamente fica mais alto e mais suave. Logo, não soa harmônico. No entanto, há uma terceira parte da explicação: os ouvidos dos bebês vão ficando sintonizados com os sons que ouvem com mais frequência. Há mais contrações nervosas do cérebro para o ouvido do que em qualquer outra direção. Então o cérebro ajusta a resposta do ouvido aos sons que entram. Em outras palavras, o que nós consideramos

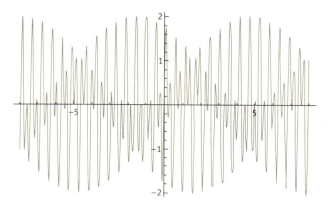

FIGURA 38 Batimentos.

harmonioso tem uma dimensão cultural. Mas as razões numéricas simples são naturalmente harmoniosas, por isso a maioria das culturas as utiliza.

Os matemáticos deduziram a equação de onda inicialmente na estrutura mais simples em que puderam pensar: uma linha vibrando, um sistema unidimensional. Aplicações realistas exigiam uma teoria mais generalizada, modelando ondas em duas ou três dimensões. Permanecendo ainda no campo da música, até mesmo um tambor requer duas dimensões para modelar os padrões nos quais ele vibra. O mesmo vale para ondas de água na superfície do mar. Quando ocorre um terremoto, a Terra toda ressoa como um sino, e o nosso planeta é tridimensional. Muitas outras áreas da física envolvem modelos com duas ou três dimensões. Estender a equação de onda a dimensões mais elevadas revelou-se uma operação direta; bastava repetir os mesmos tipos de cálculo que haviam funcionado para a corda de violino. Tendo aprendido a tocar esse instrumento simples, não era difícil tocar de verdade.

Em três dimensões, por exemplo, usamos três coordenadas espaciais (x, y, z) e o tempo t. A onda é descrita por uma função u que depende dessas quatro coordenadas. Por exemplo, isso poderia descrever a pressão num corpo de ar à medida que as ondas sonoras passam por eles. Admitindo as mesmas premissas que d'Alembert, em particular que a amplitude

Equação de onda

da perturbação seja pequena, a mesma abordagem nos conduz a uma equação igualmente bonita:

$$\frac{\partial^2 u}{\partial t^2} = c^2 \left(\frac{\partial^2 u}{\partial x^2} + \frac{\partial^2 u}{\partial y^2} + \frac{\partial^2 u}{\partial z^2} \right)$$

A fórmula dentro dos parênteses é chamada de Laplaciano, e corresponde à diferença média entre o valor de u no ponto em questão e o seu valor nas vizinhanças. Esta expressão surge tão amiúde em física matemática que possui seu próprio símbolo especial: $\nabla^2 u$. Para obter o Laplaciano em duas dimensões, simplesmente omitimos o termo envolvendo z, achando a equação de onda nesse contexto.

A principal novidade em dimensões superiores é que a figura dentro da qual as ondas se erguem, chamada domínio da equação, pode ser complicada. Em uma dimensão a única figura correlacionada é um intervalo, um segmento de reta. Em duas dimensões, porém, ela pode ter qualquer forma que se possa desenhar no plano, e em três dimensões qualquer forma no espaço. Pode se modelar um tambor quadrado, um tambor retangular, um tambor circular[4] ou um tambor em forma de silhueta de gato. Para terremotos, pode-se empregar um domínio esférico, ou, para maior precisão, um elipsoide ligeiramente achatado nos polos. Se você está projetando um carro e quer eliminar vibrações indesejadas, seu domínio deveria ter o formato de um carro – ou da parte do carro na qual os engenheiros querem se ater.

Para qualquer formato escolhido, há funções análogas aos senos e cossenos de Bernoulli: os padrões vibratórios mais simples. Esses padrões são chamados modos, ou modos normais se quisermos ser perfeitamente claros acerca do que estamos falando. Todas as outras ondas podem ser obtidas sobrepondo modos normais, fazendo mais uma vez uso de uma série infinita, se necessário. As frequências dos modos normais representam as frequências vibracionais naturais do domínio. Se o domínio é um retângulo, são funções trigonométricas da forma sen mx cos ny, para m e n inteiros, produzindo ondas no formato da Figura 39 (esquerda). Se for um círculo, são determinadas por novas funções, chamadas funções

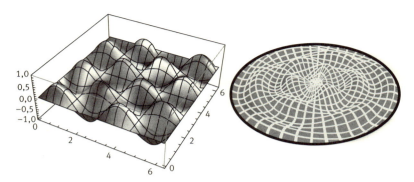

FIGURA 39 *Esquerda:* Instantâneo de um modo de tambor retangular em vibração, com ondas de números 2 e 3. *Direita:* Instantâneo de um modo de tambor circular em vibração.

de Bessel, com formatos mais interessantes, Figura 39 (*direita*). A matemática resultante aplica-se não só a tambores, mas a ondas aquáticas, ondas sonoras, ondas eletromagnéticas como a luz (Capítulo 11), até mesmo ondas quânticas (Capítulo 14). Essa matemática é fundamental a todas essas áreas. O Laplaciano também aparece em equações para outros fenômenos físicos; em particular, os campos elétrico, magnético e gravitacional. O truque predileto dos matemáticos, começar com um problema de brinquedo, tão simples a ponto de não poder ser realista, gera grandes momentos para as ondas.

Esta é uma das razões de ser insensato julgar uma ideia matemática pelo contexto em que ela surge inicialmente. Modelar uma corda de violino pode parecer infrutífero quando o que se deseja entender são os terremotos. Mas se mergulhar na parte mais funda, e tentar lidar com todas as complexidades de terremotos reais, você se afoga. Deve-se começar chapinhando no raso, e ir ganhando confiança para dar algumas braçadas na piscina. Aí você estará pronto para saltar do trampolim.

A EQUAÇÃO DE ONDA foi um sucesso espetacular, e em algumas áreas da física ela descreve a realidade de maneira muito próxima. Entretanto, sua

Equação de onda

dedução requer várias premissas simplificadoras. Quando essas premissas são irrealistas, as mesmas ideias físicas podem ser modificadas para se ajustar ao contexto, levando a diferentes versões da equação de onda.

Terremotos são um exemplo típico. Aqui o problema principal não é a premissa de d'Alembert de que a amplitude da onda seja pequena, mas mudanças nas propriedades físicas do domínio. Essas propriedades podem ter um efeito intenso nas ondas sísmicas, vibrações que viajam através da Terra. Compreendendo esses efeitos, podemos olhar de maneira mais profunda o interior do nosso planeta e descobrir do que ele realmente é feito.

Há dois tipos básicos de onda sísmica: ondas de pressão (*pressure*) e ondas de cisalhamento (*shear*), geralmente abreviadas como ondas P e ondas S*. (Há muitos outros tipos: este é um relato simplificado, cobrindo algo da parte básica.) Ambos os tipos podem ocorrer em meio sólido, mas as ondas S não ocorrem em líquidos. As ondas P são ondas de pressão, análogas a ondas sonoras no ar, e as variações de pressão apontam a direção ao longo da qual a onda se propaga. Tais ondas são ditas longitudinais. As ondas S são ondas transversais, variando em ângulos retos com a direção de propagação, como ondas de uma corda de violino. Elas fazem com que os sólidos cisalhem, isto é, se deformem como um baralho empurrado lateralmente, de maneira que as cartas escorreguem umas sobre as outras. Líquidos não se comportam como montes de cartas.

Quando ocorre um terremoto, ele emite os dois tipos de ondas. As ondas P viajam mais rápido, então um sismólogo, em algum outro ponto da superfície da Terra, as observa antes. Então chegam as ondas S, mais vagarosas. Em 1906, o geólogo inglês Richard Oldham explorou essa diferença para fazer uma descoberta fundamental acerca do interior do planeta. Grosseiramente falando, a Terra tem um núcleo de ferro cercado por um manto rochoso, e os continentes flutuam sobre esse manto. Oldham sugeriu que as camadas externas do núcleo devem ser líquidas. Assim sendo, ondas S não podem passar por essas regiões, mas ondas P, sim. En-

---

* Em português, as abreviaturas se mantêm, sendo as ondas P chamadas de ondas primárias e as ondas S, de secundárias.

tão há uma espécie de sombra de onda S, e é possível deduzir onde ela está ao se observar sinais de terremotos. O matemático inglês Harold Jeffreys determinou os detalhes em 1926, confirmando que Oldham estava certo.

Se o terremoto é forte o suficiente, pode fazer o planeta inteiro vibrar em um de seus modos normais – os análogos para a Terra dos senos e cossenos para o violino. Todo o planeta ressoa como um sino, num sentido que seria literal se pudéssemos ouvir as frequências baixíssimas envolvidas. Instrumentos suficientemente sensíveis para registrar esses sons surgiram na década de 1960, e foram usados para observar os dois terremotos mais poderosos já registrados cientificamente. Foram o terremoto no Chile, em 1960 (magnitude 9,5), e o terremoto no Alasca, em 1964 (magnitude 9,2). O primeiro matou cerca de 5 mil pessoas; o segundo matou cerca de 130 graças à sua localização remota. Ambos geraram tsunamis e os prejuízos foram imensos. Ambos forneceram uma visão sem precedentes do interior profundo da Terra ao excitar os modos vibracionais básicos do planeta.

Versões sofisticadas da equação de onda têm dado aos sismólogos a possibilidade de ver o que está acontecendo a centenas de quilômetros sob os nossos pés. Eles podem mapear as placas tectônicas da Terra quando uma desliza debaixo de outra, fenômeno conhecido como subducção. A subducção provoca terremotos, especialmente os assim chamados terremotos de megaimpulso, como os dois acima mencionados. E também dá origem a cadeias de montanhas nas bordas dos continentes, como os Andes, e a vulcões, quando a placa desce tão fundo que começa a se derreter e o magma sobe à superfície. Uma descoberta recente é que as placas não precisam sofrer subducção como um todo, mas podem se romper em gigantescas lajes, afundando de volta no manto em diferentes profundidades.

O maior prêmio nessa área seria uma maneira confiável de predizer terremotos e erupções vulcânicas. Isso está se mostrando elusivo, porque as condições que acionam tais acontecimentos são combinações complexas de muitos fatores em muitos locais. No entanto, algum progresso está sendo feito, e a versão dos sismólogos da equação de onda jaz sob muitos dos métodos em investigação.

Equação de onda 183

As mesmas equações têm mais aplicações comerciais. Companhias de petróleo fazem prospecções do ouro líquido, a alguns quilômetros de profundidade, provocando explosões na superfície e usando os ecos de retorno das ondas sísmicas para mapear a geologia subterrânea. O principal problema matemático aqui é reconstituir a geologia a partir dos sinais recebidos, que é um pouco como usar a equação de onda de trás para diante. Em vez de resolver a equação num domínio conhecido para descobrir o que as ondas fazem, os matemáticos usam os padrões de ondas observados para reconstituir as características geológicas do domínio. Como é o caso em muitas ocasiões, trabalhar de trás para diante desse jeito – solucionar o problema inverso, como se diz no jargão – é mais difícil. Mas existem métodos práticos. Uma das maiores companhias petrolíferas executa esses cálculos um quarto de milhão de vezes por dia.

Perfurações em busca de petróleo apresentam seus próprios problemas, e a ruptura da torre de petróleo Deepwater Horizon, em 2010, deixou isso claro. Mas, no momento, a humanidade é extremamente dependente do petróleo, e levaria décadas para reduzir essa dependência de forma significativa, mesmo que todo mundo quisesse. Da próxima vez que você encher o tanque, dê uma pensadinha nos pioneiros matemáticos que quiseram saber como um violino produz seu som. Não era um problema prático na época, e ainda hoje não é. Mas sem essas descobertas, seu carro não levaria você a lugar nenhum.

9. Ondulações e blipes
A transformada de Fourier

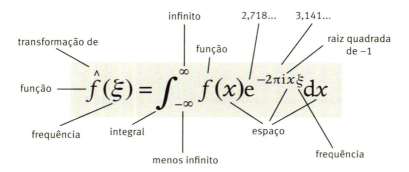

O que diz?
Qualquer padrão no espaço e tempo pode ser pensado como uma superposição de padrões senoidais com diferentes frequências.

Por que é importante?
As frequências componentes podem ser usadas para analisar os padrões, levar-lhes ordem, extrair características importantes e remover ruído aleatório.

Qual foi a consequência?
A técnica de Fourier é amplamente usada, por exemplo, em processamento de imagens e mecânica quântica. É usada para descobrir a estrutura de moléculas biológicas grandes como o DNA, comprimir dados de imagem em fotografia digital, limpar gravações de áudio velhas ou danificadas e analisar terremotos. Variantes modernas são usadas para armazenar eficientemente dados de impressões digitais e aperfeiçoar equipamentos de imagens médicas.

O *Principia* DE NEWTON ABRIU as portas para o estudo matemático da natureza, mas seus conterrâneos estavam obcecados demais com a disputa de primazia sobre o cálculo para descobrir o que havia além. Enquanto os melhores da Inglaterra se agitavam com o que consideravam ser alegações infames sobre o maior matemático do país – grande parte disso provavelmente culpa dele próprio por dar ouvidos a amigos bem-intencionados mas tolos – seus colegas do continente estendiam as ideias de Newton acerca das leis da natureza para a maior parte das ciências físicas. A equação de onda foi rapidamente seguida por equações notavelmente similares para a gravitação, eletrostática, elasticidade e fluxo de calor. Muitas levam os nomes de seus inventores: equação de Laplace, equação de Poisson. Isso não acontece com a equação para o calor; ela leva o nome pouco criativo e não inteiramente preciso de "equação do calor". Ela foi apresentada por Joseph Fourier, e suas ideias conduziram à criação de uma nova área da matemática cujas ramificações viriam a se espalhar para muito além de sua fonte original. Essas ideias poderiam ter sido acionadas pela equação de onda, uma vez que métodos semelhantes vinham flutuando na consciência matemática coletiva, mas a história optou pelo calor.

O novo método teve um começo promissor: em 1807 Fourier submeteu um artigo sobre calor à academia Francesa de Ciências, baseado numa equação diferencial parcial. Embora a prestigiosa instituição tenha se recusado a publicar o trabalho, encorajou Fourier a desenvolver suas ideias e tentar novamente. Naquela época a Academia oferecia um prêmio anual para pesquisa em qualquer tópico que parecia ser suficientemente interessante, e fez do calor o tópico para o prêmio de 1812. Fourier submeteu devidamente seu artigo revisto e ampliado, e ganhou. Sua equação tem o seguinte aspecto:

$$\frac{\partial u}{\partial t} = \alpha \, \frac{\partial^2 u}{\partial x^2}$$

Aqui $u(x, t)$ é a temperatura de uma haste de metal na posição x num instante t, considerando a haste infinitamente fina, e α é uma constante, a difusividade térmica. Então, realmente deveria ser chamada equação da temperatura. Ele também desenvolveu uma versão para dimensões superiores:

$$\frac{\partial u}{\partial t} = \alpha \nabla^2 u$$

válida para uma região especificada do plano ou do espaço.

A equação do calor apresenta uma misteriosa semelhança com a equação de onda, com uma diferença crucial. A equação de onda usa a derivada de segunda ordem em relação ao tempo $\partial^2 u / \partial t^2$, mas na equação do calor esta é substituída pela derivada de primeira ordem $\partial u / \partial t$. Essa mudança pode parecer pequena, mas seu significado físico é enorme. O calor não persiste indefinidamente, no sentido de que uma corda de violino continua a vibrar para sempre (segundo a equação de onda, que assume a inexistência de atrito ou outro amortecimento). Em vez disso, o calor se dissipa, fenece com o passar do tempo, a menos que alguma fonte de calor possa reabastecê-lo. Então, um problema típico poderia ser: aqueça uma extremidade da haste para manter sua temperatura constante, resfrie a outra extremidade para fazer o mesmo, e descubra como a temperatura varia ao longo da haste quando se estabelece um estado de equilíbrio. A resposta é que ela decai exponencialmente. Outro problema típico é especificar a condição da temperatura inicial ao longo da haste, e então indagar como ela varia com o passar do tempo. Talvez a metade esquerda comece com uma temperatura elevada e a direita numa temperatura mais fria; a equação então nos informa como o calor da parte quente se propaga para a parte fria.

O aspecto mais intrigante do memorial vencedor do prêmio de Fourier não foi a equação, mas a forma como ele a resolveu. Quando a condição inicial é uma função trigonométrica, tal como sen x, é fácil (para os que

A transformada de Fourier

têm experiência em tais assuntos) resolver a equação, e a resposta é $e^{-\alpha t}$ sen x. Isso se assemelha ao modo fundamental da equação de onda, mas ali a fórmula era sen ct sen x. A oscilação eterna de uma corda de violino, correspondente ao fator sen ct, foi substituída por uma exponencial, e o sinal de menos no expoente $-\alpha t$ nos diz que toda a condição da temperatura vai se reduzindo numa mesma taxa, ao longo de toda a haste. (Aqui a diferença física é que ondas conservam energia, mas o fluxo de calor não conserva.) De maneira similar, para um perfil sen $5x$, digamos, a solução é $e^{-25\alpha t}$ sen $5x$, que também vai se reduzindo, mas numa taxa muito mais rápida. O 25 é 5^2, e este é um exemplo de padrão geral, aplicável a condições iniciais da forma sen nx ou cos nx.[1] Para resolver a equação do calor, basta multiplicar por $e^{-n^2\alpha t}$.

Agora a história segue o mesmo contorno geral da equação de onda. A equação do calor é linear, então podemos sobrepor soluções. Se a condição inicial é

$$u\,(x,\,0) = \text{sen } x + \text{sen } 5x$$

então a solução é

$$u(x,\,t) = e^{-\alpha t}\,\text{sen } x + e^{-25\alpha t}\,\text{sen } 5x$$

e cada modo vai diminuindo com uma taxa diferente. Mas condições iniciais como esta são um pouco artificiais. Para solucionar o problema que mencionei antes, queremos uma condição inicial onde $u(x,\,0) = 1$ para metade da haste mas -1 para a outra metade. Essa condição é descontínua, uma onda quadrada, em terminologia de engenharia. Mas como senoides e cossenoides são curvas contínuas, sua superposição não é capaz de representar uma onda quadrada.

Com certeza, nenhuma superposição finita. Porém, mais uma vez: e se permitíssemos uma *quantidade de termos infinita*? Então, podemos tentar exprimir a condição inicial como uma série infinita, da forma

$$u(x,\,0) = a_0 + a_1 \cos x + a_2 \cos 2x + a_3 \cos 3x + \dots$$
$$+ \, b_1 \,\text{sen } x + b_2 \,\text{sen } 2x + b_3 \,\text{sen } 3x + \dots$$

para constantes convenientes $a_0, a_1, a_2, a_3, ..., b_1, b_2, b_3, ...$. (Não há b_0 porque sen $0x = 0$.) Agora parece possível obter uma onda quadrada (Figura 40). Na verdade, a maioria dos coeficientes pode ser estabelecida como zero. Somente b_n para n ímpar é necessário, e então $b_n = 8/n\pi$.

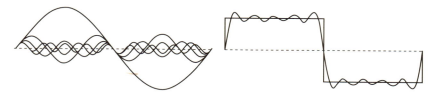

FIGURA 40 Como obter uma onda quadrada a partir de senos e cossenos. *Esquerda:* As ondas componentes senoidais. *Direita:* Sua soma e uma onda quadrada. Aqui mostramos os primeiros termos da série de Fourier. Termos adicionais tornam a aproximação ao quadrado ainda melhor.

Fourier chegou a ter a fórmula geral para os coeficientes a_n e b_n para um perfil geral $f(x)$, em termos de integrais:

$$a_n = \frac{1}{\pi} \int_0^{2\pi} f(x) \cos(nx) dx, \qquad b_n = \frac{1}{\pi} \int_0^{2\pi} f(x) \text{sen}(nx) dx$$

Após uma longa viagem através de expansões de séries de potências de funções trigonométricas, ele percebeu que havia um jeito muito simples de deduzir essas fórmulas. Se pegarmos duas funções trigonométricas diferentes, digamos $\cos 2x$ e sen $5x$, multiplicá-las entre si e integrá-las de 0 a 2π, obteremos zero. Isso ocorre mesmo no caso em que seu aspecto é algo como $\cos 5x$ e sen $5x$. Mas se são iguais – digamos, ambas sen $5x$ –, a integral de seu produto não é zero. De fato, é π. Se começarmos assumindo que $f(x)$ é a soma de uma série trigonométrica, multiplicarmos tudo por sen $5x$ e integrarmos, todos os termos desaparecem, exceto aquele que corresponde a sen $5x$, ou seja, b_5 sen $5x$. Aqui a integral é π. Quando se divide por este valor, temos a fórmula de Fourier para b_5. O mesmo vale para todos os outros coeficientes.

A transformada de Fourier

Embora tenha ganhado o prêmio da academia, o memorial de Fourier foi severamente criticado por não ter sido rigoroso o suficiente, e a academia recusou-se a publicá-lo. Isto era extremamente incomum e deixou Fourier bastante irritado, mas a academia manteve-se firme na sua posição. Fourier ficou exasperado. A intuição física lhe dizia que estava certo, e que se sua série fosse conectada a essa equação, era claramente uma solução. Ela *funcionava*. O problema real era que de maneira involuntária ele reabrira uma antiga ferida. Como vimos no Capítulo 8, Euler e Bernoulli vinham discutindo durante décadas acerca de uma questão similar para a equação de onda, em que, segundo Fourier, a dissipação exponencial com o tempo era substituída por uma oscilação senoidal infinita na amplitude da onda. As questões matemáticas subjacentes eram idênticas. Na verdade, Euler já publicara as fórmulas integrais para os coeficientes no contexto da equação de onda.

No entanto, Euler jamais alegou que a fórmula funcionava para funções descontínuas $f(x)$, o aspecto mais controverso do trabalho de Fourier. O modelo da corda de violino não envolvia de forma alguma condições iniciais descontínuas – estas representariam o modelo de uma corda rompida, que não vibraria em absoluto. Mas para o calor era natural considerar uma região da haste a uma certa temperatura e uma região adjacente a uma temperatura diferente. Na prática, a transição seria gradual e muito acentuada, mas um modelo descontínuo era razoável e mais conveniente para os cálculos. De fato, a solução da equação do calor explicava *por que* a transição se tornava rapidamente gradual e muito acentuada conforme o calor se difundia lateralmente. Assim, uma questão sobre a qual Euler não tivera necessidade de se preocupar tornava-se inevitável, e Fourier sofria com essa dissipação.

Os matemáticos começavam a perceber que as séries infinitas eram feras perigosas. Não se comportavam sempre como simpáticas somas finitas. Por fim essas emaranhadas complexidades foram resolvidas, mas foi necessária uma nova visão matemática e uma centena de anos de trabalho duro para conseguir isso. Na época de Fourier todo mundo pensava que já sabia o que eram integrais, funções e séries infinitas, mas na realidade tudo isso era muito vago – "Eu sei que é quando vejo uma." Assim, quando Fourier submeteu seu artigo inovador, havia bons motivos para os responsáveis da academia serem cautelosos. Eles se recusaram a ceder, e em 1822 Fourier contornou suas objeções publicando seu trabalho na forma de um livro, *Théorie analytique de la chaleur* ("Teoria analítica do calor"). Em 1824 ele conseguiu se fazer nomear secretário da academia, ergueu o nariz para todos os seus críticos e publicou seu memorial original de 1811, sem qualquer modificação, na prestigiosa revista da academia.

ATUALMENTE SABEMOS QUE embora Fourier estivesse certo em essência, seus críticos tinham bons motivos para preocupar-se com o rigor. Eram problemas sutis, e as respostas não são terrivelmente intuitivas. A análise de Fourier, como nós hoje a chamamos, funciona muito bem, mas possui profundidades ocultas das quais Fourier não tinha ciência.

A questão parecia ser: quando a série de Fourier converge para a função que ela alegadamente representa? Ou seja, se pegarmos mais e mais termos, será que a aproximação à função torna-se cada vez melhor? Mesmo Fourier sabia que a resposta não era "sempre". Parecia ser "geralmente, mas com possíveis problemas nas descontinuidades". Por exemplo, no ponto médio, onde a temperatura dá um salto, a série de onda quadrada de Fourier converge – mas para o valor errado. A soma é 0, mas a onda quadrática assume valor 1.

Para a maioria dos propósitos físicos, não importa muito se mudarmos o valor de uma função num ponto isolado. A onda quadrada, mesmo modificada, ainda *tem aparência* quadrada. Ela simplesmente faz algo um pouco diferente na descontinuidade. Para Fourier, esse tipo de questão não importava muito. Ele estava modelando o fluxo de calor, e não se incomodava se o modelo fosse um pouquinho artificial, ou necessitasse de modificações técnicas que não tinham efeito importante sobre o resultado final. Mas a questão da convergência não podia ser ignorada tão facilmente, porque funções podem ter descontinuidades bem mais complicadas do que uma onda quadrada.

A transformada de Fourier

No entanto, Fourier alegava que seu método funcionava para qualquer função, então ele deveria se aplicar a funções como: $f(x) = 0$ quando x fosse racional, e 1, quando x fosse irracional. Esta função é descontínua em todas as partes. Para tais funções, naquela época, não estava sequer claro o que a integral *significava*. E esta acabou se revelando a verdadeira causa da controvérsia. Ninguém definira o que era a integral, não para funções estranhas como essa. Pior, ninguém definira o que era uma *função*. E mesmo conseguindo lidar com essas omissões, não se tratava meramente de uma questão de se a série de Fourier convergia. A dificuldade real era resolver *em que sentido* ela convergia.

A resolução desses tópicos foi complicada. Exigiu uma nova teoria de integração, fornecida por Henri Lebesgue, uma reformulação dos fundamentos da matemática em termos de teoria dos conjuntos, iniciada por Georg Cantor e que abriu diversas caixas de surpresas inteiramente novas, *insights* fundamentais de figuras grandiosas como Riemann e uma dose de abstração do século XX para solucionar as questões da convergência. O veredito final foi que, com as interpretações corretas, era possível tornar precisa a ideia de Fourier. Ela funcionava para uma muito ampla, embora não universal, classe de funções. Se a série convergia para $f(x)$ para todo valor de x não era exatamente a pergunta correta; tudo estava em ordem com a condição de que os valores excepcionais de x em que ela não convergisse fossem suficientemente raros, em um sentido preciso mas técnico. Se a função fosse contínua, a série convergiria para qualquer x. Num salto de descontinuidade, como uma mudança de 1 para -1 na onda quadrada, a série convergia muito democraticamente para a média dos valores mais próximos de cada lado do salto. Mas a série convergia sempre para a função conforme a interpretação correta de "convergir". Ela convergia como um todo, e não de ponto para ponto. Afirmar isso com rigor dependia de se encontrar a maneira certa de medir a distância entre as duas funções. Com tudo isso no lugar, a série de Fourier de fato solucionava a equação. Mas sua real significação era muito mais ampla, e a principal beneficiária fora da matemática pura não foi a física e sim a engenharia. Especialmente a engenharia eletrônica.

NA SUA FORMA MAIS GERAL o método de Fourier representa um sinal, determinado por uma função f, como combinação de ondas de todas as frequências possíveis. Chama-se isso de transformada da onda de Fourier. Ela substitui o sinal inicial por seu espectro: uma lista de amplitudes e frequências para os senos e cossenos componentes, codificando a mesma informação de maneira diferente – os engenheiros falam em transformação do domínio do tempo para o domínio da frequência. Quando dados são representados de maneiras diferentes, operações difíceis ou impossíveis numa representação podem se tornar fáceis na outra. Por exemplo, pode-se começar com uma conversa telefônica, formar sua transformada de Fourier, e tirar todas as partes do sinal cujos componentes de Fourier tenham frequências altas ou baixas demais para o ouvido humano. Isso possibilita enviar mais conversas pelos mesmos canais de comunicação, e é um dos motivos de nossas contas telefônicas atuais serem, relativamente falando, tão baixas. Não é possível fazer essa jogada no sinal original, não transformado, porque ele não tem "frequência" como característica óbvia. Não é possível saber o que tirar.

Uma aplicação desta técnica é projetar edifícios capazes de resistir a terremotos. A transformada de Fourier das vibrações produzidas por um terremoto típico revela, entre outras coisas, as frequências nas quais a energia transmitida pelo tremor do solo é máxima. Um prédio tem seus modos próprios de vibração, nos quais entrará em ressonância com o terremoto, isto é, responderá de forma inusitadamente intensa. Logo, o primeiro passo sensato para projetar um edifício à prova de terremoto é assegurar-se de que as frequências preferidas do prédio sejam diferentes das do terremoto. As frequências do terremoto podem ser obtidas a partir de observações; as do prédio podem ser calculadas usando-se um modelo computacional.

Esta é apenas uma das muitas formas nas quais, oculta nos bastidores, a transformada de Fourier afeta nossas vidas. As pessoas que moram ou trabalham em prédios em regiões de terremotos não precisam saber como calcular uma transformada de Fourier, mas suas chances de sobreviver a um terremoto são consideravelmente ampliadas porque algumas pessoas fazem esses cálculos. A transformada de Fourier tornou-se uma

A *transformada de Fourier*

ferramenta de rotina em ciência e engenharia. Suas aplicações incluem a remoção de ruídos de velhas gravações sonoras, tais como os chiados causados por riscos em discos de vinil; a descoberta da estrutura de grandes moléculas bioquímicas tais como o DNA utilizando difração de raios X; o aprimoramento da recepção de rádio; a limpeza de fotografias aéreas; sistemas de sonar como os usados por submarinos; e a prevenção de vibrações indesejadas em automóveis no estágio de projeto. Vou me concentrar aqui em apenas um dos milhares de usos cotidianos da magnífica percepção de Fourier, uma que aproveitamos involuntariamente toda vez que saímos de férias: a fotografia digital.

NUMA RECENTE VISITA ao Camboja tirei cerca de 1.400 fotografias usando uma câmera digital, e tudo ficou armazenado num cartão de memória de 2GB com espaço para mais 400. Não tiro necessariamente fotos de alta resolução, de modo que o arquivo de cada foto tem mais ou menos 1,1MB. São fotos coloridas, e não revelam nenhuma pixelização digna de nota numa tela de computador de 27 polegadas, então a perda de qualidade não é visível. De alguma maneira, minha câmera consegue espremer num único cartão de 2GB cerca de dez vezes mais dados que o cartão suportaria. É como derramar um litro de leite numa colher de sopa. Todavia, tudo cabe. A pergunta é: como?

A resposta é compressão de dados. A informação que especifica a imagem é processada para reduzir sua quantidade. Parte desse processamento é "sem perdas", o que significa que a informação bruta original poderá, se necessário, ser recuperada da versão comprimida. Isso é possível porque a maior parte das imagens do mundo real contém informação redundante. Grandes porções de céu, por exemplo, geralmente têm o mesmo tom de azul (bem, nos lugares aonde costumamos ir isso acontece). Em vez de ficar repetindo e repetindo a informação de cor e brilho para um pixel de azul, podem-se armazenar as coordenadas de dois vértices opostos de um retângulo e um breve código que significa "colorir a região inteira de azul". Não é bem assim que isso se faz, é claro, mas o raciocínio mostra como a compressão sem perdas é às vezes possível. Quando não é, a compressão "com perda" geralmente é aceitável. O olho humano não é especialmente sensível a certas características das imagens, características estas que podem ser gravadas numa escala mais grosseira sem que a maioria de nós perceba, especialmente se não temos a imagem original para comparar. Comprimir informação desse modo é como fazer ovos mexidos: é fácil de fazer, não requer habilidade especial, mas não é possível de reverter. A informação não redundante é perdida. Era simplesmente informação que, para começar, não significava muita coisa, considerando como funciona a visão humana.

Minha câmera, como a maioria das que basta apontar e clicar, salva suas imagens em arquivos com nomes como P1020339.JPG. A terminação refere-se a JPEG, o Joint Photogaphic Experts Group, e indica que um sistema particular de compressão de dados foi utilizado. Softwares para manipular e imprimir fotos, tais como Photoshop ou iPhoto, são escritos de tal maneira que podem decodificar o formato JPEG e devolver os dados para a figura. Milhões de nós usam arquivos JPEG regularmente, um número menor sabe que os arquivos estão comprimidos, e um número menor ainda se pergunta como isso é feito. Não é uma crítica: você não precisa saber como funciona para usar, a questão é essa. A câmera e o software cuidam disso para você. Mas é sensato ter uma ideia geral do que o software faz, e como, nem que seja apenas para descobrir como é algo bem bolado. Aqui você pode pular os detalhes, se quiser: eu gostaria que você apreciasse *quanta* matemática entra em cada imagem no cartão de memória da sua câmera, mas exatamente *qual* matemática é menos importante.

O formato JPEG[2] combina cinco passos diferentes de compressão. O primeiro converte as informações de cor e brilho, que começam com três intensidades de vermelho, verde e azul, em três diferentes grandezas matemáticas equivalentes, mais apropriadas para a forma como o cérebro humano percebe as imagens. Uma (luminância) representa o brilho geral – o que você veria numa versão preto e branco ou "escala de cinza" da mesma imagem. As outras duas (crominância) são a diferença entre a primeira e a quantidade de luz azul e vermelha, respectivamente.

A transformada de Fourier

Em seguida, os dados de crominância são "desdetalhados": reduzidos a uma gama menor de valores numéricos. Somente este passo corta a quantidade de dados pela metade. E não causa nenhum dano perceptível porque o sistema visual humano é muito menos sensível a diferenças de cor do que a câmera.

O terceiro passo utiliza uma variante da transformada de Fourier. Essa variante trabalha não com um sinal que varia com o tempo, mas com um padrão em duas dimensões de espaço. A matemática é virtualmente idêntica. O espaço em questão é um sub-bloco 8×8 de pixels da imagem. Para simplificar, pensemos apenas no componente de luminância: a mesma ideia se aplica também à informação de cor. Começamos com um bloco de 64 pixels, e para cada um deles precisamos armazenar um número, o valor da luminância para esse pixel. A transformada discreta do cosseno, um caso especial da transformada de Fourier, decompõe a imagem numa superposição de imagens "listradas" padrão. Em metade delas as listras são horizontais; na outra metade, são verticais. Elas estão espaçadas em intervalos diferentes, como os vários harmônicos na transformada de Fourier habitual, e seus valores na escala de cinza formam uma boa aproximação de uma curva de cossenos – uma cossenoide. Em coordenadas no bloco eles constituem versões discretas de $mx \cos ny$ para vários inteiros m e n (Figura 41).

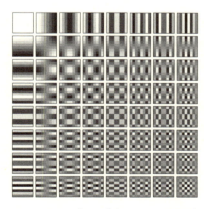

FIGURA 41 Os 64 padrões básicos a partir dos quais qualquer bloco de 8×8 pixels pode ser obtido.

Este passo abre caminho para o passo quatro, a segunda exploração das deficiências da visão humana. Nós somos mais sensíveis a variações de brilho (ou cor) em regiões amplas do que em variações reduzidamente espaçadas. Assim, os padrões na figura podem ser gravados com menos precisão à medida que as listras vão ficando mais finas. Isso comprime os dados ainda mais. O quinto passo, e final, utiliza um "código Huffman" para exprimir a lista de intensidades dos 64 padrões básicos de maneira mais eficiente.

Toda vez que você obtém uma imagem digital usando JPEG, a eletrônica da sua câmera faz todas essas coisas, exceto talvez o primeiro passo. (Profissionais estão passando agora para arquivos RAW, que registram os dados reais sem compressão, junto com os "metadados" usuais, como data, tempo, exposição e assim por diante. Arquivos nesse formato ocupam mais memória, mas a memória tem ficado maior e mais barata mês a mês, então isso não importa mais.) Um olho treinado consegue identificar a perda de qualidade de imagem criada pela compressão JPEG quando a quantidade de dados é reduzida a cerca de 10% do original, e um olho não treinado pode vê-la claramente quando o tamanho do arquivo cai para 2-3%. Logo, sua câmera pode guardar cerca de dez vezes mais imagens no cartão de memória, em comparação com os dados de imagem brutos, antes que alguém que não seja perito possa notar.

POR CAUSA DE APLICAÇÕES como esta, a análise de Fourier tornou-se um reflexo entre engenheiros e cientistas, mas para alguns propósitos a técnica tem um defeito grave: senos e cossenos continuam para sempre. O método de Fourier depara com problemas quando tenta representar um sinal compacto. É preciso um número enorme de senos e cossenos para reproduzir um blipe – um toque sonoro localizado. O problema não é obter corretamente a forma básica do blipe, mas zerar tudo que não faz parte do blipe. É preciso eliminar as caudas ondulantes infinitamente longas de todos aqueles senos e cossenos, o que é feito somando-se ainda mais senos e cossenos de alta frequência num esforço desesperado para anular o entulho indesejado. Assim, a transformada de Fourier não funciona com

A transformada de Fourier

sinais tipo blipe: a versão transformada é mais complicada, e precisa de mais dados para ser descrita, do que a original.

O que salva a situação é a generalidade do método de Fourier. Senos e cossenos funcionam porque satisfazem uma condição simples: são matematicamente independentes. Sob o ponto de vista formal, isso significa que são *ortogonais*: num sentido abstrato, mas significativo, estão em ângulo reto entre si. É aí que entra o estratagema de Euler, redescoberto por Fourier. Multiplicar em conjunto duas das formas de onda senoidais básicas e integrar ao longo de um período é uma forma de medir quão intimamente estão relacionadas. Se for um número grande, serão muito similares; se for zero (a condição de ortogonalidade), são independentes. A análise de Fourier funciona porque suas formas de onda básicas são simultaneamente ortogonais e completas: são independentes e em número suficiente para representar qualquer sinal se forem superpostas de modo adequado. Com efeito, elas fornecem um sistema de coordenadas no espaço de todos os sinais, exatamente como os habituais três eixos do espaço comum. A principal característica nova é que agora temos *um número infinito* de eixos: uma para cada forma de onda básica. Mas isso não causa muitas dificuldades matemáticas, uma vez que nos acostumamos. Significa apenas que é preciso trabalhar com séries infinitas em vez de somas finitas, e ficar um pouco preocupado quando a série converge.

Mesmo em espaços dimensionalmente finitos, há muitos sistemas diferentes de coordenadas; os eixos podem ser girados para apontar direções novas, por exemplo. Não é surpresa descobrir que num espaço de sinais dimensionalmente infinito existem sistemas de coordenadas alternativos que diferem vigorosamente do de Fourier. Uma das descobertas mais importantes em toda essa área, em anos recentes, é um novo sistema de coordenadas no qual as formas de onda básicas estão confinadas a uma região limitada do espaço. São chamadas de *wavelets* – "ondaletas" –, e podem representar blipes de forma muito eficiente porque *são* blipes.

Apenas recentemente alguém deu-se conta de que a análise de Fourier tipo blipe era possível. Começar é fácil: escolhe-se um formato particular de blipe, a ondaleta-mãe (Figura 42). Então geram-se ondaletas-filhas (e ne-

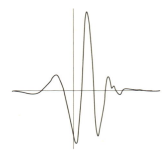

FIGURA 42 Ondaleta de Daubechies.

tas, bisnetas, trinetas, seja mais o que for) deslocando a ondaleta-mãe para o lado em várias posições, e expandindo-a ou comprimindo-a mediante uma mudança de escala. Da mesma forma, as senoides e cossenoides básicas são "senaletas-mãe", e as curvas de senos e cossenos de frequência mais alta são filhas. Sendo periódicas, essas curvas não podem ser do tipo blipe.

As ondaletas são programadas para descrever com eficiência dados do tipo blipe. Mais ainda, pelo fato de as ondaletas filha e neta serem simplesmente versões da mãe em nova escala, é possível focalizar níveis específicos de detalhe. Se não se quiser ver a estrutura em pequena escala, simplesmente se removem todas as ondaletas-netas da ondaleta transformada. Para representar um leopardo por meio de ondaletas, são necessárias algumas para definir o corpo, outras menores para os olhos, focinho e, é claro, as pintas, e algumas bem minúsculas para os pelos individuais. Para comprimir os dados que representam o leopardo, é possível que se decida que os pelos individuais não importam, então simplesmente se removem as ondaletas componentes específicas. O importante é que a imagem ainda se parece com um leopardo, e ainda tem as pintas. Se tentarmos fazer isso com a transformada de Fourier de um leopardo então a lista de componentes será imensa, e não fica claro quais itens devem ser removidos, e provavelmente não será possível reconhecer o resultado como um leopardo.

Tudo ótimo, mas qual deve ser o formato da ondaleta-mãe? Por um longo tempo ninguém conseguiu determinar, nem mesmo mostrar que

A *transformada de Fourier*

existe um formato bom. Mas no começo dos anos 1980, o geofísico Jean Morlet e o físico matemático Alexander Grossmann encontraram a primeira ondaleta-mãe apropriada. Em 1985, Yves Meyer encontrou uma ondaleta-mãe melhor, e em 1987 Ingrid Daubechies, uma matemática dos Laboratórios Bell, escancarou todo o campo. Embora as ondaletas-mãe anteriores parecessem ter uma adequada forma de blipe, todas tinham uma minúscula cauda matemática que se sacudia até o infinito. Daubechies encontrou uma ondaleta-mãe sem cauda nenhuma: fora de um determinado intervalo, a mãe era exatamente igual a zero – um genuíno blipe, confinado inteiramente a uma região finita do espaço.

As características de blipe das ondaletas as tornam especialmente boas para comprimir imagens. Um de seus usos práticos em larga escala foi armazenar impressões digitais, e o cliente foi o FBI. O banco de dados de impressões digitais do FBI contém 300 milhões de registros, de cada um dos dez dedos, que foram originalmente armazenados com impressões a tinta em cartões. Esse não é um recurso de armazenamento conveniente, de modo que os registros tiveram de ser modernizados mediante digitalização de imagens e guardados em computador. As vantagens óbvias incluem a possibilidade de uma rápida pesquisa automática em busca de impressões que combinem com as encontradas numa cena de crime.

O arquivo de computador para cada cartão de impressões tem 10 megabytes de extensão: 80 milhões de dígitos binários. Portanto, o arquivo inteiro ocupa 3 mil terabytes de memória: 24 quatrilhões de dígitos binários. Para piorar as coisas, o número de novos conjuntos de impressões cresce em 30 mil por dia, de modo que a exigência de armazenamento cresceria em 2,4 trilhões de dígitos binários todo dia. Sensatamente, o FBI concluiu que precisava de algum método de compressão de dados. O JPEG não servia, por diversos motivos. Assim, em 2002, o FBI resolveu desenvolver um sistema novo de compressão utilizando ondaletas, o método de quantização ondaleta/escalar (WSQ). O WSQ reduz os dados a 5% de seu tamanho removendo detalhes finos por toda a imagem. Estes são irrelevantes para a capacidade ocular, bem como para a do computador, no objetivo de reconhecer a impressão digital.

Há também muitas aplicações recentes de ondaletas no campo de imagens médicas. Os hospitais empregam agora diferentes tipos de escâner, que aglutinam seções transversais bidimensionais do corpo humano ou de órgãos importantes, tais como o cérebro. As técnicas incluem a tomografia computadorizada, a tomografia por emissão de pósitrons e imagem por ressonância magnética. Na tomografia, a máquina observa a densidade total do tecido, ou alguma grandeza similar, numa direção única através do corpo, mais ou menos como se veria de uma posição fixa se todo o tecido se tornasse ligeiramente transparente. Uma imagem bidimensional pode ser reconstituída aplicando-se um pouco de matemática inteligente a toda a série de tais "projeções", tiradas sob muitos ângulos diferentes. Na tomografia computadorizada cada projeção requer uma exposição a raios X, de modo que há boas razões para limitar o volume de dados obtidos. Em todos esses métodos de escaneamento, menos dados requerem menos tempo, assim mais pacientes podem usar o mesmo equipamento. Por outro lado, boas imagens necessitam de mais dados, de modo que o processo de reconstituição pode funcionar mais efetivamente. As ondaletas oferecem um meio-termo, no qual a redução do volume de dados gera imagens igualmente aceitáveis. Pegando uma transformada de ondaleta, removendo os componentes indesejados e "destransformando" a imagem de volta, uma imagem pobre pode ser limpa e suavizada. As ondaletas também melhoram as estratégias pelas quais o escâner capta inicialmente os dados.

Na verdade, as ondaletas estão aparecendo quase em todo lugar. Pesquisadores em áreas tão distintas quanto geofísica e engenharia elétrica as estão incorporando e aplicando em seus próprios campos. Ronald Coifman e Victor Wickerhauser as têm usado para remover ruído indesejável de gravações: um triunfo recente foi uma performance de Brahms tocando uma de suas próprias Danças Húngaras. A gravação foi feita originalmente em 1889 em um cilindro de cera que se derreteu parcialmente; foi então regravada num disco de 78 rpm. Coifman partiu de uma transmissão do disco por rádio, e nessa época a música era praticamente inaudível em meio ao ruído em volta. Após uma limpeza com ondaletas, podia-se ouvir o que Brahms estava tocando – não perfeitamente, mas pelo menos de forma audível. É uma trajetória impressionante para uma ideia que surgiu inicialmente na física do fluxo de calor duzentos anos atrás, e teve sua publicação rejeitada.

10. A ascensão da humanidade
A equação de Navier-Stokes

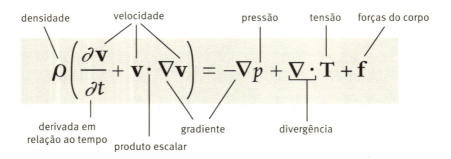

O que diz?
É a segunda lei do movimento de Newton disfarçada. O termo da esquerda é a aceleração de uma pequena região de um fluido. O termo da direita são as forças que agem sobre ele: pressão, tensão e forças internas do corpo.

Por que é importante?
Fornece um meio realmente preciso de calcular como os fluidos se movem. Esta é característica-chave de incontáveis problemas científicos e tecnológicos.

Qual foi a consequência?
Modernos jatos de passageiros, submarinos rápidos e silenciosos, carros de corrida de Fórmula 1 que permanecem na pista mesmo em altas velocidades e progressos médicos no fluxo sanguíneo em veias e artérias. Métodos computadorizados para resolver equações conhecidos como dinâmica de fluidos computacional (DFC) são largamente usados por engenheiros para aperfeiçoar a tecnologia nessas áreas.

VISTA DO ESPAÇO, a Terra é uma bela esfera brilhante azul e branca, com manchas de verde a marrom, bem diferente de qualquer outro planeta no Sistema Solar – ou, sob esse aspecto, de qualquer um dos quinhentos ou mais planetas agora conhecidos que orbitam outras estrelas. A palavra "Terra" nos traz imediatamente esta imagem à mente. Todavia, pouco mais de cinquenta anos atrás, a imagem universal para este mesmo mundo teria sido um punhado de terra, no sentido de terra de jardim. Antes do século XX, as pessoas olhavam para o céu e se perguntavam acerca de estrelas e planetas, mas o faziam a partir do nível do chão. Os voos humanos não passavam de sonho, tema de mitos e lendas. Ninguém sequer pensava em viajar para algum outro mundo.

Certos intrépidos pioneiros começaram a galgar lentamente o céu. Os chineses foram os primeiros. Por volta de 500 a.C. Lu Ban inventou um pássaro de madeira que pode ter sido um planador primitivo. Em 559 d.C. o arrogante Gao Yang amarrou Yuan Huangtou, filho do imperador, a uma pipa – contra sua vontade – para espiar o inimigo do alto. Yuan sobreviveu à experiência, porém mais tarde foi executado. Com a descoberta do hidrogênio no século XVII, a necessidade de voar espalhou-se pela Europa, inspirando alguns bravos indivíduos a ascender às regiões mais baixas da atmosfera terrestre em balões. O hidrogênio é explosivo, e em 1783 os irmãos franceses Joseph-Michel e Jacques-Étienne Montgolfier deram uma demonstração pública de sua ideia nova, e muito mais segura, de um balão de ar quente – primeiro com um teste não tripulado, depois com Étienne como piloto.

O ritmo do progresso, e as altitudes às quais os seres humanos conseguiam subir, começou a aumentar rapidamente. Em 1903, Orville e Wilbur Wright fizeram o primeiro voo de propulsão num avião. A primeira linha aérea, a Delag (*Deutsche Luftschiffahrts-Aktiengesellschaft*), começou suas operações em 1910, transportando passageiros de Frankfurt a Baden-Baden e Düsseldorf usando aeronaves feitas pela Corporação Zeppelin. Em 1914 a Linha de Naves Aéreas S. Petersburgo-Tampa transportava passageiros voando comercialmente entre as duas cidades da Flórida, uma viagem que levava 23 minutos na nave voadora de Tony Jannus. Viagens aéreas comerciais em pouco tempo se tornaram lugar-comum, e surgiram os aviões a jato: a De Havilland Comet começou voos regulares em 1952, mas a fadiga dos metais causou diversos acidentes, e o Boeing 707 tornou-se líder de mercado desde seu lançamento, em 1958.

Indivíduos comuns podiam ser então costumeiramente encontrados numa altitude de oito quilômetros, o limite até hoje, pelo menos até a Virgin Galactic iniciar seus voos em órbita baixa. Voos militares e equipamento aéreo experimental ascenderam a maiores altitudes. O voo espacial, até então sonho de uns poucos visionários, começou a se tornar uma proposição plausível. Em 1961, o cosmonauta soviético Yuri Gagarin fez a primeira viagem tripulada na órbita da Terra na *Vostok I*. Em 1969, a missão *Apollo 11* da Nasa realizou o pouso de dois astronautas americanos, Neil Armstrong e Buzz Aldrin, na Lua. O ônibus espacial iniciou seus voos operacionais em 1982, e, mesmo que restrições orçamentárias o tenham impedido de atingir suas metas originais – um veículo reutilizável de retorno rápido –, ele se tornou um dos burros de carga de voos espaciais em órbita baixa, juntamente com a nave espacial russa *Soyuz*. A *Atlantis* fez recentemente o voo final do programa de ônibus espacial, mas novos veículos estão sendo planejados, principalmente pelas empresas privadas. Europa, Índia, China e Japão têm seus próprios programas e agências espaciais.

A literal ascensão da humanidade mudou nossa visão de quem somos e de onde vivemos – a principal razão de agora "Terra" significar um globo azul e branco. Essas cores contêm uma pista para a nossa recém-adquirida capacidade de voar. O azul é água e o branco é vapor em forma de nuvens. A Terra é um mundo de água, com oceanos, mares, rios, lagos. O que a água faz melhor é *fluir*, muitas vezes para lugares onde não é desejada. O fluxo pode ser chuva gotejando de um telhado ou a poderosa corrente de

A equação de Navier-Stokes

uma cachoeira. Pode ser suave e delicado ou ríspido e turbulento – o fluxo constante do Nilo através do que seria de outra maneira um deserto, ou a espumosa água branca de suas seis cataratas.

Foram os padrões formados pela água, ou, mais genericamente, por qualquer fluido em movimento, que chamaram a atenção dos matemáticos no século XIX, quando deduziram as primeiras equações para o fluxo dos fluidos. O fluido vital para o voo é menos visível que a água, mas igualmente ubíquo: o ar. O fluxo de ar é mais complexo matematicamente, porque o ar pode ser comprimido. Modificando suas equações de modo a serem aplicadas a um fluido compressível, os matemáticos deram início à ciência que acabaria por tirar do solo a era do voo: a aerodinâmica. Os pioneiros podiam voar pela simples experiência empírica, mas os aviões comerciais e o ônibus espacial voam porque os engenheiros fizeram cálculos para torná-los seguros e confiáveis (à exceção de acidentes ocasionais). O projeto de uma aeronave requer profunda compressão do fluxo de fluidos. E o pioneiro da dinâmica dos fluidos foi o renomado matemático Leonhard Euler, que morreu no ano em que os Montgolfier fizeram seu primeiro voo de balão.

EXISTEM POUCAS ÁREAS da matemática para as quais o prolífico Euler não tenha voltado sua atenção. Foi sugerido que um dos motivos para sua prodigiosa e versátil produção foi a política, ou, mais precisamente, o fato de evitá-la. Ele trabalhou na Rússia por muitos anos, na corte de Catarina a Grande, e uma das maneiras efetivas de evitar ser enredado na intriga política, com consequências potencialmente desastrosas, era manter-se tão ocupado com sua matemática que ninguém acreditaria que ele tivesse tempo livre para dedicar à política. Se foi isso que ele fez, temos de agradecer à corte de Catarina por suas maravilhosas descobertas. Mas eu me inclino a pensar que Euler foi inventivo porque sua cabeça era assim. Ele criou enorme quantidade de matemática porque não sabia fazer outra coisa.

Houve predecessores. Arquimedes estudou a estabilidade de corpos flutuantes mais de 2.200 anos atrás. Em 1738, o matemático holandês

Daniel Bernoulli publicou *Hydrodynamica*, que contém o princípio de que fluidos correm mais depressa em regiões onde a pressão é menor. O princípio de Bernoulli é frequentemente invocado, hoje em dia, para explicar por que os aviões conseguem voar: o formato da asa é tal que o ar flui mais depressa pela superfície superior, baixando a pressão e criando sustentação. Essa explicação é simplista demais, e há muitos outros fatores envolvidos no voo, mas ilustra a estreita relação entre princípios matemáticos básicos e um projeto de aeronave na prática. Bernoulli corporificou seu princípio numa equação algébrica relacionando velocidade e pressão em um fluido incompressível.

Em 1757, Euler voltou sua mente fértil para o fluxo de fluidos, publicando um artigo, "Princípios gerais do movimento dos fluidos", no *Memoirs of the Berlin Academy*. Foi a primeira tentativa séria de modelar o fluxo de fluidos usando uma equação diferencial parcial. Para manter o problema dentro de limites razoáveis, Euler elaborou algumas premissas simplificadoras: em particular, assumiu o fluido como incompressível, como a água em vez do ar, e com viscosidade zero – nenhuma aderência. Essas premissas permitiram-lhe encontrar algumas soluções, mas também tornaram suas equações bastante irrealistas. A equação de Euler ainda é usada para alguns tipos de problemas, mas de forma geral é simples demais para ter alguma aplicação prática.

Dois cientistas surgiram com uma equação mais realista. Claude-Louis Navier foi um engenheiro e físico francês; George Gabriel Stokes foi um matemático e físico irlandês. Navier deduziu um sistema de equações diferenciais parciais para o fluxo de um fluido viscoso em 1822; Stokes começou a publicar sobre o assunto vinte anos depois. O modelo resultante de fluxo de fluidos é chamado, hoje, de equação de Navier-Stokes (frequentemente se usa o plural porque a equação é apresentada em termos de um vetor, de modo que possui diversos componentes). Essa equação é tão precisa que os engenheiros da atualidade muitas vezes usam soluções de computador em vez de fazer testes físicos em túneis de vento. Essa técnica, conhecida como dinâmica de fluidos computacional, constitui agora um padrão para qualquer problema que envolva fluxo de fluidos:

A equação de Navier-Stokes

a aerodinâmica do ônibus espacial, o desenho de carros de corrida da Fórmula 1 e carros convencionais, e a circulação sanguínea pelo corpo humano ou num coração artificial.

HÁ DUAS MANEIRAS DE se olhar a geometria de um fluido. Uma é seguir os movimentos de minúsculas partículas individuais e ver para onde elas vão. A outra é focalizar a velocidade de tais partículas: com que rapidez e em que direção elas se movem num determinado instante. As duas maneiras estão intimamente relacionadas, mas a relação é difícil de desemaranhar, exceto em aproximações numéricas. Um dos grandes *insights* de Euler, Navier e Stokes foi a percepção de que tudo parece bem mais simples em termos de velocidades. O fluxo de um fluido é mais bem compreendido em termos de um campo de velocidade: uma descrição matemática de como a velocidade varia de um ponto a outro no espaço e de um instante a outro no tempo. Assim, Euler, Navier e Stokes desenvolveram equações descrevendo o campo de velocidade. Os padrões de fluxo reais do fluido podem ser então calculados, pelo menos, com uma boa aproximação.

A equação de Navier-Stokes tem mais ou menos a seguinte aparência:

$$\rho\left(\frac{\partial \mathbf{v}}{\partial t} + \mathbf{v} \cdot \nabla \mathbf{v}\right) = -\nabla p + \nabla \cdot \mathbf{T} + \mathbf{f}$$

em que ρ é a densidade do fluido, $\mathbf{v}$ é seu campo de velocidade, p é a pressão, $\mathbf{T}$ determina as tensões e $\mathbf{f}$ representa as forças do corpo – forças que atuam ao longo de toda a região, não apenas na superfície. O ponto é uma operação com vetores e ∇ é uma expressão em derivadas parciais, a saber

$$\nabla = \left(\frac{\partial}{\partial x}, \frac{\partial}{\partial y}, \frac{\partial}{\partial z}\right)$$

A equação é deduzida a partir de física básica. Assim como na equação de onda, um passo crucial é aplicar a segunda lei do movimento de Newton para relacionar o movimento de uma partícula de fluido com as forças que agem sobre ela. A principal força é a tensão elástica, que possui duas componentes principais: as forças de atrito causadas pela viscosidade do fluido, e os efeitos da pressão, seja positiva (compressão), seja negativa (rarefação). Há também as forças do corpo, que brotam da aceleração da própria partícula de fluido. Combinando toda essa informação somos conduzidos à equação de Navier-Stokes, que pode ser encarada como uma afirmação da conservação da quantidade de movimento nesse contexto específico. A física subjacente é impecável, e o modelo é realista o bastante para incluir a maioria dos fatores significantes; é por isso que se encaixa tão bem na realidade. Como todas as equações tradicionais da física matemática clássica, é um modelo contínuo: parte do pressuposto de que o fluido é infinitamente divisível.

Este talvez seja o único ponto em que a equação de Navier-Stokes perde potencialmente contato com a realidade, mas a discrepância se manifesta apenas quando o movimento envolve mudanças rápidas na escala das moléculas individuais. Tais movimentos em escala pequena são importantes em um contexto essencial: turbulência. Se você abrir uma torneira e deixar a água correr aos poucos, ela desce num fio regular. No entanto, abra a torneira no máximo, e geralmente você terá um jato de água agitado, revolto e espumoso. Esse mesmo fluxo revolto ocorre em corredeiras de rios. O efeito é conhecido como turbulência, e aqueles entre nós que viajam de avião com regularidade têm plena consciência de seus efeitos quando ocorre no ar. A impressão é de que o avião está percorrendo uma estrada cheia de buracos.

A resolução da equação de Navier-Stokes é bastante difícil. Até a invenção dos computadores realmente rápidos, era tão difícil que os matemáticos se restringiam a atalhos e aproximações. Mas quando se pensa no que um fluido real é capaz de fazer, *tinha de ser* difícil. Basta observar a água correndo num riacho, ou ondas quebrando na praia, para ver que os fluidos podem correr de maneiras extremamente complexas. Há ondulações e turbilhões, padrões de onda e redemoinhos, e estruturas fascinantes como a pororoca, uma parede de água que corre rio acima quando a maré sobe. Os padrões de fluxo dos fluidos têm sido fonte de inumeráveis investigações matemáticas. Todavia, uma das maiores e mais básicas perguntas na área permanece sem resposta: existe alguma garantia matemática de que a equação de Navier-Stokes de fato *exista*, válida por todo o futuro? Há um prêmio de um milhão de dólares para quem conseguir respondê-la, um dos sete problemas do Prêmio do Milênio do Instituto Clay, escolhidos para representar os mais importantes problemas matemáticos não resolvidos da nossa época. A resposta é "sim" num fluxo bidimensional, mas ninguém sabe para o fluxo tridimensional.

Apesar disso, a equação de Navier-Stokes fornece um modelo útil de fluxo turbulento porque as moléculas são extremamente pequenas. Vórtices turbulentos transversais de apenas alguns milímetros já adquirem muitas das características da turbulência, ao passo que uma molécula é muito menor, de maneira que um modelo contínuo se mantém apropriado. O principal problema é que as causas da turbulência são práticas: é quase impossível solucionar a equação de Navier-Stokes numericamente, porque o computador não é capaz de lidar com cálculos infinitamente complexos. Soluções numéricas de equações diferenciais parciais utilizam uma grade, dividindo o espaço em regiões discretas e o tempo em intervalos discretos. Para capturar a vasta gama de escalas em que a turbulência opera – seus vórtices grandes ou médios chegando até os que estão na escala de milímetros – é necessária uma grade computacional impossivelmente fina. Por esse motivo, engenheiros com frequência usam em seu lugar modelos estatísticos de turbulência.

A EQUAÇÃO DE NAVIER-STOKES revolucionou o transporte moderno. Talvez sua maior influência seja em projetos de aviões de passageiros, pois estes não só precisam voar com eficiência, como também precisam *voar*, de forma estável e confiável. Os projetos de navios também se beneficiaram com a equação, pois a água é fluido. Porém até mesmo carros de passeio comuns atualmente são projetados com princípios aerodinâmicos, não só porque isso lhes dá uma aparência ágil e bacana, mas porque um consumo eficiente de combustível baseia-se em minimizar a resistência causada pelo fluxo de ar que passa pelo veículo. Um modo de reduzir a emissão de carbono é dirigir um carro eficiente do ponto de vista aerodinâmico. É claro que há outros modos, que abrangem de carros pequenos e mais lentos até motores elétricos, ou simplesmente a redução do uso do carro. Algumas das grandes melhorias nos índices de consumo de combustível provêm de uma tecnologia de motor aperfeiçoada, outras, de uma melhor aerodinâmica.

Nos primeiros tempos dos projetos de equipamentos aéreos, os pioneiros montavam seus aviões usando cálculos na ponta do lápis, intuição física e tentativa e erro. Quando o objetivo era voar mais de cem metros a no máximo três metros do solo, isso bastava. A primeira vez que o *Wright Flyer I* saiu efetivamente do chão, em vez de perder a velocidade e despencar após três segundos no ar, ele viajou quarenta metros a uma velocidade pouco inferior a 10km/h. Orville, o piloto nessa ocasião, conseguiu manter o avião no ar por surpreendentes doze segundos. Mas o tamanho do avião de passageiros aumentou rapidamente, por razões econômicas: quanto mais gente se carrega num voo, mas lucrativo ele será. Em pouco tempo os projetos de aviões tiveram de se basear num método mais racional e confiável. Nascia a ciência da aerodinâmica, e suas ferramentas matemáticas básicas eram as equações para o fluxo de fluidos. Uma vez que o ar é tanto viscoso quanto compressível, a equação de Navier-Stokes, ou alguma simplificação que faça sentido para o problema dado, assumiu o papel central do que dizia respeito à teoria.

No entanto, resolver tais equações na ausência dos computadores modernos era quase impossível. Assim, os engenheiros recorreram a um computador analógico: colocar modelos de aeronaves num túnel de vento. Usando algumas propriedades gerais das equações para descobrir como as variáveis se alteram à medida que muda a escala do modelo, o método fornecia a informação básica de modo rápido e confiável. Atualmente, a maioria das equipes de Fórmula 1 utilizam túneis de vento para testar seus projetos e avaliar aperfeiçoamentos potenciais; porém, hoje a capacidade dos computadores é tão grande que a maioria usa também dinâmica de fluidos computacional (DFC). Por exemplo, a Figura 43 mostra um cálculo de DFC de um fluxo de ar passando por um carro da BMW Sauber. En-

A equação de Navier-Stokes

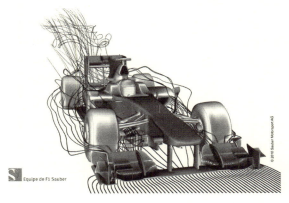

FIGURA 43 Fluxo de ar computadorizado passando por um carro de Fórmula 1.

quanto escrevo, uma equipe, a Virgin Racing, utiliza somente DFC, mas no ano que vem usarão também um túnel de vento.

Túneis de vento não são o máximo da conveniência; a construção e a manutenção são caras, e necessitam montes de modelos de escala. Talvez a dificuldade maior seja fazer medições acuradas do fluxo de ar sem afetá-lo. Se colocamos um instrumento no túnel de vento para medir, digamos, a pressão, o instrumento em si perturba o fluxo. Possivelmente a maior vantagem prática da DFC seja que se pode calcular o fluxo sem afetá-lo. Qualquer coisa que se deseje mensurar é facilmente acessível. Mais ainda, pode-se modificar o projeto do carro ou de um componente no software, o que é muito mais rápido e barato do que fazer uma porção de modelos diferentes. Em todo caso, os modernos processos de fabricação muitas vezes envolvem modelos computadorizados no estágio de projeto.

O voo supersônico, no qual o avião voa mais depressa que o som, é especialmente traiçoeiro de estudar quando se usam modelos num túnel de vento, pois as velocidades do vento são enormes. Em tais velocidades, o ar não consegue se afastar do avião com a mesma rapidez que o avião vai penetrando pelo ar, e isso provoca ondas de choque – descontinuidades súbitas na pressão do ar, que são ouvidas no solo como estouros supersônicos. Esse problema ambiental foi o motivo de o Concorde, fabricado por um consórcio anglo-francês, o único avião comercial supersônico a entrar até hoje em serviço, ter um sucesso apenas limitado: ele não tinha permissão de voar em velocidades supersônicas exceto sobre o oceano. A DFC é amplamente usada para predizer um fluxo de ar passando por um aparelho supersônico.

HÁ CERCA DE 600 MILHÕES de carros no planeta e dezenas de milhares de aviões civis. Assim, ainda que essas aplicações de DFC possam parecer de alta tecnologia, são significativas na vida diária. Outros modos de usar a DFC possuem uma dimensão mais humana. Ela é largamente usada por pesquisadores médicos para compreender o fluxo sanguíneo no corpo humano, por exemplo. Disfunções cardíacas são uma das principais causas de morte no mundo desenvolvido, e podem ser desencadeadas ou por problemas no coração em si ou por artérias entupidas, que interrompem o fluxo sanguíneo e provocam coágulos. A matemática do fluxo sanguíneo no corpo humano é especialmente intratável analiticamente porque as paredes das artérias são elásticas. Já é bastante difícil calcular o movimento de um fluido através de um tubo rígido; é muito mais difícil se o tubo pode mudar seu formato dependendo da pressão que o fluido exerce, pois agora o domínio para o cálculo não permanece o mesmo com o passar do tempo. O formato do domínio afeta o padrão de fluxo do fluido, e simultaneamente o padrão de fluxo do fluido afeta o formato do domínio. Matemáticos que usam lápis e papel não conseguem lidar com esse tipo de ciclo que se autoalimenta.

A DFC é ideal para esse tipo de problema porque os computadores são capazes de executar bilhões de cálculos por segundo. A equação precisa ser modificada para incluir os efeitos de paredes elásticas, mas isso é apenas questão de extrair os princípios necessários da teoria da elasticidade, um ramo bem conhecido da mecânica de meios contínuos. Por exemplo, o cálculo por DFC de como o sangue flui pela aorta, a principal artéria do coração, foi realizado na École Polytechnique Féderale, em Lausanne, na Suíça. Os resultados fornecem informações que podem ajudar os médicos a ter uma melhor compreensão dos problemas cardiovasculares.

A *equação de Navier-Stokes*

E também ajudam os engenheiros a desenvolver dispositivos médicos aperfeiçoados tais como *stents* – pequenos tubos de trama metálica que mantêm aberta a artéria. Suncica Canic tem usado DFC e modelos de propriedades elásticas para projetar *stents* melhores, deduzindo um teorema matemático que fez com que um modelo fosse abandonado, sugerindo modelos melhores. Modelos desse tipo tornaram-se tão precisos que a FDA (Food and Drugs Administration) – órgão do governo americano que controla alimentos e drogas – está considerando solicitar a todo grupo que projete *stents* que execute modelagem matemática antes de realizar testes clínicos. Matemáticos e médicos estão juntando forças para usar a equação de Navier-Stokes para obter melhores previsões, e melhores tratamentos, das principais causas dos ataques cardíacos.

Outra aplicação correlata são as operações de pontes de safena, nas quais remove-se uma veia de alguma outra parte do corpo para enxertá-la na artéria coronária. A geometria do enxerto tem forte efeito sobre o fluxo sanguíneo. Isso, por sua vez, afeta a formação de coágulos, que é mais provável se o fluxo tiver vórtices porque o sangue pode ficar aprisionado num vórtice e deixar de circular apropriadamente. Logo, vemos aqui um elo direto entre a geometria do fluxo e problemas médicos potenciais.

A EQUAÇÃO DE NAVIER-STOKES tem outra aplicação: mudanças climáticas, também conhecidas como aquecimento global. Clima e tempo, no sentido meteorológico, estão relacionados, mas são diferentes. O tempo meteorológico é aquilo que acontece num dado lugar, numa certa hora. Pode estar chovendo em Londres, nevando em Nova York ou um forno de calor no Saara. O tempo é notoriamente imprevisível, e há boas razões matemáticas para isso: basta ver o Capítulo 16, sobre o caos. Todavia, muito dessa imprevisibilidade resulta de mudanças em pequena escala, tanto no espaço como no tempo cronológico: os detalhes finos. Se o homem do tempo na TV prediz pancadas de chuva na sua cidade amanhã à tarde e elas ocorrem seis horas depois e a vinte quilômetros de distância, ele acha que fez um bom trabalho e você fica absolutamente desapontado.

O clima é a "textura" do tempo no longo prazo – como as precipitações de chuva e a temperatura se comportam quando analisamos a média em longos períodos, talvez décadas. Como o clima lida com a média dessas discrepâncias, paradoxalmente é mais fácil de predizer. As dificuldades ainda são consideráveis, e grande parte da literatura científica investiga possíveis fontes de erro, buscando melhorar os modelos.

A mudança no clima é um assunto politicamente contencioso, apesar de haver um forte consenso científico de que a atividade humana no século passado provocou um aumento da temperatura média da Terra. O aumento até hoje parece pequeno, cerca de $0,75\,^{\circ}C$ durante o século XX, mas o clima é muito sensível a mudanças de temperatura em escala global. Essas mudanças tendem a deixar o tempo mais extremo, com secas e inundações ficando mais comuns.

"Aquecimento global" não implica que a temperatura em todo lugar esteja sofrendo esse mesmo aumento minúsculo. Ao contrário, há grandes flutuações de um lugar para outro, e de um momento para outro. Em 2010, a Grã-Bretanha experimentou seu inverno mais frio em 31 anos, levando o *Daily Express* a imprimir a manchete "e eles *ainda* falam em aquecimento global". Acontece que 2010 empatou com 2005 como ano mais quente nos registros, por todo o globo.[1] Então "eles" estavam certos. Na verdade, o vigor do frio foi causado pela mudança de posição da corrente de jato, empurrando ar frio do Ártico para o sul, e isso ocorreu porque o Ártico estava excepcionalmente *quente*. Duas semanas de tempo gelado no centro de Londres não negam o aquecimento global. Estranhamente, o mesmo jornal informou que o Domingo de Páscoa de 2011 foi o mais quente de que se tem notícia, mas não estabeleceu qualquer relação com o aquecimento global. Na ocasião eles fizeram corretamente a distinção entre tempo e clima. Fico fascinado por essa abordagem seletiva.

De maneira similar, "mudança climática" não significa apenas que o clima está mudando. Ele já se modificou repetidamente sem a ajuda humana, sobretudo em longas escalas de tempo, graças a cinzas e gases

A equação de Navier-Stokes

vulcânicos, variações de longo prazo da órbita da Terra ao redor do Sol, até mesmo a colisão da Índia com a Ásia para criar a cordilheira do Himalaia. No contexto hoje em debate, "mudança climática" é a abreviação de "mudança climática antropogênica" – alterações no clima global causadas por atividade humana. As principais causas são a produção de dois gases: dióxido de carbono e metano. Eles são gases de efeito estufa: aprisionam a radiação (calor) que chega do Sol. A física básica indica que quanto mais desses gases a atmosfera contém, mais calor ela aprisiona; embora o planeta consiga irradiar e expulsar algum calor, em média ficará mais quente. O aquecimento global foi predito, com base nisto, na década de 1950, e o aumento de temperatura previsto está de acordo com o que tem sido observado.

As evidências de que os níveis de dióxido de carbono aumentaram drasticamente provêm de muitas fontes. A mais direta são blocos de gelo. Quando a neve cai nas regiões polares, ela se aglutina para formar gelo, com a neve mais recente por cima e a mais antiga na base. O ar fica preso no gelo, e as condições que ali predominam o deixam praticamente inalterado por longos intervalos de tempo, mantendo o ar original no interior e o ar mais recente nas camadas mais externas. Com cuidado, é possível medir a composição do ar preso e determinar a data em que foi aprisionado com bastante precisão. Mensurações feitas na Antártida mostram que a concentração de dióxido de carbono na atmosfera se manteve bem constante nos últimos 100 mil anos – exceto nos últimos duzentos anos, quando sofreu um aumento agudo de 30%. A fonte de excesso de dióxido de carbono pode ser inferida das proporções de carbono-13, um dos isótopos (diferentes formas atômicas) do carbono. A atividade humana é, de longe, a explicação mais provável.

A principal razão que leva os céticos a terem leves dúvidas sobre a situação é a complexidade da previsão climática. Esta deve ser feita mediante uso de modelos matemáticos, porque se trata do futuro. Nenhum modelo pode incluir cada mínimo detalhe do mundo real, e, se pudesse, seria impossível conseguir a previsão, porque nenhum computador jamais poderia simular essa realidade. Toda discrepância entre modelo e realidade, por mais insignificante que seja, é música para os ouvidos dos céticos. Por certo existe espaço para diferenças de opinião acerca dos prováveis efeitos da mudança no clima, ou o que devemos fazer para mitigá-los. Mas enterrar a cabeça na areia não é uma opção sensata.

Dois aspectos vitais do clima são a atmosfera e os oceanos. Ambos são fluidos, e ambos podem ser estudados usando a equação de Navier-Stokes. Em 2010, o principal órgão de verbas científicas do Reino Unido, o Conselho de Pesquisa em Ciências Físicas e Engenharia, publicou um documento sobre as mudanças no clima, escolhendo a matemática como força unificadora: "Pesquisadores em meteorologia, física, geografia e uma profusão de outros campos, todos contribuem com seu conhecimento, mas a matemática é a linguagem unificadora que possibilita que esse grupo diversificado de pessoas implemente suas ideias em modelos climáticos." O documento também explicava que "Os segredos do sistema climático estão encerrados na equação de Navier-Stokes, mas ela é complexa demais para ser resolvida diretamente". Em vez disso, estudiosos dos modelos climáticos usam métodos numéricos para calcular o fluxo de fluido nos pontos de uma grade tridimensional, cobrindo o globo das profundezas dos oceanos até os pontos mais altos da atmosfera. O espaçamento horizontal da grade é de cem quilômetros – qualquer coisa menor tornaria a computação impraticável. Computadores mais rápidos não vão servir para muita coisa, então o melhor caminho a seguir é pensar com mais afinco. Os matemáticos estão elaborando meios mais eficientes de resolver numericamente a equação de Navier-Stokes.

A equação de Navier-Stokes é apenas parte da charada do clima. Outros fatores incluem o fluxo de calor dentro e entre os oceanos e a atmosfera, o efeito das nuvens, contribuições não humanas, tais como vulcões, até mesmo emissões de aeronaves na estratosfera. Os céticos gostam de enfatizar tais fatores para sugerir que os modelos estão errados, mas a maioria deles é reconhecidamente irrelevante. Por exemplo, todo ano os vulcões contribuem com meros 0,6% do dióxido de carbono produzido pela atividade humana. Todos os principais modelos sugerem que existe

A equação de Navier-Stokes

um problema sério, que foi causado pelos seres humanos. A questão principal é simplesmente quanto o planeta irá se aquecer, e qual será o nível do desastre resultante. Uma vez que previsões perfeitas são impossíveis, é do interesse de todos assegurar que os nossos modelos climáticos sejam os melhores que possamos conceber, de modo a podermos agir de forma apropriada. À medida que as geleiras se derretem, a passagem Noroeste se abre com o encolhimento do gelo no Ártico e as prateleiras de gelo da Antártida se quebram e deslizam para o oceano, não podemos mais correr o risco de acreditar que não precisamos de nada e que a coisa se resolverá por si só.

11. Ondas no éter

As equações de Maxwell

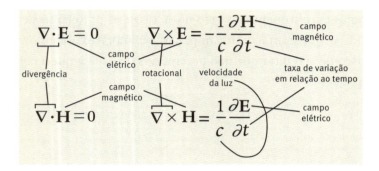

O que elas dizem?

Eletricidade e magnetismo não podem simplesmente escoar. Uma região rotatória de campo elétrico cria um campo magnético perpendicular à rotação. Uma região rotatória de campo magnético cria um campo elétrico perpendicular à rotação, porém no sentido oposto.

Por que são importantes?

Foi a primeira unificação fundamental de forças físicas, mostrando que eletricidade e magnetismo estão intimamente inter-relacionados.

Qual foi a consequência?

A predição da existência de ondas eletromagnéticas, que viajam na velocidade da luz, de modo que a própria luz é uma onda dessas. Isso levou à invenção do rádio, do radar, da televisão, das conexões sem fio para equipamentos de informática e da maior parte das comunicações modernas.

No começo do século XIX a maioria das pessoas iluminava suas casas usando velas e lampiões. A iluminação a gás, que data de 1790, era utilizada ocasionalmente em lares e estabelecimentos comerciais, em especial por inventores e empreendedores. A iluminação a gás nas ruas entrou em uso em Paris em 1820. Nessa época, o modo habitual de se enviar mensagens era escrever uma carta e mandar entregá-la por meio de uma carroça puxada a cavalo; para mensagens urgentes, mantinha-se o cavalo e dispensava-se a carroça. A principal alternativa, basicamente restrita à comunicação militar e oficial, era o telégrafo óptico. Este fazia uso de semáforos: dispositivos mecânicos, colocados em torres, que podiam representar letras ou palavras em código associando braços rígidos em diversos ângulos. Essas configurações podiam ser vistas por meio de uma luneta e repassadas para a próxima torre da linha. O primeiro sistema extenso desse tipo data de 1792, quando o engenheiro francês Claude Chappe construiu 556 torres para criar 4.800 quilômetros de rede na maior parte da França. O sistema permaneceu em uso durante sessenta anos.

No espaço de cem anos, casas e ruas passaram a ter luz elétrica, o telégrafo elétrico chegou e se foi, as pessoas podiam falar umas com as outras por telefone. Os físicos haviam demonstrado a comunicação por rádio em seus laboratórios e um empreendedor já havia montado uma fábrica que vendia "aparelhos sem fio" – aparelhos de rádio – para o público. Dois cientistas fizeram as principais descobertas que desencadearam essa revolução social e tecnológica. Um foi o inglês Michael Faraday, que estabeleceu a física básica do eletromagnetismo – uma combinação estritamente interligada dos fenômenos antes separados da eletricidade e do magnetismo. O outro foi um escocês, James Clerk Maxwell, que transformou as teorias mecânicas de Faraday em equações matemáticas e as utilizou para predizer a existência de ondas de rádio viajando à velocidade da luz.

A Royal Institution em Londres é um edifício imponente, exibindo na fachada colunas clássicas, escondido numa rua lateral perto do Piccadilly Circus. Hoje sua principal atividade é abrigar eventos de ciência popular para o público, mas quando foi fundada, em 1799, sua meta também incluía "difundir o conhecimento e facilitar a introdução geral de invenções mecânicas úteis". Quando John "Mad Jack" Fuller instituiu uma cátedra de química na Royal Institution, seu primeiro titular não foi um acadêmico. Era filho de um pretenso ferreiro e fora treinado como aprendiz de livreiro. Essa posição lhe permitia ler com voracidade, apesar da falta de dinheiro da sua família, e *Conversas sobre química*, de Jane Marcet, e *O aperfeiçoamento da mente*, de Isaac Watts, inspiraram um profundo interesse na ciência em geral e na eletricidade em particular.

O jovem era Michael Faraday. Ele assistira a palestras na Royal Institution dadas pelo eminente químico Humphry Davy, e enviou ao palestrante trezentos páginas de anotações. Pouco depois Davy sofreu um acidente que prejudicou sua visão, e pediu a Faraday que se tornasse seu secretário. Então um assistente na Royal Institution foi despedido, e Davy sugeriu Faraday como substituto, mandando-o trabalhar na química do cloro.

A Royal Institution permitiu a Faraday perseguir também seus próprios interesses científicos, e ele realizou incontáveis experimentos com o recém-descoberto tópico da eletricidade. Em 1821 ficou sabendo do trabalho do cientista dinamarquês Hans Christian Ørsted, ligando a eletricidade com o fenômeno muito mais antigo do magnetismo. Faraday explorou esse elo para inventar um motor elétrico, mas Davy se aborreceu ao não receber crédito nenhum e disse a Faraday para trabalhar em outras coisas. Davy morreu em 1831, dois anos depois Faraday deu início a uma série de experimentos com eletricidade e magnetismo que vieram a selar sua

As equações de Maxwell

reputação como um dos maiores cientistas que já viveram. Suas extensivas investigações foram, em parte, motivadas pela necessidade de apresentar um número elevado de novos experimentos para edificar o homem da rua e acolher o grande e o bom, como parte da meta da Royal Institution de estimular a compreensão da ciência por parte do público.

Entre as invenções de Faraday estavam métodos de transformar eletricidade em magnetismo, e ambos em movimento (um motor), e transformar movimento em eletricidade (um gerador). Assim era explorada a sua maior descoberta, a indução eletromagnética. Se um material que conduz eletricidade se move através de um campo magnético, correrá por ele uma corrente elétrica. Faraday fez esta descoberta em 1831. Francesco Zantedeschi já havia notado o efeito em 1829 e Joseph Henry também o localizou um ano depois. Mas Henry adiou a publicação de sua descoberta, e Faraday levou a ideia muito mais adiante que Zantedeschi fizera. O trabalho de Faraday foi muito além da meta da Royal Institution de facilitar o uso de invenções mecânicas, criando máquinas inovadoras que exploravam as fronteiras da física. Isso levou, de forma bastante direta, à energia elétrica, iluminação e mil outros aparelhos. Quando pegaram o bastão, toda a panóplia dos modernos equipamentos elétricos e eletrônicos entrou em cena, começando pelo rádio e chegando até televisão, radar e comunicação a longa distância. Foi Faraday, mais do que qualquer outro indivíduo, quem criou o moderno mundo tecnológico, com o auxílio de novas ideias essenciais de centenas de talentosos engenheiros, cientistas e empresários.

Pertencendo à classe trabalhadora e carecendo da educação normal de um cavalheiro, Faraday se empenhou em aprender ciência, mas não matemática. Desenvolveu suas próprias teorias para explicar e guiar seus experimentos, mas elas se apoiavam em analogias mecânicas e máquinas conceituais, não em fórmulas e equações. Seu trabalho assumiu o merecido lugar na física fundamental mediante a intervenção de um dos maiores intelectos científicos da Escócia, James Clerk Maxwell.

MAXWELL NASCEU NO MESMO ano em que Faraday anunciou a descoberta da indução eletromagnética. Uma aplicação, o telégrafo eletromagnético, seguiu-se prontamente, graças a Gauss e seu assistente Wilhelm Weber. Gauss queria usar fios para transportar sinais elétricos entre o Observatório de Göttingen, onde ele passava algum tempo, e o Instituto de Física, a um quilômetro, onde Weber trabalhava. Prescientemente, Gauss simplificou a técnica anterior para distinguir as letras do alfabeto – um fio por letra – introduzindo um código binário utilizando corrente positiva e negativa (ver Capítulo 15). Em 1839, a companhia Great Western Railway já mandava mensagens por telégrafo de Paddington para West Drayton, a uma distância de 21 quilômetros. No mesmo ano, Samuel Morse inventou independentemente, nos Estados Unidos, seu próprio telégrafo elétrico, empregando o código Morse (inventado por seu assistente Alfred Vail) e enviou sua primeira mensagem em 1838.

Em 1876, três anos antes de Maxwell morrer, Alexander Graham Bell tirou a primeira patente de uma nova engenhoca, o telégrafo acústico. Era um dispositivo que transformava o som, especialmente a fala, em impulsos elétricos e os transmitia ao longo de um fio até um receptor, que os transformava de volta em som. Atualmente o conhecemos como telefone. Ele não foi a primeira pessoa a conceber uma coisa dessas, nem a construí-la, mas deteve a patente mestra. Thomas Edison aperfeiçoou o projeto com seu microfone de carbono em 1878. Um ano depois, Edison desenvolveu o bulbo de luz elétrica com filamento de carbono, e se consolidou na mente popular como o inventor da luz elétrica. Na realidade, foi precedido por pelo menos 23 inventores, sendo o mais conhecido Joseph Swan, que patenteara sua versão em 1878. Em 1880, um ano após a morte de Maxwell, a cidade de Wabash, no estado de Illinois, tornou-se a primeira a usar luz elétrica nas ruas.

Essas revoluções em comunicação e iluminação devem muito a Faraday; a geração de energia elétrica também deve muito a Maxwell. Mas o legado mais abrangente de Maxwell foi fazer o telefone parecer um brinquedo de criança. E isso surgiu, direta e inevitavelmente, de suas equações para o eletromagnetismo.

As equações de Maxwell

MAXWELL NASCEU NUMA talentosa mas excêntrica família de Edimburgo, que incluía advogados, juízes, músicos, políticos, poetas, especuladores em mineração e homens de negócios. Quando adolescente, começou a sucumbir aos encantos da matemática, vencendo uma competição escolar com um ensaio sobre como construir curvas ovais usando pinos e linha. Aos dezesseis anos, foi para a Universidade de Edimburgo, onde estudou matemática e fez experimentos em química, magnetismo e óptica. Publicou artigos sobre matemática pura e aplicada na revista da Royal Society de Edimburgo. Em 1850, sua carreira matemática deu uma guinada mais séria e ele se mudou para a Universidade de Cambridge, onde foi orientado em particular para o exame *"tripos"** de matemática por William Hopkins. Naquela época o *tripos* consistia em solucionar problemas complicados, muitas vezes envolvendo estratagemas e cálculos extensivos, contra o relógio. Mais tarde, Godfrey Harold Hardy, um dos melhores matemáticos ingleses e catedrático de Cambridge, expressou fortes opiniões sobre como fazer matemática criativa, e com certeza debater-se num exame cheio de truques não era uma dessas maneiras. Em 1926, ele comentou que seu objetivo era "não ... reformar o *tripos*, mas destruí-lo". Mas Maxwell se debateu, e se deu bem, nessa atmosfera competitiva, provavelmente porque tinha esse tipo de mentalidade.

Ele continuou também seus estranhos experimentos, tentando, entre outras coisas, entender como um gato sempre cai de pé sobre as quatro patas, mesmo que seja mantido de cabeça para baixo a poucos centímetros do chão. A dificuldade é que isso aparenta violar a mecânica newtoniana; o gato precisa girar 180°, mas não tem contra o que se impulsionar. O mecanismo exato lhe escapava, e não foi esclarecido até o médico francês Jules Marey tirar uma série de fotografias de um gato caindo, em 1894. O segredo é que o gato não é rígido: ele torce a frente e as costas em sentidos opostos, mais de uma vez, enquanto estende e retrai as patas para impedir que esses movimentos se cancelem.[1]

---

* *Tripos*: Nome específico que se dá ao exame escrito do curso de matemática em Cambridge. (N.T.)

Maxwell obteve o diploma em matemática, e continuou uma pós-graduação no Trinity College. Ali leu *Pesquisas experimentais*, de Faraday, e trabalhou com eletricidade e magnetismo. Assumiu o posto de professor de filosofia natural em Aberdeen, investigando os anéis de Saturno e a dinâmica das moléculas nos gases. Em 1860 mudou-se para o King's College, em Londres, e ali pôde encontrar-se algumas vezes com Faraday. Agora Maxwell embarcava em sua mais influente jornada: a busca de formular uma base matemática para as teorias e experimentos de Faraday.

NAQUELA ÉPOCA, a maioria dos físicos que trabalhavam com eletricidade e magnetismo procurava analogias com a gravidade. Parecia sensato: cargas elétricas opostas se atraem mutuamente com uma força que, como a gravidade, é proporcional ao inverso do quadrado da distância que os separa. Cargas de mesmo sinal se repelem com uma força que varia da mesma maneira, e o mesmo vale para o magnetismo, no qual as cargas são substituídas por polos magnéticos. O pensamento padrão considerava que a gravidade era a força por meio da qual um corpo agia misteriosamente sobre outro corpo distante, sem nenhum tipo de ligação entre ambos; presumia-se que a eletricidade e o magnetismo agissem da mesma maneira. Faraday tinha uma ideia diferente: ambos são "campos", fenômenos que permeiam o espaço e podem ser detectados pelas forças que produzem.

O que é um campo? Maxwell conseguiu fazer pouco progresso até poder descrever o conceito matematicamente. Mas Faraday, carecendo de treinamento matemático, apresentara suas teorias em termos de estruturas geométricas, tais como "linhas de força" ao longo das quais os campos atraíam e repeliam. A primeira grande inovação de Maxwell foi reformular essas ideias pela analogia com a matemática de um fluxo de fluido, em que o campo de fato é o fluido. As linhas de força eram então análogas às trajetórias seguidas pelas moléculas do fluido; a intensidade da força do campo elétrico ou magnético era análoga à velocidade do fluido. Informalmente, um campo era um fluido invisível; matematicamente, comportava-se exatamente dessa maneira, fosse lá o que fosse. Maxwell tomou emprestadas ideias da matemática dos fluidos e as modificou para descrever o magnetismo. Seu modelo explicava as principais propriedades observadas na eletricidade.

Não satisfeito com essa tentativa inicial, ele prosseguiu de forma a incluir não só o magnetismo, mas sua relação com a eletricidade. À medida que o fluido elétrico corria, ele afetava o magnético, e vice-versa. Para campos magnéticos Maxwell usou a imagem mental de minúsculos vórtices girando no espaço. Os campos elétricos eram similarmente compostos de minúsculas esferas carregadas. Seguindo essa analogia e a matemática resultante, Maxwell começou a compreender como uma variação na força elétrica podia criar um campo magnético. Quando as esferas de eletricidade se movem, fazem o vórtice magnético girar, como um torcedor de futebol passando por uma catraca. O torcedor se move sem girar; a catraca gira sem se mover.

Maxwell ficou ligeiramente insatisfeito com essa analogia, dizendo "eu não apresento isto ... como modo de conexão existente na natureza ... . No entanto, é ... matematicamente concebível e facilmente investigável, e serve para mostrar as conexões mecânicas reais entre fenômenos eletromagnéticos conhecidos". Para demonstrar ao que se referia, usou o modelo para explicar por que fios paralelos com correntes elétricas em sentidos opostos se repelem mutuamente, e explicava também a descoberta crucial de Faraday da indução eletromagnética.

O passo seguinte foi reter a matemática enquanto se livrava dos dispositivos conceituais mecânicos que impulsionavam a analogia. Isso significava estabelecer equações para as interações básicas entre os campos elétrico e magnético, derivadas do modelo mecânico mas divorciadas de sua origem. Maxwell alcançou seu objetivo em 1864, em seu famoso artigo "Uma teoria dinâmica do campo eletromagnético".

Atualmente interpretamos as equações usando vetores, que são grandezas que possuem não só valor, mas direção e sentido. O vetor mais familiar é a velocidade: o valor é o que medimos numericamente, a rapidez com que o objeto se move; a direção é a trajetória ao longo da qual ele se move. A direção e o sentido efetivamente importam: um corpo que se move na vertical para cima a 10km/s comporta-se de maneira diferente de um que se move na vertical para baixo a 10km/s. Matematicamente, um vetor é representado por suas três componentes: seu efeito ao longo de três eixos ortogonais (em ângulos retos) entre si, tais como norte/sul, leste/oeste, cima/baixo. O básico é, então, que um vetor seja uma trinca (*x, y, z*) composto de números (Figura 44). A velocidade de um fluido num dado instante, por exemplo, é um vetor. Em contraste, a pressão num dado ponto é apenas um número: o termo fantasia usado para distinguir esse número de um vetor é "escalar".

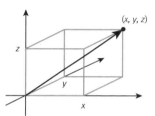

FIGURA 44 Um vetor tridimensional.

Nestes termos, o que é o campo elétrico? Da perspectiva de Faraday ele é determinado por linhas de força elétrica. Na analogia de Maxwell, estas são linhas de fluxo do fluido elétrico. Uma linha de fluxo nos diz em que direção e sentido o líquido está fluindo, e conforme a molécula se move ao longo da linha de fluxo, podemos observar também sua velocidade. Para cada ponto no espaço, a linha de fluxo que passa por aquele ponto determina, portanto, um vetor, que descreve todos os parâmetros da velocidade (valor, direção e sentido) do fluido elétrico, ou seja, a intensidade, direção e sentido do campo elétrico *naquele ponto*. Inversamente, se conhecemos os valores, direção e sentido dessas velocidades para cada ponto do espaço, podemos deduzir como é a aparência das linhas de fluxo, de modo que em princípio conhecemos o campo elétrico.

Em suma: o campo elétrico é um sistema de vetores, um para cada ponto no espaço. Cada vetor determina a intensidade, direção e sentido da força elétrica (exercida sobre uma minúscula partícula de teste carregada) naquele ponto. Os matemáticos chamam essa grandeza de campo vetorial: é uma função que atribui a cada ponto no espaço o vetor correspondente. De maneira similar, o campo magnético é determinado pelas linhas de força magnéticas; é o campo vetorial correspondente às forças que seriam exercidas sobre uma minúscula partícula de teste magnética.

Tendo identificado o que eram os campos elétrico e magnético, Maxwell pôde escrever equações descrevendo o que faziam. Agora expressamos essas equações usando dois operadores vetoriais, conhecidos como divergência e rotacional. Maxwell utilizou fórmulas específicas envolvendo as três componentes dos campos elétrico e magnético. No caso especial em que não haja placas metálicas ou fios condutores, nem imãs, e tudo se passa no vácuo, as equações têm uma forma ligeiramente mais simples, e restringirei a discussão a este caso.

Duas das equações nos dizem que os fluidos elétrico e magnético são incompressíveis – isto é, eletricidade e magnetismo não podem simplesmente escoar para o nada, precisam *ir* para algum lugar. Isso se traduz como "a divergência é zero", levando às equações

$$\nabla \cdot \mathbf{E} = 0 \qquad \nabla \cdot \mathbf{H} = 0$$

em que o triângulo de cabeça para baixo e o ponto são a notação para divergência. Mais duas equações nos dizem que quando uma região de campo elétrico gira em um pequeno círculo, ela cria um campo magnético perpendicular ao plano desse círculo, e, de forma similar, uma região magnética de campo magnético girando cria um campo elétrico perpendicular ao plano desse círculo. Há uma alteração curiosa: os campos elétrico e magnético apontam em sentidos opostos para um determinado sentido de rotação. As equações são:

$$\nabla \times \mathbf{E} = -\frac{1}{c}\frac{\partial \mathbf{H}}{\partial t} \qquad \nabla \times \mathbf{H} = \frac{1}{c}\frac{\partial \mathbf{E}}{\partial t}$$

em que agora o triângulo de cabeça para baixo e a cruz são a notação para rotacional. O símbolo t representa o tempo, e $\partial/\partial t$ é a taxa de variação em relação ao tempo. Note que a primeira equação tem um sinal de menos, mas a segunda não tem: isso representa as orientações opostas que mencionei.

O que é c? É uma constante, a razão entre unidades eletromagnética e eletrostática. Experimentalmente essa razão é pouco inferior a 300 mil em unidades de quilômetros divididos por segundos. Maxwell imediatamente reconheceu esse número: é a velocidade da luz no vácuo. Por que essa grandeza aparece? Ele resolveu descobrir. Uma pista, datando da época de Newton e desenvolvida por outros foi a descoberta de que a luz era algum tipo de onda. Mas ninguém sabia do que essa onda consistia.

UM CÁLCULO SIMPLES forneceu a resposta. Uma vez sabendo as equações para o eletromagnetismo, é possível resolvê-las para predizer como os campos elétrico e magnético se comportam em diferentes circunstâncias. Pode-se também deduzir consequências matemáticas genéricas. Por exemplo, o segundo par de equações relaciona $\mathbf{E}$ e $\mathbf{H}$; qualquer matemático tentará imediatamente deduzir equações que contenham apenas $\mathbf{E}$ e apenas $\mathbf{H}$, porque isso nos permite concentrarmo-nos em cada campo separadamente. Considerando suas consequências épicas, essa tarefa acaba se revelando absurdamente simples – se você tiver alguma familiaridade com cálculo vetorial. Apresento o processo detalhado nas Notas,[2] mas aqui vai um rápido resumo. Seguindo nosso faro, começamos com a terceira equação, que relaciona o rotacional de $\mathbf{E}$ com a derivada em relação ao tempo de $\mathbf{H}$. Não temos nenhuma outra equação envolvendo tal derivada de $\mathbf{H}$, mas temos, sim, uma que envolve o rotacional de $\mathbf{H}$, ou seja, a quarta equação. Isto, sugere que devemos pegar a terceira equação e formar o rotacional de ambos os lados. Aí aplicamos a quarta equação, simplificamos e ficamos com

$$\frac{\partial^2 \mathbf{E}}{\partial t^2} = c^2 \nabla^2 \mathbf{E}$$

que é a equação de onda!

O mesmo truque aplicado ao rotacional de $\mathbf{H}$ produz a mesma equação com $\mathbf{H}$ em lugar de $\mathbf{E}$. (O sinal de menos é aplicado duas vezes, então

As equações de Maxwell

desaparece.) Assim, tanto o campo elétrico como o magnético, no vácuo, obedecem à equação de onda. Uma vez que a mesma constante c aparece em cada equação de onda, ambos os campos viajam na mesma velocidade, isto é, c. Assim, esse pequeno cálculo prediz que tanto o campo elétrico como o magnético podem sustentar simultaneamente uma onda – o que a torna uma onda eletromagnética, na qual ambos os campos variam, um em consonância com o outro. E a velocidade dessa onda é... a velocidade da luz.

Essa é outra dessas perguntas capciosas. O que viaja na velocidade da luz? Dessa vez a resposta é o que seria de esperar: a luz. Mas há uma implicação portentosa: *a luz é uma onda eletromagnética*.

Esta foi uma notícia estupenda. Não havia motivo, antes de Maxwell deduzir essas equações, para imaginar uma ligação tão fundamental entre luz, eletricidade e magnetismo. Mas havia mais. A luz vem em muitas cores diferentes, e uma vez que se sabe que a luz é uma onda, pode-se concluir que essas diferentes cores correspondem a ondas com diferentes comprimentos de onda – a distância entre dois picos sucessivos. A equação de onda não impõe condições sobre o comprimento de onda, de modo que pode ser qualquer coisa. Os comprimentos de onda da luz visível restringem-se a uma pequena faixa, por causa da química dos pigmentos detectores de luz do olho. Os físicos já sabiam da existência de "luz invisível", ultravioleta e infravermelha. Essas, é claro, tinham comprimentos de onda vizinhos à faixa visível. E então as equações de Maxwell levaram a uma predição dramática: as ondas eletromagnéticas com outros comprimentos de onda também deveriam existir. Conceitualmente, qualquer comprimento de onda – longo ou curto – poderia ocorrer (Figura 45).

Ninguém havia esperado isso, mas tão logo a teoria disse o que deveria acontecer, os experimentalistas puderam sair à procura. Um deles era um alemão, Heinrich Hertz. Em 1886, ele construiu um aparelho capaz de gerar ondas de rádio e outro capaz de recebê-las. O transmissor era pouco mais que uma máquina que podia produzir faíscas de alta voltagem; a teoria indicava que tal faísca emitiria ondas de rádio. O receptor era uma espira circular de fio de cobre, cujo tamanho foi escolhido de maneira a ressoar com as ondas que entrassem. Uma pequena abertura na espira,

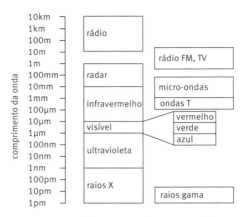

FIGURA 45 O espectro eletromagnético.

com poucos centésimos de milímetro, revelaria tais ondas produzindo pequenas faíscas. Em 1887 Hertz fez o experimento, que foi um sucesso. Ele prosseguiu investigando muitas características diferentes das ondas de rádio. E mediu também sua velocidade, obtendo uma resposta próxima da velocidade da luz, o que veio a validar a predição de Maxwell e confirmar que seu aparelho estava detectando ondas eletromagnéticas.

Hertz sabia que seu trabalho era importante na física, e o publicou em *Ondas elétricas: pesquisas em andamento sobre a propagação da ação elétrica pelo espaço com velocidade final*. Porém jamais lhe ocorreu que a ideia poderia ter usos práticos. Ao ser indagado, respondeu: "Não tem utilidade alguma ... é só um experimento que prova que o mestre Maxwell estava certo – simplesmente temos essas misteriosas ondas eletromagnéticas que não podemos ver a olho nu. Mas elas estão aí." Pressionado para dar uma opinião sobre as implicações, disse: "Nada, creio eu."

Teria sido uma falha de imaginação ou apenas falta de interesse? Difícil dizer. Mas o experimento "inútil" de Hertz, confirmando a predição de Maxwell da radiação eletromagnética, rapidamente levaria à invenção que fez o telefone parecer brinquedo de criança.

O rádio.

As equações de Maxwell

O RÁDIO UTILIZA UMA FAIXA especialmente intrigante do espectro: ondas com comprimentos de onda muito mais longos que a luz. Tais ondas estariam propensas a manter sua estrutura em grandes distâncias. A ideia-chave, aquela que Hertz deixou escapar, é simples: se conseguíssemos imprimir um sinal numa onda desse tipo, seria possível falar para o mundo.

Outros físicos, engenheiros e empreendedores foram mais imaginativos, e rapidamente identificaram o potencial do rádio. Para concretizar esse potencial, porém, precisavam resolver numerosos problemas técnicos. Necessitavam de um transmissor que pudesse produzir um sinal suficientemente poderoso, e algo para recebê-lo. O aparato de Hertz restringia-se a uma distância de poucos metros; pode-se entender por que ele não sugeriu comunicação como uma aplicação possível. Outro problema era como impor um sinal. Um terceiro era até que distância ele podia ser enviado, o que poderia muito bem ser limitado pela curvatura da Terra. Se uma linha reta entre transmissor e receptor tocasse o solo, isso provavelmente bloquearia o sinal. Posteriormente descobriu-se que a natureza foi generosa conosco, e a ionosfera terrestre reflete ondas de rádio numa ampla faixa de comprimentos de onda; mas antes de isso ser descoberto havia, de qualquer maneira, meios óbvios de contornar o problema em potencial. Podia-se construir torres altas e colocar os transmissores e receptores nelas. Emitindo sinais de uma torre a outra, seria possível mandar mensagens ao redor do globo, com muita rapidez.

Há dois modos relativamente óbvios de imprimir um sinal numa onda de rádio. Pode-se fazer variar a amplitude ou pode-se fazer variar a frequência. Esses métodos são chamados de modulação de amplitude e modulação de frequência: AM e FM. Ambos foram usados e ambos ainda existem. Aí estava um problema resolvido. Em 1893, o engenheiro sérvio Nikola Tesla tinha inventado e construído todos os principais dispositivos necessários para a transmissão de rádio, e havia demonstrado seus métodos para o público. Em 1894, Oliver Lodge e Alexander Muirhead enviaram um sinal de rádio do laboratório de Clarendon, em Oxford, para um auditório nas proximidades. Um ano depois o inventor italiano Guglielmo Marconi transmitiu sinais a uma distância de 1,5 quilômetro usando o novo equipamento que tinha inventado. O governo italiano recusou-se a financiar o trabalho posterior, então Marconi mudou-se para a Inglaterra. Com o apoio dos Correios Britânicos, em pouco tempo aumentou o alcance para dezesseis quilômetros. Experimentos posteriores produziram a lei de Marconi: a distância que os sinais podem ser enviados é aproximadamente proporcional ao quadrado da altura da antena de transmissão. Construa uma torre com o dobro da altura, e o sinal viajará quatro vezes mais. Esta também era uma boa notícia: sugeria que transmissões de longo alcance deveriam ser práticas. Marconi montou uma estação de transmissão na ilha de Wight, no Reino Unido, em 1897, e abriu uma fábrica no ano seguinte, produzindo o que chamou de "aparelhos sem fios". Ainda os chamávamos assim em 1952, quando eu escutava meus programas de rádio no meu quarto, mas mesmo então nos referíamos ao aparelho como "o rádio". A expressão "sem fio" obviamente voltou a entrar na moda – *wireless* –, mas agora refere-se à conexão entre o computador e o teclado, o mouse, o modem e o roteador da internet, que são todos sem fio, e não à ligação entre o seu receptor e um transmissor distante. Isso ainda é feito por rádio.

Inicialmente Marconi foi detentor das principais patentes de rádio, mas as perdeu para Tesla em 1943 numa batalha judicial. Os progressos tecnológicos rapidamente tornaram as patentes obsoletas. De 1906 aos anos 1950, o componente eletrônico vital do rádio foi a válvula, que era semelhante a pequenas lâmpadas, de modo que os rádios precisavam ser grandes e pesadões. O transistor, um mecanismo muito menor e mais robusto, foi inventado em 1947 nos Laboratórios Bell por uma equipe de engenheiros que incluía William Shockley, Walter Brattain e John Bardeen (ver Capítulo 14). Em 1954, os rádios transistores estavam no mercado, mas o rádio já vinha perdendo sua primazia como meio de entretenimento.

Em 1953, eu já tinha visto o futuro. Foi a coroação da rainha Elisabeth II, e a minha tia em Tonbridge tinha... *um aparelho de televisão*! Então nos amontoamos no raquítico carro do meu pai e percorremos sessenta quilômetros para assistir ao acontecimento. Eu fiquei mais impressionado

As equações de Maxwell

pelos bonequinhos animados de *Bill e Ben the Flowerpot Men** do que pela coroação, para ser sincero, mas a partir daquele momento o rádio não era mais a epítome do entretenimento doméstico moderno. Logo nós também teríamos um aparelho de televisão. Qualquer um que tenha crescido com uma TV colorida de tela plana e 48 polegadas, com alta definição e mil canais, ficará estarrecido ao saber que naquela época a imagem era em preto e branco, com cerca de doze polegadas, e (no Reino Unido) havia exatamente um canal, a BBC. Quando assistíamos à televisão isso significava realmente *a* televisão.

Entretenimento foi apenas uma das aplicações das ondas de rádio. Elas eram vitais também para os militares, para comunicação e outros propósitos. A invenção do radar (em inglês, *radio detection and ranging* – detecção e avaliação de distância por rádio) pode muito bem ter ganhado a Segunda Guerra Mundial para os Aliados. Esse equipamento ultrassecreto possibilitou detectar aviões, especialmente aviões inimigos, fazendo com que sinais de rádio fossem rebatidos neles e observando-se as ondas refletidas. O mito urbano de que cenouras fazem bem para os olhos originou-se na desinformação no tempo da guerra, com intenção de fazer com que os nazistas parassem de ponderar por que os britânicos estavam se tornando tão bons em localizar bombardeiros. O radar também tem utilidade em tempos de paz. É por meio dele que os controladores de tráfego aéreo mantêm as planilhas de onde os aviões estão, evitando colisões; ele guia os jatos de passageiros para fugir da neblina; ele avisa os pilotos de turbulência iminente. Arqueólogos utilizam radar de penetração no solo para localizar sítios com restos de tumbas e estruturas antigas.

Os raios X, estudados sistematicamente pela primeira vez por Wilhelm Röntgen em 1875, têm comprimentos de onda muito menores que a luz. Isso os torna mais energéticos, de modo que conseguem passar através

---

* Série infantil da BBC na década de 1950. (N.T.)

de objetos opacos, especialmente o corpo humano. Os médicos podiam usar os raios X para detectar ossos quebrados e outros problemas fisiológicos, e ainda o fazem, embora métodos modernos sejam mais sofisticados, sujeitando o paciente a bem menos radiação nociva. Escâneres de raios X podem atualmente criar imagens tridimensionais do corpo humano, ou de parte dele, num computador. Outros tipos de escâner podem fazer o mesmo utilizando outros princípios físicos.

As micro-ondas são formas eficientes de enviar sinais telefônicos, e também aparecem na cozinha na forma do forno de micro-ondas, uma forma rápida de esquentar a comida. Uma das mais recentes aplicações é em segurança de aeroportos. Radiações de terahertz, conhecidas como ondas T, podem penetrar em roupas e até mesmo em cavidades corporais. Funcionários de alfândega podem usá-las para localizar traficantes de drogas e terroristas. Sua utilização é um pouco controversa, por equivaler a uma revista íntima eletrônica, mas a maioria de nós parece pensar que é um preço baixo a pagar se servir para evitar que um avião exploda ou que a cocaína tome conta das ruas. Ondas T também têm utilidade para historiadores da arte, pois podem revelar murais cobertos em camadas de gesso. Transportadoras industriais e comerciais podem usar as ondas T para inspecionar produtos sem ter que tirá-los de suas caixas.

O espectro eletromagnético é tão versátil, e tão efetivo, que sua influência agora se sente em praticamente todas as esferas da atividade humana. Ele possibilita coisas que para a geração anterior pareceriam milagrosas. Foi preciso um grande número de pessoas, de todas as profissões, para transformar as possibilidades inerentes às equações matemáticas em aparelhos reais e sistemas comerciais. Mas nada disso foi possível até alguém perceber que eletricidade e magnetismo podem juntar forças para criar uma onda. Toda a panóplia dos meios de comunicação modernos, do rádio e televisão ao radar e conexões de micro-ondas para telefones celulares, foi então inevitável. E tudo brotou de quatro equações e um par de linhas de cálculo vetorial básico.

As equações de Maxwell simplesmente não mudaram o mundo. Elas abriam um mundo novo.

12. Lei e desordem
A segunda lei da termodinâmica

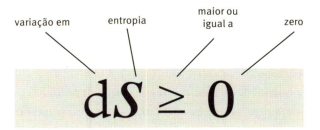

O que diz?
A quantidade de desordem num sistema termodinâmico sempre aumenta.

Por que é importante?
Coloca limites na quantidade de trabalho útil que pode ser extraído do calor.

Qual foi a consequência?
Melhores máquinas a vapor, estimativas da eficiência de energia renovável, o cenário da "morte térmica do universo", prova de que a matéria é feita de átomos, e conexões paradoxais com a seta do tempo.

EM MAIO DE 1959 o físico e romancista C.P. Snow apresentou uma palestra com o título *As duas culturas*, que provocou ampla controvérsia. A resposta do proeminente crítico literário F.R. Leavis foi típica de quem está do outro lado da discussão; ele disse secamente que havia apenas *uma* cultura: a dele. Snow sugeria que ciências e humanidades haviam perdido contato entre si, e argumentava que isso estava dificultando muito solucionar os problemas do mundo. Hoje em dia vemos o mesmo em relação à negação quanto às mudanças climáticas e aos ataques à teoria da evolução. A motivação pode ser outra, mas barreiras culturais ajudam esse absurdo a prosperar – embora seja conduzido pela política.

Snow se mostrou especialmente descontente com o que via como o declínio dos padrões da educação, e disse:

> Um bom número de vezes estive presente em uma reunião de pessoas que, pelos padrões da cultura tradicional, são consideradas altamente educadas e têm considerável prazer em manifestar sua incredulidade ante a falta de instrução dos cientistas. Uma ou duas vezes fui provocado e perguntei aos meus interlocutores quantos deles podiam descrever a segunda lei da termodinâmica, a lei da entropia. A resposta era fria – e também negativa. Todavia, eu estava perguntando uma coisa que é mais ou menos o equivalente científico de: "Você já leu alguma obra de Shakespeare?"

Talvez tenha sentido que estava pedindo demais – muitos cientistas qualificados não são capazes de expor a segunda lei da termodinâmica. Assim, posteriormente, ele acrescentou:

> Acredito agora que se eu tivesse feito uma pergunta ainda mais simples – tal como o que significa massa, ou aceleração, que é o equivalente científico

A segunda lei da termodinâmica

de dizer "Você sabe ler?" –, não mais que uma entre dez pessoas altamente educadas teria sentido que estávamos falando a mesma língua. Assim, o grande edifício da física vai sendo erguido, e a maioria das pessoas mais inteligentes do mundo ocidental o compreende tanto quanto seus ancestrais neolíticos o teriam compreendido.

Tomando Snow ao pé da letra, meu objetivo neste capítulo é nos tirar da era neolítica. A palavra "termodinâmica" contém uma pista: parece significar a dinâmica do calor. E o calor pode ser dinâmico? Sim: o calor pode *fluir*. Pode-se mover de um lugar a outro, de um objeto a outro. Saia de casa num dia de inverno e em breve estará sentindo frio. Fourier registrou o primeiro modelo sério de fluxo de calor (Capítulo 9) e fez uma bela matemática. Mas o principal motivo de os cientistas começarem a se interessar pelo fluxo de calor foi um recente e altamente rentável item tecnológico: a máquina a vapor.

HÁ UMA HISTÓRIA frequentemente repetida de quando James Watt era criança, sentado na cozinha da casa de sua mãe observando o vapor de água fervente sair de uma chaleira, e seu súbito arroubo de inspiração: *o calor pode realizar trabalho*. Assim, quando cresceu, ele inventou a máquina a vapor. Trata-se de algo para servir de inspiração, mas como muitas dessas histórias, esta não passa de fumaça. Watt não inventou a máquina a vapor, e não soube da energia do vapor até ser adulto. A conclusão da história sobre a energia do vapor é verdadeira, mas mesmo na época de Watt já era coisa velha.

Em cerca de 50 a.C. o arquiteto e engenheiro romano Vitrúvio descreveu uma máquina chamada eolípila em seu *De Architectura* ("Sobre arquitetura"), e o matemático e engenheiro grego Heron de Alexandria construiu uma máquina dessas um século depois. Era uma esfera vazia com um pouco de água dentro e dois tubos que sobressaíam, dobrados em ângulo, como mostra a Figura 46. Aquecendo-se a esfera a água se transforma em vapor, que escapa pelas extremidades dos tubos, e a reação faz a esfera girar. Essa foi a primeira máquina a vapor, e provou que o vapor podia realizar trabalho, mas Heron nada fez com isso além de entreter as pessoas. Ele fez uma máquina semelhante usando ar quente numa sala contígua para puxar uma corda que abria as portas de um templo. Essa máquina teve uma aplicação prática, produzindo um milagre religioso, mas não era uma máquina a vapor.

FIGURA 46   A eolípila de Heron.

Watt descobriu que o vapor podia ser fonte de energia em 1762, aos 26 anos. E não descobriu isso observando uma chaleira: seu amigo John Robison, professor de filosofia natural na Universidade de Edimburgo, foi quem lhe falou sobre o assunto. Mas a máquina de vapor prática era muito mais antiga. Sua descoberta é geralmente creditada ao engenheiro e arquiteto italiano Giovanni Branca, cujo *A máquina*, de 1629, continha 63 gravuras de engenhocas mecânicas. Uma mostra uma roda de pás capaz de girar em seu eixo quando a fumaça que saía de um cano se chocava contra elas. Branca especulou que essa máquina podia ser útil para moer trigo, erguer água e cortar madeira, mas provavelmente nunca foi construída. Era mais um experimento mental, um castelo no ar, como a máquina voadora de Leonardo da Vinci.

A segunda lei da termodinâmica

Em todo caso, Branca foi precedido por Taqi al-Din Muhammad ibn Ma'ruf al-Shami al-Asadi, que viveu por volta de 1550 no Império Otomano e foi largamente considerado o maior cientista de sua época. Suas realizações são impressionantes. Ele trabalhou em tudo de astrologia a zoologia, incluindo relojoaria, medicina, filosofia e teologia, e escreveu mais de noventa livros. Em seu *Al-turuq al-samiyya fi al-alat al-ruhaniyya* ("Os sublimes métodos de máquinas espirituais"), de 1551, al-Din descreveu uma turbina a vapor primitiva, dizendo que podia ser usada para girar carne sendo assada num espeto.

O primeiro estudo verdadeiramente prático de máquina a vapor foi uma bomba d'água inventada por Thomas Savery em 1698. A primeira a trazer lucros comerciais, construída por Thomas Newcomen em 1712, desencadeou a Revolução Industrial. Mas a máquina de Newcomen era ineficiente. A contribuição de Watt foi introduzir um condensador para o vapor, reduzindo perdas de calor. Desenvolvida usando dinheiro fornecido pelo empreendedor Matthew Bolton, esse novo tipo de máquina usava apenas a quarta parte da quantidade de carvão, gerando enormes economias. A máquina de Watts e Bolton entrou em funcionamento em 1775, mais de 220 anos após o livro de al-Din. Em 1776, havia três em atividade: uma em uma mina de carvão em Tipton, outra nas fundições de ferro em Shropshire e uma terceira em Londres.

Máquinas a vapor executavam uma variedade de tarefas industriais, mas eram, de longe, mais utilizadas para bombear água das minas. Custa muito dinheiro explorar uma mina, mas à medida que as camadas superiores se esgotavam e os operadores eram forçados a penetrar mais fundo no solo, acabavam atingindo o lençol d'água. Valia a pena gastar um bom dinheiro para bombear a água para fora, pois a outra alternativa era fechar a mina e começar em algum outro lugar – e isso podia não ser viável. Mas ninguém queria pagar mais do que o necessário, de modo que o fabricante que pudesse projetar uma máquina a vapor mais eficiente dominaria o mercado. Assim, a questão básica que pedia atenção era quanto uma máquina a vapor podia ser eficiente. A resposta fez mais do que simplesmente descrever os limites das máquinas a vapor: criou um novo ramo da física, cujas aplicações eram praticamente ilimitadas. A nova física lançava luz sobre tudo, desde gases à própria estrutura de todo o universo; aplicava-se não somente à matéria morta da física e da química, mas talvez também aos complexos processos da própria vida. Foi chamado de termodinâmica: o movimento do calor. E, assim como a lei da conservação da energia na mecânica excluía as máquinas mecânicas de moto-perpétuo, as leis da termodinâmica excluíam máquinas semelhantes usando calor.

Uma dessas leis, a primeira lei da termodinâmica, revelava uma nova forma de energia associada ao calor, e estendia a lei da conservação da energia (Capítulo 3) para o novo reino das máquinas a vapor. Outra lei, sem qualquer precedente, mostrava que algumas formas potenciais de troca de calor, que não conflitavam com a conservação da energia, eram no entanto impossíveis, porque teriam de criar ordem a partir da desordem. Era a segunda lei da termodinâmica.

A TERMODINÂMICA É A FÍSICA matemática dos gases. Ela explica como características de larga escala, como temperatura e pressão, surgem da maneira pela qual as moléculas de gás interagem. O tema começou com uma série de leis da natureza relacionando temperatura, pressão e volume. Esta versão é chamada termodinâmica clássica, e não envolvia moléculas – naquela época poucos cientistas acreditavam na sua existência. Posteriormente, as leis dos gases foram sustentadas por um novo conjunto de explicações, baseado num modelo matemático simples explicitamente envolvendo moléculas. As moléculas de gás eram consideradas como minúsculas esferas que colidiam entre si como bolas de bilhar perfeitamente elásticas, sem energia perdida na colisão. Embora as moléculas não sejam esféricas, o modelo provou ser notavelmente eficaz. É chamado de teoria cinética dos gases, e levou à prova experimental de que as moléculas existem.

As primeiras leis dos gases surgiram aos trancos e barrancos ao longo de um período de quase cinquenta anos, e são atribuídas principalmente ao físico e químico irlandês Robert Boyle, ao matemático e pioneiro dos balões francês Jacques Alexandre César Charles e ao físico e químico francês Joseph

Louis Gay-Lussac. Entretanto, muitas das descobertas foram feitas por outros. Em 1834, o engenheiro e físico francês Émile Clayperon combinou todas essas leis numa só, a lei dos gases ideais, que atualmente é escrita como

$$pV = RT$$

em que p é pressão, V é volume, T é a temperatura e R é uma constante. A equação diz que a pressão multiplicada pelo volume é proporcional à temperatura. Foi preciso muito trabalho com muitos gases diferentes para confirmar experimentalmente cada lei em separado e a síntese geral de Clayperon. A palavra "ideal" aparece porque gases reais não obedecem à lei em todas as circunstâncias, especialmente em pressões elevadas, quando as forças interatômicas entram em jogo. Mas a versão ideal era boa o suficiente para projetar máquinas a vapor.

A termodinâmica é encapsulada em diversas leis mais gerais, não dependentes da forma precisa de uma lei dos gases. No entanto, é necessário, sim, que haja uma lei dessas, porque temperatura, pressão e volume não são independentes. Precisa haver alguma relação entre eles, mas na verdade não importa muito qual.

A primeira lei da termodinâmica provém da lei mecânica da conservação de energia. No Capítulo 3 vimos que há dois tipos distintos de energia na mecânica clássica: a energia cinética, determinada pela massa e pela velocidade, e a energia potencial, determinada pelo efeito de forças tais como a gravidade. Nenhum desses tipos de energia é conservado em si. Se você deixa cair uma bola, ela acelera, ganhando, dessa forma, energia cinética. Ao mesmo tempo, ela cai, perdendo energia potencial. A segunda lei do movimento de Newton afirma que essas duas variações se cancelam exatamente entre si, de modo que a energia total não varia durante o movimento.

Porém, isso não é tudo. Se você põe um livro sobre a mesa e dá um empurrão, sua energia potencial não varia, contanto que a mesa seja horizontal. Mas a velocidade muda: após um aumento inicial produzido pela força com que você o empurrou, o livro rapidamente perde velocidade até parar. Assim sua energia cinética começa de um valor diferente de zero logo após o empurrão, e aí cai para zero. A energia total, portanto, diminui, então ela não é conservada. Para onde ela foi? Por que o livro parou? Segundo a primeira lei de Newton, o livro deveria continuar se movendo, a menos que alguma força se oponha. Essa força é o atrito entre o livro e a mesa. Mas o que é atrito?

O atrito ocorre quando superfícies ásperas se esfregam uma contra a outra. A superfície áspera do livro tem minúsculas saliências. Estas entram em contato com partes da mesa que também têm saliências. O livro exerce uma força sobre a mesa, e a mesa, obedecendo à terceira lei de Newton, resiste. Isso cria uma força que se opõe ao movimento do livro, de modo que ele desacelera e perde energia. Assim, para onde vai a energia? Talvez a conservação simplesmente não se aplique. Por outro lado, pode ser que ela ainda esteja espreitando em algum lugar, sem ser notada. E é isso o que nos diz a primeira lei da termodinâmica: a energia que falta aparece como calor. Tanto o livro como a mesa se aquecem ligeiramente. Os seres humanos sabem que o atrito gera calor desde que algum sujeito brilhante descobriu como esfregar dois pauzinhos para fazer fogo. Se você descer por uma corda escorregando muito rápido, suas mãos ficam queimadas pelo atrito. Havia muitas pistas. A primeira lei da termodinâmica afirma que o calor é uma forma de energia, e a energia – assim estendida – é conservada no processo termodinâmico.

A PRIMEIRA LEI DA TERMODINÂMICA impõe limites sobre o que se pode fazer com uma máquina de calor. A quantidade de energia cinética que se pode extrair, na forma de movimento, não pode ser maior do que a quantidade de energia que se introduz na forma de calor. Mas descobriuse que existe uma restrição adicional para a eficiência com que uma máquina de calor pode converter energia térmica em energia cinética; não apenas o aspecto prático de que parte da energia sempre se perde, mas um limite teórico que impede que toda a energia térmica seja convertida em movimento. Só parte dela, a energia "livre", pode ser convertida. A segunda lei da termodinâmica transformou essa ideia num princípio geral,

A segunda lei da termodinâmica

mas vamos demorar um pouco até chegar lá. A limitação foi descoberta por Nicolas Léonard Sadi Carnot em 1824, num modelo simples de como uma máquina a vapor funciona: o ciclo de Carnot.

Para entender o ciclo de Carnot é importante distinguir calor de temperatura. Na vida cotidiana, dizemos que algo está quente se sua temperatura é alta, e assim confundimos os dois conceitos. Na termodinâmica clássica nenhum dos conceitos é simples. Temperatura é a propriedade de um fluido, mas calor só faz sentido como medida da transferência de energia entre fluidos, e não é uma propriedade intrínseca do estado do fluido (ou seja, temperatura, pressão e volume). Na teoria cinética, a temperatura de um fluido é a energia cinética média de suas moléculas, e a quantidade de calor transferido entre fluidos é a variação na energia cinética total de suas moléculas. Num sentido, o calor é um pouco a energia potencial, que é definida em relação a uma altura de referência arbitrária; isso introduz uma constante arbitrária, de modo que "a" energia potencial de um corpo não é definida de forma única. Mas quando o corpo muda de altura, a diferença de energia potencial é a mesma qualquer que seja o referencial de altura adotado, porque a constante se cancela. Em suma, o calor mede variações, mas a temperatura mede estados. Os dois estão interligados: a transferência de calor só é possível quando os fluidos envolvidos têm temperaturas diferentes, e então é transferido do mais quente para o mais frio. Esta é muitas vezes chamada de lei zero da termodinâmica, porque, lógico, ela precede a primeira lei, mas historicamente foi reconhecida mais tarde.

A temperatura pode ser medida usando-se um termômetro, que explora a expansão de um fluido, tal como o mercúrio, causada pelo aumento de temperatura. O calor pode ser medido utilizando-se a sua relação com a temperatura. Num fluido-teste padrão, como a água por exemplo, cada aumento de um grau na temperatura de um grama de fluido corresponde a um aumento fixo no conteúdo de calor. Essa quantidade é chamada de calor específico do fluido, que na água é de uma caloria por grama por grau Celsius. Note que o aumento de temperatura é uma *variação*, não um estado, como requer a definição de calor.

Podemos agora visualizar o ciclo de Carnot pensando num recipiente contendo gás, com um pistão móvel numa das extremidades. O ciclo tem quatro fases:

1. Aquecer o gás tão depressa que a temperatura não varie. O gás se expande, realizando trabalho sobre o pistão.
2. Permitir que o gás se expanda mais, reduzindo a pressão. O gás se resfria.
3. Comprimir o gás tão depressa que a temperatura não varie. Agora, o pistão realiza trabalho sobre o gás.
4. Permitir que o gás se comprima mais, aumentando a pressão. O gás retorna à temperatura original.

Num ciclo de Carnot o calor introduzido na primeira fase transfere energia cinética ao pistão, permitindo que ele trabalhe. A quantidade de energia transferida pode ser calculada em termos da quantidade de calor introduzido e da diferença de temperatura entre o gás e o que está ao seu redor. O teorema de Carnot prova que em princípio o ciclo de Carnot é o meio mais eficiente de converter calor em trabalho. Isso impõe um limite rígido sobre a eficiência de qualquer máquina de calor, e em particular sobre uma máquina a vapor.

Num diagrama mostrando a pressão e o volume do gás, o ciclo de Carnot tem a aparência da Figura 47 (*esquerda*). O físico e matemático alemão Rudolf Clausius descobriu um modo mais simples de visualizar o ciclo, na Figura 47 (*direita*). Agora os dois eixos são temperatura e uma grandeza nova e fundamental chamada *entropia*. Nessas coordenadas o ciclo vira um retângulo, e quantidade de trabalho realizado é simplesmente a área do retângulo.

Entropia é como o calor: é definida em termos de variação de estado, e não um estado em si. Suponhamos que um fluido em algum estado inicial varie para um estado novo. Então a diferença de entropia entre os dois estados é a variação total na quantidade de "calor dividido por temperatura". Em símbolos, para um pequeno passo ao longo do caminho entre dois estados, a entropia S está relacionada com o calor q e a

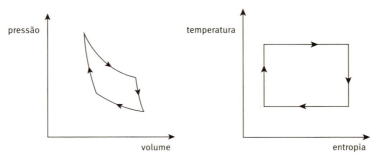

FIGURA 47 Ciclo de Carnot. *Esquerda:* em termos de pressão e volume. *Direita:* Em termos de temperatura e entropia.

temperatura T pela equação diferencial $dS = dq/T$. A variação de entropia é a variação de calor por unidade de temperatura. Uma variação grande de estado pode ser representada como uma série de variações pequenas, então somamos todas as variações pequenas de entropia para obter a variação total de entropia. O cálculo nos diz que a maneira de fazer isso é usar uma integral.[1]

Tendo definido entropia, a segunda lei da termodinâmica é muito simples. Ela afirma que, em qualquer processo termodinâmico fisicamente viável, a entropia de um sistema isolado tem que sempre aumentar.[2] Em símbolos, $dS \geq 0$. Por exemplo, suponhamos que vamos dividir uma sala com uma divisória móvel, colocar oxigênio de um lado da divisória e nitrogênio do outro. Cada gás tem sua entropia particular, relativa a algum estado inicial de referência. Agora removemos a divisória, permitindo que os gases se misturem. O sistema combinado também tem uma entropia particular, relativa aos mesmos estados de referência iniciais. E a entropia do sistema combinado é sempre maior que a soma das entropias dos dois gases separados.

A TERMODINÂMICA CLÁSSICA é fenomenológica: ela descreve o que se pode medir, mas não se baseia em nenhuma teoria coerente do processo envolvido. Esse passo foi dado em seguida com a teoria cinética dos gases, iniciada por Daniel Bernoulli em 1738. Essa teoria fornece uma explicação física de pressão, temperatura, leis dos gases e da grandeza misteriosa, a entropia. A ideia básica – altamente controversa na época – é que um gás consiste em um grande número de moléculas idênticas, que ficam saltitando no espaço e ocasionalmente colidem entre si. Ser gás significa que as moléculas não estão amarradas com muita firmeza, de modo que qualquer molécula passa boa parte do tempo viajando pelo vácuo do espaço numa velocidade constante em linha reta. (Eu digo "vácuo" mesmo que estejamos discutindo um gás, pois é isso que existe no espaço vazio entre as moléculas.) Uma vez que as moléculas, embora miúdas, possuem um tamanho diferente de zero, ocasionalmente duas delas colidem. A teoria cinética admite a premissa simplificadora de que elas se rebatem como duas bolas de bilhar que se chocam, e que essas bolas são perfeitamente elásticas, de modo que não se perde energia nenhuma na colisão. Entre outras coisas, isso implica que as moléculas fiquem saltitando para sempre.

Quando Bernoulli sugeriu inicialmente esse modelo, a lei da conservação da energia não estava estabelecida e a elasticidade perfeita parecia improvável. A teoria foi gradualmente ganhando apoio de um pequeno número de cientistas, que desenvolveram suas próprias versões e adicionaram novas ideias, mas seu trabalho foi quase universalmente ignorado. O químico e físico alemão August Krönig escreveu um livro sobre o assunto em 1856, simplificando a física ao impedir as moléculas de girar. Clausius removeu essa simplificação um ano depois. Alegou ter chegado aos seus resultados de maneira independente, e hoje é considerado um dos primeiros pensadores significativos da teoria cinética. Ele propôs um dos conceitos fundamentais da teoria, o livre caminho médio de uma molécula: a distância que ela viaja, em média, entre duas colisões sucessivas.

Tanto Krönig quanto Clausius deduziram a lei do gás ideal a partir da teoria cinética. As três variáveis básicas são volume, pressão e temperatura. O volume é determinado pelo recipiente que contém o gás. Ele estabelece as "condições de contorno" que afetam a forma de se comportar do gás, mas não é uma característica do gás em si. A pressão é a força média (por unidade quadrada de área) exercida pelas moléculas do gás quando

A segunda lei da termodinâmica

colidem com as paredes do recipiente. Isso depende de quantas moléculas estão dentro do recipiente e de quão rápido estão se movendo. (Elas não se movem todas na mesma rapidez.) Mais interessante é a temperatura. Ela também depende da rapidez com que as moléculas estão se movendo, e é proporcional à energia cinética das moléculas. A dedução da lei de Boyle, o caso especial do gás ideal para temperatura constante, é especialmente direta. Numa temperatura fixa, a distribuição das velocidades não varia, então a pressão é determinada por quantas moléculas colidem contra a parede. Se reduzirmos esse volume, o número de moléculas por unidade cúbica de espaço aumenta, e a chance de qualquer molécula se chocar contra a parede também aumenta. Volume menor significa gás mais denso, que significa mais moléculas atingindo a parede, e este argumento pode ser quantificado. Argumentos semelhantes, porém mais complicados, produzem a lei do gás ideal em toda a sua glória, contanto que as moléculas não sejam espremidas demais umas contra as outras. Assim, havia agora uma base teórica mais profunda para a lei de Boyle, baseada na teoria das moléculas.

Maxwell inspirou-se no trabalho de Clausius, e em 1859 pôs a teoria cinética sobre alicerces matemáticos apresentando uma fórmula para a probabilidade de uma molécula viajar com uma determinada velocidade. Ela se baseia na distribuição normal ou curva do sino (ver Capítulo 7). A fórmula de Maxwell parece ter sido o primeiro exemplo de uma lei física baseada em probabilidades. Ele foi seguido pelo físico austríaco Ludwig Boltzmann, que desenvolveu a mesma fórmula, hoje chamada distribuição Maxwell-Boltzmann. Boltzmann reinterpretou a termodinâmica em termos da teoria cinética dos gases, fundando o que hoje se chama mecânica estatística. Em particular, ele criou uma nova interpretação de entropia, relacionando o conceito termodinâmico com uma característica estatística das moléculas no gás.

As grandezas termodinâmicas tradicionais, tais como temperatura, pressão, calor e entropia, referem-se todas às propriedades médias em escala grande do gás. Entretanto, a estrutura fina consiste em montes de moléculas zunindo e se chocando entre si. O mesmo estado em escala grande pode surgir de inúmeros estados diferentes em escala reduzida, porque as diferenças menores na escala reduzida se cancelam na média. Boltzmann, portanto, fez a distinção entre macroestados e microestados do sistema: médias em escala grande e os estados reais das moléculas. Usando isso, mostrou que a entropia, um macroestado, pode ser interpretada como um traço estatístico de microestados. E expressou este fato na equação

$$S = k \log W$$

em que S é a entropia do sistema, W é o número de microestados distintos que podem dar origem ao macroestado geral e k é uma constante. Ela se chama, hoje, constante de Boltzmann e vale $1,38 \times 10^{-23}$ joules por grau Kelvin.

É esta a fórmula que motiva a interpretação de entropia como desordem. A ideia é que menos microestados correspondem a um macroestado mais ordenado do que a um desordenado, e poderemos entender por que se pensarmos num baralho. Para simplificar, suponhamos que temos apenas seis cartas, marcadas com 2, 3, 4, J, Q, K. Vamos colocá-las em dois montes separados, com as cartas de valor baixo num monte e as cartas maiores no outro. Este é um arranjo bem-ordenado. Na verdade, ele manterá vestígios dessa ordem se embaralharmos cada monte, mas ainda mantendo-os separados, pois, qualquer que seja o resultado depois de embaralhar, as cartas de valor baixo continuam num monte e as de valor alto no outro. Agora, se embaralharmos os montes juntos, os dois tipos de carta se misturam, com arranjos do tipo 4QK2J3. Intuitivamente, esses arranjos mais misturados são mais desordenados.

Vejamos como isso se relaciona com a fórmula de Boltzmann. Há 36 maneiras de arranjar as cartas em seus dois montes: seis em cada monte. Mas há 720 maneiras ($6! = 1 \times 2 \times 3 \times 4 \times 5 \times 6$) de arranjar todas as seis cartas num monte só. O tipo de ordenamento das cartas que permitimos – dois montes ou um – é análogo ao macroestado de um sistema termodinâmico. A ordem exata é o microestado. O estado mais ordenado tem 36 microestados, o menos ordenado tem 720. Então, quanto mais microestados existem, menos ordenado o macroestado correspondente se torna. Posto que os logaritmos aumentam com os números, quanto maior o logaritmo do número de microestados, mais desordenado se torna o macroestado. Aqui

$$\log 36 = 3,58 \qquad\qquad \log 720 = 6,58$$

Estas são efetivamente as entropias dos dois macroestados. A constante de Boltzmann simplesmente encaixa os valores para se adequarem ao formalismo termodinâmico quando estamos lidando com gases.

Os dois montes de cartas são como dois estados termodinâmicos que não interagem, como uma caixa com uma divisória separando dois gases. Suas entropias individuais são log 6 cada, de modo que a entropia total é 2 log 6, que equivale a log 36. Assim o logaritmo torna a entropia *aditiva* para sistemas não interagentes: para obter a entropia do sistema combinado (mas sem interação), somam-se as entropias separadas. Se agora deixarmos os sistemas interagir (removendo a divisória) a entropia cresce para log 720.

Quanto mais cartas houver, mais pronunciado se torna o efeito. Divida um baralho comum de 52 cartas em dois montes, com todas as vermelhas de um lado e as pretas de outro. Esse arranjo ocorre de $(26!)^2$ maneiras, o que é, de forma aproximada, $1,62 \times 10^{53}$. Embaralhando ambos os montes juntos obtemos 52! microestados, aproximadamente $8,07 \times 10^{67}$. Os logaritmos são 122,52 e 156,36, respectivamente, e de novo o segundo é maior.

As ideias de Boltzmann não foram recebidas com grande aclamação. Num nível técnico, a termodinâmica estava coberta de problemas conceituais. Um deles era o significado preciso de "microestado". A posição e a velocidade de uma molécula são variáveis contínuas, capazes de assumir uma infinidade de valores, mas Boltzmann precisava de um número finito de microestados para contar quantos havia e então tirar o logaritmo. Assim, essas variáveis precisavam ser "grosseiramente granuladas" de alguma maneira, dividindo o contínuo de valores possíveis em um número finito de intervalos muito pequenos. Outro problema, de natureza mais filosófica, era a seta do tempo – um aparente conflito entre a dinâmica temporalmente reversível dos microestados e o tempo em sentido único dos macroestados, determinado pelo aumento de entropia. Os dois problemas estão relacionados, como em breve veremos.

O maior obstáculo para a aceitação da teoria, porém, era a ideia de que a matéria é feita de partículas extremamente minúsculas, os átomos. Esse conceito e a palavra átomo, que significa "indivisível", remontam à Grécia antiga, mas mesmo por volta de 1900 a maioria dos físicos não acreditava que a matéria fosse composta de átomos. Então tampouco acreditavam em moléculas, e uma teoria dos gases baseada em moléculas era, obviamente, um absurdo. Maxwell, Boltzmann e outros pioneiros da teoria cinética estavam convencidos de que moléculas e átomos eram reais, mas, para os céticos, a teoria atômica era apenas um modo conveniente de retratar a matéria. Nenhum átomo jamais fora observado, então não havia evidência científica de sua existência. Moléculas, uma combinação específica de átomos, eram igualmente controversas. Além disso, a teoria atômica se ajustava a todo tipo de dados experimentais em química, mas isso não era prova de que os átomos existissem.

Um dos fatores que finalmente convenceram a maioria dos que levantavam objeções foi o uso da teoria cinética para fazer previsões acerca do movimento browniano. Esse efeito foi descoberto pelo botânico escocês Robert Brown.[3] Ele foi um dos pioneiros no uso do microscópio, descobrindo, entre outras coisas, a existência do núcleo da célula, que agora se sabe ser o repositório de sua informação genética. Em 1827, Brown estava observando grãos de pólen num líquido através de seu microscópio, e viu partículas ainda menores que haviam sido ejetadas pelo pólen. Essas minúsculas partículas se agitavam de maneira aleatória, e de início Brown imaginou se não seriam alguma diminuta forma de vida. Todavia, seus experimentos mostraram o mesmo efeito em partículas derivadas de matéria não vivente, de modo que, o que quer que causasse a agitação, não precisava ser vivo. Na época, ninguém sabia o que causava esse efeito. Agora sabemos que as partículas ejetadas pelo pólen eram organelas, minúsculos subsistemas da célula com funções específicas; neste caso, fabricar amido e gorduras. E interpretamos a agitação aleatória como evidência para a teoria de que a matéria é feita de átomos.

A ligação com os átomos vem de modelos matemáticos do movimento browniano, que surgiram primeiro no trabalho estatístico do astrônomo e atuário dinamarquês Thorvald Thiele, em 1880. O grande progresso foi feito por Einstein, em 1905, e pelo cientista polonês Marian Smoluchowski, em 1906. Eles propuseram, independentemente, uma explicação física para o movimento browniano: átomos do líquido no qual as partículas flutuavam estavam se chocando ao acaso contra as partículas, dando-lhes pequenos chutes. Com base nisso, Einstein empregou um modelo matemático para fazer previsões quantitativas sobre a estatística do movimento, que foram confirmadas por Jean Baptiste Perrin em 1908-09.

Boltzmann cometeu suicídio em 1906 – justamente quando o mundo científico estava começando a avaliar que a base da sua teoria era real.

NA FORMULAÇÃO DA TERMODINÂMICA de Boltzmann, as moléculas num gás são análogas às cartas num baralho, e a dinâmica natural das moléculas é análoga a embaralhar as cartas. Suponhamos que em algum momento todas as partículas de oxigênio num recinto estejam concentradas num dos cantos e todas as moléculas de nitrogênio em outro. Este é um estado termodinâmico ordenado, como dois montes de cartas separados. Após um intervalo muito breve de tempo, porém, as colisões aleatórias farão com que as moléculas se misturem, de maneira mais ou menos uniforme, por todo o recinto, como cartas que estão sendo embaralhadas. Acabamos de ver que esse processo faz tipicamente a entropia aumentar. Esta é a imagem ortodoxa do aumento inexorável de entropia, e é a interpretação padrão da segunda lei: "a quantidade de desordem no universo aumenta constantemente." Tenho bastante certeza de que essa caracterização da segunda lei teria deixado Snow satisfeito se alguém a tivesse apresentado a ele. Dessa forma, uma consequência dramática da segunda lei é o cenário da "morte térmica do universo", no qual o universo inteiro acabará se tornando um gás morno sem qualquer estrutura de interesse.

A entropia, e o formalismo matemático que a acompanha, oferece um excelente modelo para muitas coisas. Explica por que máquinas de calor só conseguem atingir um determinado nível de eficiência, o que impede os engenheiros de perder tempo e dinheiro valiosos procurando a galinha dos ovos de ouro. E não é verdade apenas para as máquinas a vapor da época vitoriana, aplica-se também aos automóveis modernos. O desenho do motor é uma das áreas que se beneficiaram com o conhecimento das leis da termodinâmica. Outra área é a dos refrigeradores. Estes usam reações químicas para retirar calor dos alimentos dentro da geladeira. E o calor precisa ir para algum lugar: muitas vezes é possível sentir o calor subindo da parte externa do motor da geladeira. O mesmo vale para aparelhos de ar condicionado. Geração de energia é outra das aplicações. Numa usina a carvão, a gás ou nuclear, o que se gera inicialmente é calor. O calor forma vapor, que movimenta a turbina. A turbina, seguindo princípios que remontam a Faraday, transforma calor em eletricidade.

A segunda lei da termodinâmica também governa a quantidade de energia que podemos esperar extrair de recursos renováveis, tais como ventos e ondas. As mudanças climáticas acrescentaram uma nova urgência a essa questão, porque fontes renováveis de energia produzem menos dióxido de carbono do que fontes convencionais. Até mesmo a energia nuclear tem um grande consumo de carbono, porque o combustível precisa ser fabricado, transportado e armazenado quando não tiver mais utilidade mas ainda for radiativo. Enquanto escrevo, ocorre um acalorado debate sobre a quantidade máxima de energia que podemos extrair do oceano e da atmosfera sem causar os tipos de mudanças que estamos querendo evitar. Ele se baseia em estimativas termodinâmicas relativas à quantidade de energia livre existente nesses sistemas naturais. Trata-se de um assunto importante: se as fontes renováveis *em princípio* não puderem suprir a energia de que necessitamos, então teremos de procurar em outro lugar. Painéis solares, que extraem energia diretamente da luz solar, não são diretamente afetados pelos limites termodinâmicos, mas mesmo eles envolvem processos de fabricação, e assim por diante. No momento, a hipótese de tais limites serem um obstáculo sério se assenta em algumas simplificações abrangentes, e mesmo se estiverem corretas, os cálculos não excluem os renováveis como fonte para a maior parte da energia mundial.

A segunda lei da termodinâmica

Mas vale a pena lembrar que cálculos igualmente amplos sobre a produção de dióxido de carbono, feitos nos anos 1950, provaram ser surpreendentemente acurados na previsão do aquecimento global.

A segunda lei funciona de maneira brilhante em seu contexto original, o comportamento dos gases, mas parece entrar em conflito com as ricas complexidades do nosso planeta, em particular a vida. Ela parece excluir a complexidade e a organização exibidas pelos sistemas vivos. Assim, a segunda lei às vezes é invocada para atacar a evolução darwiniana. No entanto, a física das máquinas a vapor não é particularmente apropriada para o estudo da vida. Na teoria cinética dos gases, as forças que agem entre as moléculas são de curto alcance (ativas apenas quando as moléculas colidem) e repulsivas (elas rebatem e se afastam). Mas a maioria das forças na natureza não é assim. Por exemplo, a gravidade atua a distâncias enormes, e é atrativa. A expansão do universo a partir do Big Bang não espalhou a matéria transformando-a num gás uniforme. Ao invés disso, a matéria se formou em blocos aglutinados – planetas, estrelas, galáxias, conglomerados supergaláticos… As forças que mantêm as moléculas coesas são também de atração – exceto em distâncias muito curtas, quando se tornam repulsivas, o que impede as moléculas de implodir – mas seu alcance efetivo é muito pequeno. Para sistemas como esses, o modelo termodinâmico de subsistemas independentes cujas interações são acionadas, mas não desligadas, é simplesmente irrelevante. As características da termodinâmica ou não se aplicam, ou são tão de longo prazo que não modelam nada de interessante.

As leis da termodinâmica, portanto, estão subjacentes a muitas coisas que consideramos óbvias. E a interpretação de entropia como "desordem" nos ajuda a compreender essas leis e adquirir uma sensação intuitiva para sua base física. Todavia, há ocasiões em que interpretar entropia como desordem parece levar a paradoxos. Este é um campo de discurso mais filosófico – e fascinante.

Um dos profundos mistérios da física é a seta do tempo. O tempo parece fluir em um sentido particular. Entretanto, parece lógica e matematicamente possível que o tempo flua para trás – uma possibilidade explorada por livros como *A seta do tempo*, de Martin Amis, e a novela, muito mais antiga, *Regresso ao passado*, de Philip K. Dick, e a série televisiva da BBC *Red Dwarf*, cujos protagonistas memoravelmente tomam cerveja e se metem numa briga de bar em tempo reverso. Então, por que o tempo não pode correr ao contrário? À primeira vista, a termodinâmica oferece uma explicação simples para a seta do tempo: é o sentido do aumento de entropia. Os processos termodinâmicos são irreversíveis: oxigênio e nitrogênio vão se misturar espontaneamente, mas não se desmisturam espontaneamente.

Aqui, porém, há uma charada, porque qualquer sistema mecânico clássico, tais como moléculas num recinto, é passível de reversão no tempo. Se ficarmos embaralhando um monte de cartas ao acaso, então, alguma hora acabaremos voltando à organização inicial. Nas equações matemáticas, se num dado instante as velocidades de todas as partículas forem simultaneamente invertidas, então o sistema percorrerá o mesmo caminho em sentido inverso, de trás para a frente no tempo. O universo inteiro pode ser revolvido, obedecendo às mesmas equações em ambos os sentidos. Então, por que nunca vemos um ovo mexido voltando para a casca?

A resposta termodinâmica habitual é: um ovo mexido é mais desordenado do que um ovo cru, a entropia aumenta, e é nesse sentido que o tempo flui. Mas há uma razão mais sutil para os ovos não se "desmexerem": é muito, muito improvável que o universo se agite da maneira requerida. A probabilidade de isso ocorrer é ridiculamente pequena. Assim, a discrepância entre aumento de entropia e reversibilidade temporal provém das condições iniciais e não de equações. As equações para moléculas que se movem são reversíveis no tempo, mas as condições iniciais não são. Quando revertemos o tempo, precisamos usar condições "iniciais" dadas pelo estado *final* do movimento para a frente no tempo.

A distinção mais importante, aqui, é entre simetria de equações e simetria de suas soluções. As equações para colisão e rebatida de moléculas possuem simetria de reversibilidade temporal, mas soluções individuais podem ter uma seta do tempo definida. O máximo que se pode deduzir de

A segunda lei da termodinâmica

uma equação, em termos de sua reversibilidade temporal, é que deve existir também *uma outra* solução que seja o reverso temporal da primeira. Se Alice joga uma bola para Bob, a solução reversa no tempo é Bob jogando uma bola para Alice. Da mesma maneira, uma vez que as equações da mecânica permitem que um vaso caia no chão e se quebre em mil pedaços, devem permitir também uma solução na qual mil cacos de vidro misteriosamente se juntem, grudem-se formando um vaso intacto, que salte para cima no ar.

Obviamente há algo de engraçado nisso, que requer investigação. Nós não temos problema com Bob e Alice jogando a bola um para o outro. Vemos coisas desse tipo diariamente. Mas não vemos um vaso quebrado se grudando de volta. E não vemos um ovo mexido voltando para a casca.

Suponhamos que arrebentemos um vaso filmando o resultado. Começamos com um estado ordenado simples – um vaso intacto. O vaso cai no chão, onde o impacto o quebra em pedaços e espalha esses pedaços por todo o piso. Os pedaços perdem velocidade e acabam parando. Tudo parece inteiramente normal. Agora vamos passar o filme de trás para a frente. Pedaços de vidro, que têm os formatos exatos para se encaixar uns nos outros, estão espalhados pelo chão. Espontaneamente eles começam a se mover. E se movem na velocidade exata, e na direção exata, para se encontrar. Juntam-se formando um vaso, que se dirige para cima. Isso não parece direito.

Na verdade, do jeito que está descrito, não está direito. Várias leis da mecânica parecem estar sendo violadas, entre elas a conservação da quantidade de movimento e a conservação da energia. Massas estacionárias não podem se mover de repente. Um vaso não pode ganhar energia do nada e dar um salto no ar.

Ah, sim… mas isso acontece porque não estamos olhando com cuidado suficiente. O vaso não deu um salto no ar por vontade própria. O chão começou a vibrar, e as vibrações se juntaram para dar ao vaso o forte impulso para o ar. Os cacos de vidro foram igualmente impelidos a se mover pelas ondas de vibração do piso. Se acompanharmos essas vibrações ao contrário, elas se espalham e parecem morrer. O atrito acaba dissipando todo o movimento... Ah, sim, o atrito. O que acontece com a energia cinética quando há atrito? Ela se transforma em calor. Então perdemos alguns detalhes do cenário da reversão do tempo. A quantidade de movimento e a energia se equilibram, sim, mas as partes que faltam vêm do chão que perde calor.

Em princípio, poderíamos montar um sistema para a frente no tempo de modo a imitar o vaso no tempo reverso. Bastaria fazer com que as moléculas do chão colidissem exatamente do jeito certo para liberar parte de seu calor com o movimento do piso, chutando os pedaços de vidro na maneira absolutamente exata, e então lançando o vaso no ar. A questão é que isso não é impossível em princípio: se fosse, a reversibilidade temporal falharia. Mas é impossível na prática, porque não há meio de controlar tantas moléculas com tanta precisão.

Esse também é um assunto que diz respeito a condições de contorno – neste caso, condições iniciais. As condições iniciais para o experimento de quebra do vaso são fáceis de implementar, e o aparato é fácil de se adquirir. E tudo também é bastante robusto: use outro vaso, deixe cair de uma altura diferente... acontecerá algo bem parecido. O experimento de junção do vaso, em contraste, requer um controle extraordinariamente preciso de zilhões de moléculas individuais e pedaços de vidro desenhados de modo meticuloso. Sem que todo esse equipamento de controle perturbe uma única molécula. É por isso que não conseguimos fazer.

No entanto, note como estamos pensando aqui: estamos colocando em foco as condições *iniciais*. Isso estabelece uma seta do tempo: o resto da ação vem depois do início. Se olhássemos para as condições *finais* do experimento de quebrar o vaso, até o nível molecular, elas seriam tão complexas que ninguém em pleno domínio de suas faculdades mentais consideraria replicá-lo.

A matemática da entropia dissimula essas considerações em escala muito pequena. Ela permite que as vibrações enfraqueçam, mas não que aumentem. Permite que o atrito se transforme em calor, mas não que o calor se transforme em atrito. A discrepância entre a segunda lei da termodinâmica e a reversibilidade microscópica surge do "granulamento

A segunda lei da termodinâmica 257

grosseiro", das premissas modeladoras feitas quando passamos de uma descrição molecular detalhada para uma estatística. Essas premissas especificam implicitamente uma seta do tempo: perturbações em escala grande podem estar abaixo do nível perceptível à medida que o tempo passa, mas perturbações em escala pequena não podem seguir o cenário do tempo reverso. Uma vez que a dinâmica passa por esse alçapão temporal, não pode voltar atrás.

Se a entropia sempre aumenta, para começar, como foi que a galinha conseguiu criar o ovo ordenado? Uma explicação comum, apresentada pelo físico austríaco Erwin Schrödinger em 1944 num livro breve e encantador chamado *O que é vida?*, é a de que os sistemas vivos, de alguma forma, tomam ordem emprestada de seu ambiente e retribuem deixando o ambiente ainda mais desordenado do que estaria sem isso. Essa ordem adicional corresponde à "entropia negativa", que a galinha pode usar para fabricar o ovo sem violar a segunda lei. No Capítulo 15 veremos que a entropia negativa pode, em circunstâncias apropriadas, ser pensada como informação, e com frequência se alega que a galinha acessa a informação – fornecida pelo DNA, por exemplo – para obter a entropia negativa necessária. No entanto, a identificação da informação com entropia negativa só faz sentido em contextos muito específicos, e as atividades das criaturas vivas não são um deles. Organismos criam ordem por meio de processos que são capazes de realizar, mas esses processos não são termodinâmicos. As galinhas não acessam nenhum depósito de ordem para fazer o equilíbrio termodinâmico que os livros mandam: elas usam processos para os quais o modelo termodinâmico é inapropriado, e jogam os livros fora porque eles não se aplicam.

O cenário no qual um ovo é criado tomando entropia emprestada seria apropriado se o processo usado pela galinha fosse o reverso de um ovo se decompondo em suas moléculas constituintes. À primeira vista isso é vagamente plausível, porque as moléculas que acabarão por formar o ovo estão dispersas por todo o ambiente; elas se juntam na galinha, onde processos bioquímicos as reúnem de maneira ordenada para formar o ovo. Porém, há uma diferença nas condições iniciais. Se déssemos uma volta de antemão rotulando as moléculas no ambiente da galinha, dizendo "esta aqui vai acabar no ovo neste e nesta posição", estaríamos, com efeito, criando condições iniciais tão complexas e improváveis como as de um ovo sendo desmexido. Mas não é assim que a galinha opera. Algumas moléculas simplesmente acabam no ovo e são conceitualmente nomeadas como parte dele *depois* que o processo é completado. Outras moléculas poderiam ter feito o mesmo serviço – uma molécula de carbonato de cálcio é tão boa para formar a casca quanto outra. Logo, a galinha não está criando ordem a partir da desordem. A ordem é atribuída ao resultado final do processo de formação do ovo – como embaralhar um monte de cartas e numerá-las 1, 2, 3, e assim por diante, usando uma caneta. Incrível – elas estão em ordem numérica!

Para reafirmar, o ovo parece mais ordenado do que seus ingredientes, mesmo se levarmos em conta essa diferença de condições iniciais. Mas isso ocorre porque o processo de formação de um ovo não é termodinâmico. Muitos processos físicos, de fato, desmexem ovos. Um exemplo é a maneira como minerais dissolvidos na água podem criar estalactites e estalagmites em cavernas. Se especificássemos a forma exata da estalactite que desejamos, anteriormente no tempo, estaríamos na mesma situação que alguém querendo desquebrar o vaso. Mas se estamos dispostos a nos contentar com uma estalactite antiga, nós a temos: ordem a partir da desordem. Esses dois termos são muitas vezes usados de forma desleixada. O que importa é que tipo de ordem e que tipo de desordem. Dito isso, eu *ainda* não espero ver um ovo se desmexendo. Não há meio viável de estabelecer as condições iniciais necessárias. O melhor que podemos fazer é dar o ovo mexido para a galinha comer e esperar que ela ponha outro.

Na verdade, há uma razão para não vermos um ovo se desmexendo mesmo que o mundo corresse de trás para a frente. Como nós e as nossas memórias fazemos parte do sistema que está sendo revertido, não teríamos certeza do sentido em que o tempo estaria "realmente" correndo. Nosso senso de fluxo de tempo é produzido pelas memórias, padrões

A segunda lei da termodinâmica

psicoquímicos no cérebro. Em linguagem convencional, o cérebro armazena registros do passado, mas não do futuro. Imagine fazer uma série de tomadas fotográficas instantâneas do cérebro observando um ovo sendo quebrado e mexido, junto com suas memórias do processo. Num certo estágio o cérebro se recorda de um ovo frio, inteiro, e parte da sua história quando tirado da geladeira e colocado na frigideira. Em outro estágio, recorda-se de ter agitado o ovo com um garfo e de tê-lo passado da geladeira para a frigideira.

Se passarmos agora o universo inteiro ao contrário, revertemos a ordem em que essas memórias ocorrem, em tempo "real". Mas não revertemos o ordenamento de uma determinada memória no cérebro. No começo (em tempo reverso) do processo que desmexe o ovo, o cérebro não se lembra do "passado" desse ovo – como ele surgiu de uma boca para uma colher, foi desbatido pelo garfo, formando gradualmente um ovo completo. Em vez disso, o registro no cérebro desse momento é aquele em que ele se lembra de ter quebrado um ovo, junto com o processo de tirá-lo da geladeira para a frigideira, quebrando-o e mexendo. Mas essa memória é exatamente a mesma dos registros no cenário do tempo correndo para diante. E a mesma coisa vale para todos os outros instantâneos de memória. A nossa percepção do mundo depende do que observamos *agora*, e de que memórias nosso cérebro retém *agora*. Num universo com o tempo revertido, na verdade nos lembraríamos do futuro, não do passado.

Os paradoxos de reversibilidade temporal e entropia não são problemas do mundo real. São problemas referentes às premissas que fazemos quando tentamos criar modelos para ele.

13. Uma coisa é absoluta
Relatividade

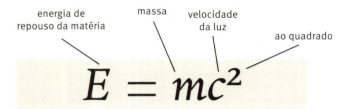

O que diz?
A matéria contém energia igual a sua massa multiplicada pelo quadrado da velocidade da luz.

Por que é importante?
A velocidade da luz é enorme e seu quadrado absolutamente gigantesco. Um quilograma de matéria liberaria 40% da energia na maior arma nuclear já explodida. Faz parte de um pacote de equações que mudaram a nossa visão de espaço, tempo, matéria e gravidade.

Qual foi a consequência?
Decididamente, uma física radicalmente nova. Armas nucleares... bem, talvez – mas não de forma tão direta e conclusiva como alegam os mitos urbanos. Buracos negros, o Big Bang, e sistemas de navegação por satélite.

ASSIM COMO ALBERT EINSTEIN, com seu cabelo de professor aloprado, é o arquétipo do cientista na cultura popular, sua equação $E = mc^2$ é a equação arquetípica. Acredita-se amplamente que esta equação tenha levado à invenção das armas nucleares, que é consequência da teoria da relatividade de Einstein, e que essa teoria (obviamente) tem algo a ver com várias coisas serem relativas. Na verdade, muitos relativistas sociais entoam alegremente que "tudo é relativo", e pensam que isso tem algo a ver com Einstein.

Não tem. Einstein batizou sua teoria de "relatividade" porque era uma modificação das regras de movimento relativo que tradicionalmente haviam sido usadas em mecânica newtoniana, em que o movimento é relativo, dependendo de forma muito simples e intuitiva do referencial a partir do qual ele é observado. Einstein precisou torcer a relatividade newtoniana para dar sentido a uma desconcertante descoberta experimental: que um fenômeno físico particular não é relativo de modo algum, mas absoluto. Daí ele deduziu um novo tipo de física na qual objetos encolhem quando se movem muito depressa, o tempo fica mais lento a ponto de se arrastar e a massa aumenta sem limites. Uma extensão incorporando a gravidade nos deu a melhor compreensão que temos até agora das origens do universo e da estrutura do cosmo. Ela se baseia na ideia de que o espaço e o tempo podem ser curvos.

A relatividade é real. O GPS (Sistema de Posicionamento Global, usado, entre outras coisas, para orientação de carros via satélite) funciona apenas quando são feitas correções para os efeitos relativísticos. O mesmo vale para os aceleradores de partículas tais como o Grande Colisor de Hádrons,* que atualmente busca o bóson de Higgs, que julgamos ser a origem da massa. A

---

* Em inglês, *Large Hadron Collider*, conhecido como LHC. (N.T.)

comunicação moderna tornou-se tão rápida que os operadores de mercado estão começando a se deparar com uma limitação relativística: a velocidade da luz. Esta é a velocidade mais rápida em que qualquer mensagem pode viajar, como, por exemplo, uma instrução via internet para comprar ou vender uma ação. Alguns veem nisso a oportunidade de fechar um negócio nanossegundos antes que o concorrente, mas até agora os efeitos relativísticos não tiveram uma influência séria sobre as finanças internacionais. No entanto, as pessoas já descobriram as melhores localizações para novos mercados ou negócios com ações. É só uma questão de tempo.

Em todo caso, não é só a relatividade que não é relativa: até mesmo a icônica equação não é o que parece. Quando Einstein deduziu a ideia física que ela representa, ele não a escreveu nessa forma familiar. Ela não é consequência matemática da relatividade, embora se torne caso várias premissas e definições físicas sejam aceitas. Talvez seja típico da cultura humana que nossa equação mais icônica não seja, e não foi, o que parece ser, e tampouco o é a teoria que lhe deu origem. Até mesmo a ligação com armas nucleares não é tão evidente, e sua influência histórica sobre a primeira bomba atômica foi pequena, se comparada com a influência política de Einstein como *o* cientista icônico.

A "RELATIVIDADE" COBRE duas teorias distintas, porém correlacionadas: a relatividade especial e a relatividade geral.* Vou usar a celebrada equação de Einstein como pretexto para falar de ambas. A relatividade especial trata de espaço, tempo e matéria na ausência de gravidade; a relatividade geral também leva a gravidade em conta. As duas teorias são parte de um único quadro maior, mas Einstein levou dez anos de intensivos esforços para descobrir como modificar a relatividade especial de modo a incorporar a gravidade. As duas teorias foram inspiradas por dificuldades em conciliar a física newtoniana com a observação, mas a fórmula icônica surgiu na relatividade especial.

---

* Em português, a teoria da relatividade especial é também conhecida como teoria da relatividade restrita. (N.T.)

Relatividade

A física parecia bastante direta e intuitiva na época de Newton. Espaço era espaço, tempo era tempo, e o par nunca se confundiria. A geometria do espaço era a geometria de Euclides. O tempo era independente do espaço, o mesmo para todos os observadores – uma vez que tivessem sincronizado seus relógios. A massa e o tamanho de um corpo não variavam quando ele se movia, e o tempo sempre passava com a mesma taxa de variação em todo lugar. Mas quando Einstein terminou de reformular a física, todas essas afirmativas – tão intuitivas que é difícil imaginar como alguma delas poderia deixar de representar a realidade – se revelaram erradas.

Não estavam em sua totalidade erradas, é claro. Se fossem um absurdo, então a obra de Newton jamais teria saído do chão. O quadro newtoniano do universo físico é uma aproximação, não uma descrição exata. A aproximação é muitíssimo precisa contanto que tudo que esteja envolvido se mova suficientemente devagar, e na maioria das circunstâncias diárias é o que ocorre. Até mesmo um avião de combate a jato, viajando no dobro da velocidade do som, está se movendo devagar para esse propósito. Mas uma coisa que efetivamente desempenha um papel na nossa vida cotidiana de fato se move muito depressa, e estabelece o padrão de referência para outras velocidades: a luz. Newton e seus sucessores haviam demonstrado que a luz é uma onda, e as equações de Maxwell confirmaram isso. Mas a natureza ondulatória da luz levantou uma nova questão. As ondas do mar são ondas na água, ondas sonoras são ondas no ar, terremotos são ondas dentro da Terra. Então, as ondas de luz são ondas no... onde?

Matematicamente, são ondas no campo eletromagnético, que, em teoria, permeia a totalidade do espaço. Quando o campo eletromagnético é excitado – persuadido a sustentar eletricidade e magnetismo – observamos uma onda. Mas o que acontece quando o campo *não* é excitado? Sem ondas, o oceano ainda seria o oceano, o ar seria o ar, e a Terra ainda seria a Terra. Analogamente, o campo eletromagnético seria... o campo eletromagnético. Mas não se pode observar o campo eletromagnético sem haver eletricidade ou magnetismo ocorrendo. E se não é possível observá-lo, o que ele é? Será que ele existe?

Todas as ondas conhecidas da física, exceto o campo eletromagnético, são ondas em algo tangível. Todos os três tipos de onda – água, ar, terremoto – são ondas de movimento. O meio se move para cima e para baixo ou de um lado para outro, mas geralmente não viaja junto com a onda. (Amarre uma corda comprida na parede e sacuda uma das pontas: uma onda viaja ao longo da corda. Mas a *corda* não viaja ao longo da corda.) Há exceções: quando o ar viaja junto com a onda, nós o chamamos de "vento", e ondas no mar movem a água contra a praia quando lá chegam. Mas mesmo que nós descrevamos um tsunami como uma parede de água se movendo, ela não rola sobre a superfície do oceano como uma bola de futebol rola pelo gramado. Na maior parte das vezes, a água num dado local sobe e desce. É o local da "subida" que se move. Até a água chegar perto da praia; aí ocorre algo mais parecido com uma parede que se move.

A luz, e as ondas eletromagnéticas em geral, não parecia ser ondas em nada tangível. Na época de Maxwell, e durante cinquenta anos ou mais, isso era algo perturbador. A lei da gravitação de Newton fora criticada por muito tempo porque implica que a gravidade de algum modo "age a distância", algo tão milagroso em princípios filosóficos quanto chutar uma bola no gol sentado nas arquibancadas. Dizer que ela é transmitida "pelo campo gravitacional" não explica de fato o que está ocorrendo. O mesmo vale para o eletromagnetismo. Assim, os físicos chegaram à ideia de que havia algum meio – ninguém sabia o quê; eles o chamaram de "éter luminífero" ou simplesmente "éter" – que dava sustentação às ondas eletromagnéticas. Quanto mais rígido o meio, mais depressa viajam as vibrações, e a luz, sem dúvida, era muito veloz, então o éter devia ser extremamente rígido. No entanto, os planetas podiam se mover através dele sem nenhuma resistência. Para conseguir evitar detecção fácil o éter não devia ter massa nem viscosidade, devia ser incompressível e totalmente transparente a todas as formas de radiação.

Era uma combinação de atributos esquisitíssima, mas quase todos os físicos assumiam que o éter existia, porque a luz claramente fazia o que fazia. *Alguma coisa* precisava transportar a onda. Além disso, a existência do éter podia em princípio ser detectada, porque outra característica da luz sugeria uma forma de observá-lo. No vácuo, a luz se move com uma velocidade fixa c. A mecânica newtoniana ensinara todo físico a indagar:

Relatividade 265

velocidade relativa a quê? Se medirmos a velocidade em dois referenciais diferentes, um se movendo em relação ao outro, obtêm-se respostas diferentes. A constância da velocidade da luz sugeria uma resposta óbvia: *relativa ao éter*. Mas era uma resposta um pouco frívola, pois dois referenciais em movimento, um em relação ao outro, não podem ambos estar em repouso em relação ao éter.

À medida que a Terra vai abrindo caminho através do éter, miraculosamente sem resistência, ela dá voltas e voltas em torno do Sol. Em pontos opostos de sua órbita ela se move em sentidos opostos. Assim, pela mecânica newtoniana, a velocidade da luz deveria variar entre os dois extremos: c mais uma contribuição do movimento da Terra em relação ao éter numa extremidade, e c menos essa mesma contribuição na outra. Medimos a velocidade, medimos seis meses depois, descobrimos a diferença: se houver alguma, aí está a prova de que o éter existe. No final do século XIX foram realizados muitos experimentos nessa linha, mas os resultados eram inconclusivos. Ou não havia diferença, ou havia alguma mas o método experimental não era suficientemente preciso. Pior, a Terra podia estar arrastando o éter junto com ela. Isso simultaneamente explicaria por que a Terra pode se mover através de um meio tão rígido sem resistência e implicaria que, de qualquer maneira, não se acharia diferença nenhuma na velocidade da luz. O movimento da Terra em relação ao éter sempre seria zero.

Em 1887, Albert Michelson e Edward Morley realizaram um dos mais famosos experimentos da física de todos os tempos. Seu equipamento foi projetado para detectar variações extremamente pequenas na velocidade da luz em duas direções, perpendiculares. Como quer que a Terra se movesse em relação ao éter, não poderia ser com a mesma velocidade relativa em duas direções diferentes – a menos que, por coincidência, estivesse se movendo ao longo do plano bissetor entre essas duas direções, e nesse caso bastava girar o equipamento um pouco e fazer uma nova tentativa.

O equipamento (Figura 48), era pequeno o bastante para caber sobre uma mesa de laboratório. Utilizava uma superfície semiespelhada capaz de dividir um feixe de luz em duas partes, uma passando através da superfície e outra sendo refletida perpendicularmente. Cada feixe em separado era refletido de volta na mesma trajetória, e os dois feixes se combinavam novamente atingindo um detector. O equipamento era ajustado de modo que os dois trajetos tivessem o mesmo comprimento. E também para que o feixe original fosse coerente, ou seja, que suas ondas estivessem em sincronicidade mútua – todas com a mesma fase, picos coincidindo com picos. Qualquer diferença entre a velocidade da luz nas direções seguidas pelos dois feixes faria com que as fases sofressem um deslocamento uma em relação à outra, de modo que os picos ficariam em pontos diferentes. Isso provocaria interferência entre as duas ondas, resultando num padrão listrado de "franjas de difração". O movimento da Terra em relação ao éter faria com que as franjas se movessem. O efeito seria mínimo: considerando o que se sabia acerca do movimento da Terra em relação ao Sol, as franjas de difração se deslocariam cerca de 4% da largura de uma franja. Usando reflexões múltiplas, isso poderia ser aumentado até 40%, grande o suficiente para ser detectado. Para evitar a possível coincidência de a Terra estar se movendo exatamente ao longo do bissetor dos dois feixes, Michelson e Morley fizeram o equipamento flutuar num banho de mercúrio, de modo a poder girar fácil e rapidamente. Então deveria ser possível observar as franjas se deslocando com igual rapidez.

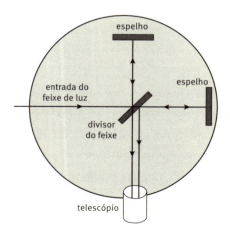

FIGURA 48 O experimento de Michelson-Morley.

Relatividade 267

Foi um experimento cuidadoso, acurado. Seu resultado foi inteiramente negativo. As franjas não se moveram em 40% da sua largura. Até onde se pode afirmar com certeza, elas definitivamente não se moveram. Experimentos posteriores, capazes de detectar um deslocamento de 0,07% da largura da franja, também deram resultados negativos. O éter não existia.

Esse resultado não só eliminava o éter: ele ameaçava eliminar também a teoria do eletromagnetismo de Maxwell. Implicava que a luz não se comporta de maneira newtoniana, em relação a referenciais em movimento. Esse problema pode ser conduzido de volta até as propriedades matemáticas das equações de Maxwell e como elas se transformam em relação a um referencial em movimento. O físico e químico irlandês George FitzGerald e o físico holandês Hendrik Lorenz sugeriram, de modo independente (em 1892 e 1895, respectivamente), um meio audacioso de contornar o problema. Se um corpo em movimento se contrai ligeiramente no sentido do seu movimento, no valor exato, então a mudança de fase que o experimento de Michelson-Morley esperava detectar se cancelaria exatamente devido à mudança de comprimento na trajetória que a luz estava seguindo. Lorenz demonstrou que sua "contração de Lorenz-FitzGerald" resolvia também as dificuldades matemáticas das equações de Maxwell. A descoberta conjunta mostrou que os resultados de experimentos com eletromagnetismo, incluindo a luz, não dependiam do movimento relativo do referencial. Poincaré, que também vinha trabalhando numa linha semelhante, acrescentou seu persuasivo peso intelectual à ideia.

O PALCO ESTAVA MONTADO para Einstein. Em 1905 ele desenvolveu e estendeu especulações anteriores sobre uma nova teoria de movimento relativo num artigo chamado "Sobre a eletrodinâmica dos corpos em movimento". Seu trabalho ia além do de seus predecessores sob dois aspectos. Ele mostrou que a mudança necessária para a formulação matemática do movimento relativo era mais do que um simples recurso de resolver o eletromagnetismo. Era requerida para todas as leis físicas. Seguia-se que a nova matemática devia ser uma descrição genuína da realidade, com o mesmo status filosófico que fora concedido à descrição newtoniana prevalecente, mas estando mais de acordo com os experimentos. Era física de verdade.

A visão de movimento relativo empregada por Newton remontava a uma época ainda anterior, a Galileu. Em seu *Diálogo sobre os dois máximos sistemas do mundo*, Galileu argumentava que num barco que viajasse com velocidade constante num mar perfeitamente tranquilo, nenhum experimento realizado em mecânica sob o convés poderia revelar que a embarcação estava se movendo. Este é o princípio da relatividade de Galileu: em mecânica, não existe diferença entre a observação feita em dois referenciais que se movem com velocidade uniforme um em relação ao outro. Em particular, não existe referencial especial que esteja "em repouso". O ponto de partida de Einstein foi o mesmo princípio, mas com um elemento extra: que ele não aplicava somente à mecânica, mas a todas as leis físicas. Entre elas, é claro, as equações de Maxwell e a constância da velocidade da luz.

Para Einstein, o experimento de Michelson-Morley era apenas um pedacinho de evidência adicional, mas não era prova de nada. A prova de que sua nova teoria estava correta residia em seu princípio estendido da relatividade, e em sua implicação para a estrutura matemática das leis da física. Se o princípio fosse aceito, todo o restante viria em seguida. É por isso que a teoria veio a ser conhecida como "relatividade". Não porque "tudo é relativo", mas porque é preciso levar em conta a *maneira* em que tudo é relativo. E não é o que se espera.

Esta versão da teoria de Einstein é conhecida como relatividade especial porque aplica-se somente a referenciais que estejam em movimento uniforme entre si. Entre suas consequências está a contração de Lorenz-FitzGerald, agora interpretada como característica necessária do espaço-tempo. Na verdade, havia três efeitos correlacionados. Se um referencial se move uniformemente em relação a outro, então os comprimentos medidos nesse referencial se contraem no sentido do movimento, as massas aumentam e o tempo corre mais devagar. Esses três efeitos estão ligados pelas leis básicas de conservação da energia e da quantidade de movimento; uma vez aceito um deles, os outros são consequências lógicas.

A formulação técnica desses efeitos é uma fórmula que descreve como as medições em um referencial se relacionam com as medições no outro. A síntese é: se um corpo pudesse se mover com uma velocidade próxima à da luz, então seu comprimento se tornaria muito pequeno, o tempo frearia até se arrastar, e sua massa se tornaria muito grande. Vou dar apenas um gostinho da matemática: a descrição física não deve ser tomada demais ao pé da letra e levaria muito tempo para apresentar a linguagem correta. Tudo provém do... teorema de Pitágoras. Uma das mais antigas equações da ciência leva a uma das mais novas.

Suponhamos que enquanto uma espaçonave viaja com velocidade v, a tripulação realiza um experimento. Eles enviam um pulso de luz do chão da cabine para o teto, e medem o tempo que levou, T. Entrementes um observador no solo observa o experimento através de um telescópio (presumindo que a espaçonave seja transparente), e mede o tempo como sendo t.

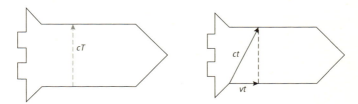

FIGURA 49 *Esquerda:* O experimento no referencial da tripulação.
Direita: O mesmo experimento no referencial do observador no solo.
Cinza mostra a posição da nave vista do solo quando o feixe de luz começa sua viagem; preto mostra a posição da nave quando a luz completa a viagem.

A Figura 49 (*esquerda*) mostra a geometria do experimento do ponto de vista da tripulação. Para eles, a luz foi diretamente para cima. E já que a luz viaja com uma velocidade c, a distância percorrida é cT, mostrada pela seta tracejada. A Figura 49 (*direita*) mostra a geometria do experimento do ponto de vista do observador no solo. A espaçonave moveu-se uma distância vt, então a luz viajou diagonalmente. Já que a luz *também* viaja com velocidade c para o observador no solo, a diagonal tem comprimento *ct*. Mas a linha tracejada tem o mesmo comprimento que a seta tracejada da figura da esquerda, ou seja, *cT*. Pelo teorema de Pitágoras,

$$(ct)^2 = (CT)^2 + (vt)^2$$

Resolvemos a equação para *T*, obtendo

$$T = t\sqrt{1 - \frac{v^2}{c^2}}$$

que é menor que *t*.

Para deduzir a contração de Lorenz-FitzGerald, imaginamos agora que a espaçonave viaje a um planeta a uma distância *x* da Terra a uma velocidade *v*. Então o tempo decorrido é $t = x/v$. Mas a fórmula anterior mostra que, para a tripulação, o tempo decorrido é *T* e não *t*. Para eles, a distância *X* precisa satisfazer $T = X/v$. Portanto

$$X = x\sqrt{1 - \frac{v^2}{c^2}}$$

que é menor que *x*.

A dedução para a variação de massa é ligeiramente mais rebuscada, e depende de uma interpretação específica de massa, "massa inercial", então não darei detalhes. A fórmula é

$$M = m \bigg/ \sqrt{1 - \frac{v^2}{c^2}}$$

que é maior que *m*.

Estas equações nos dizem que existe algo de muito especial com respeito à velocidade da luz (e, de fato, com respeito à luz). Uma consequência importante desse formalismo é que a velocidade da luz constitui uma barreira impenetrável. Se um corpo começa a se mover mais devagar que a luz, ele não pode ser acelerado a uma velocidade maior que a da luz. Em setembro de 2011, físicos que trabalhavam na Itália anunciaram que partículas subatômicas chamadas neutrinos pareciam estar viajando mais depressa que a luz.[1] Suas observações são controvertidas, mas, se confirmadas, conduzirão a uma importante nova física.

Relatividade

Pitágoras aparece na relatividade de outras maneiras. Uma delas é a formulação da relatividade especial em termos da geometria do espaço-tempo, originalmente introduzida por Hermann Minkowski. O espaço newtoniano comum pode ser capturado matematicamente fazendo seus pontos corresponderem a três coordenadas (x, y, z) e definindo a distância d entre esse ponto e outro (X, Y, Z) usando o teorema de Pitágoras:

$$d^2 = (x - X)^2 + (y - Y)^2 + (z - Z)^2$$

Então tiramos a raiz quadrada para obter d. O espaço-tempo de Minkowski é similar, mas agora há quatro coordenadas (x, y, z, t), três espaciais e uma temporal, e o ponto é chamado de *evento* – um local no espaço, observado num instante específico. A fórmula da distância é muito semelhante:

$$d^2 = (x - X)^2 + (y - Y)^2 + (z - Z)^2 - c^2(t - T)^2$$

O fator c^2 é simplesmente consequência das unidades usadas para medir o tempo, mas o sinal de menos na frente é crucial. A "distância" d é chamada de intervalo, e a raiz quadrada é real somente quando o lado direito da equação é positivo. Isso implica que a distância espacial entre os dois eventos deve ser maior do que a diferença temporal (em unidades corretas: anos-luz e anos, por exemplo). O que, por sua vez, significa que em princípio um corpo poderia viajar do primeiro ponto no espaço saindo no primeiro instante, e chegar ao segundo ponto no espaço no segundo instante sem ir mais depressa que a luz.

Em outras palavras, o intervalo é real se, e somente se, for fisicamente possível, em princípio, viajar entre os dois eventos. O intervalo é zero se, e somente se, a luz puder viajar entre eles. Essa região fisicamente acessível é chamada cone de luz do evento, e vem em duas partes: o passado e o futuro. A Figura 50 mostra a geometria quando o espaço é reduzido a uma dimensão.

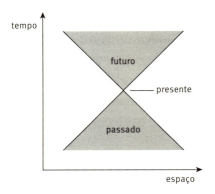

FIGURA 50 Espaço-tempo de Minkowski,
com o espaço mostrado como unidimensional

APRESENTEI AS TRÊS EQUAÇÕES da relatividade e esbocei como surgiram, mas nenhuma delas é a equação icônica de Einstein. Todavia, agora estamos prontos para entender como ele a deduziu, bastando apenas apreciar mais uma inovação da física do início do século XX. Como vimos, os físicos haviam antes realizado experimentos para demonstrar conclusivamente que a luz é uma onda, e Maxwell mostrara que é uma onda de eletromagnetismo. No entanto, em 1905 já ficava claro que, apesar do peso da evidência da natureza ondulatória da luz, existem circunstâncias em que ela se comporta como partícula. Nesse ano, Einstein usou essa ideia para explicar algumas das características do efeito fotoelétrico, no qual a luz que atinge um metal apropriado gera eletricidade. Ele argumentou que os experimentos só faziam sentido se a luz viesse em pacotes discretos: efetivamente, partículas. Elas são hoje chamadas de fótons.

Essa intrigante descoberta foi um dos passos fundamentais para a mecânica quântica, e falarei mais sobre isso no Capítulo 14. Curiosamente, essa ideia quintessencial para a mecânica quântica foi vital para a formulação de Einstein da relatividade. Para deduzir sua equação que relacionava massa com energia, Einstein pensou no que acontece com um corpo que emite um par de fótons. Com o objetivo de simplificar os cálculos ele restringiu sua atenção a uma dimensão do espaço, de modo que o corpo

Relatividade 273

se movesse em linha reta. Essa simplificação não afeta a resposta. A ideia básica é considerar o sistema em dois referenciais diferentes.[2] Um se move junto com o corpo, de modo que o corpo parece estacionário nesse referencial. O outro referencial move-se com uma velocidade pequena, diferente de zero, em relação ao corpo. Vamos chamá-los de referencial estacionário e referencial em movimento. Eles são como a espaçonave (em seu próprio referencial ela é estacionária) e o meu observador no solo (para quem ela parece estar se movendo).

Einstein considerou que os dois fótons possuem a mesma energia, porém emitida em sentidos opostos. Suas velocidades são iguais e opostas, de modo que a velocidade do corpo (em qualquer referencial) não varia quando os fótons são emitidos. Então ele calculou a energia do sistema antes de o corpo emitir o par de fótons e depois da emissão. Assumindo que a energia precisa ser conservada, obteve uma expressão que relaciona a variação na energia do corpo, causada pela emissão dos fótons, com a variação em sua massa (relativística). O desfecho foi:

$$(\text{variação de energia}) = (\text{variação de massa}) \times c^2$$

Fazendo a suposição razoável de que um corpo de massa zero tem energia zero, seguiu-se então que

$$\text{energia} = \text{massa} \times c^2$$

Esta, obviamente, é a famosa fórmula, na qual E simboliza energia e m, massa.

Além de fazer os cálculos, Einstein precisou interpretar seu significado. Em particular, argumentou que num referencial para o qual o corpo está em repouso, a energia dada pela fórmula deveria ser considerada sua energia "interna", que ele possui porque é composto de partículas subatômicas, cada uma com sua própria energia. Num referencial em movimento, há também a contribuição da energia cinética. Há também outras sutilezas matemáticas, tais como o uso de uma velocidade pequena e aproximações para as fórmulas exatas.

GERALMENTE SE DÁ a Einstein o crédito, se é que é essa a palavra, de ter percebido que uma bomba atômica seria capaz de liberar quantidades estupendas de energia. Com toda a certeza a revista *Time* deu essa impressão em julho de 1946 ao pôr seu rosto na capa com uma nuvem em forma de cogumelo atômico ao fundo, e sua icônica equação. A ligação entre a equação e uma explosão gigantesca parece clara: a equação nos diz que a energia inerente a qualquer objeto é sua massa multiplicada pelo quadrado da velocidade da luz. E já que a velocidade da luz é enorme, seu quadrado é ainda maior, o que equivale um monte de energia numa pequena quantidade de matéria. A energia em um grama de matéria é de 90 terajoules, equivalente a cerca de um dia de produção de eletricidade numa usina nuclear.

No entanto, as coisas não aconteceram desse jeito. A energia liberada numa bomba atômica é apenas uma fração mínima da massa inercial relativística, e os físicos já estavam cônscios, com bases experimentais, de que certas reações nucleares podiam liberar muita energia. O principal problema técnico era conter um pedaço de material radiativo adequado durante o tempo suficiente para obter uma reação em cadeia, na qual o decaimento de um átomo radiativo faz com que ele emita uma radiação que desencadeia o mesmo efeito em outros átomos, crescendo exponencialmente. Não obstante, a equação de Einstein rapidamente se instalou na mente do público como sendo a progenitora da bomba atômica. O relatório Smyth, um documento americano liberado ao público para explicar a bomba atômica, tinha a equação em sua segunda página. Desconfio que o que aconteceu foi o que Jack Cohen e eu chamamos "mentiras para crianças"– histórias simplificadas contadas com intenções legítimas, que abrem caminho para um esclarecimento mais acurado.[3] É assim que funciona a educação: a história completa é sempre complicada demais para qualquer um, exceto os entendidos, e estes sabem tanto que não acreditam na maior parte dela.

Todavia, a equação de Einstein não pode ser simplesmente desconsiderada sem mais nem menos. Ela teve, sim, um papel no desenvolvimento das armas nucleares. A noção de fissão nuclear, que faz detonar a bomba

Relatividade

atômica, surgiu de discussões entre os físicos Lise Meitner e Otto Frisch na Alemanha nazista em 1938. Eles tentavam entender as forças que mantinham os átomos unidos, que eram um pouco parecidas com a tensão superficial de uma gota de um líquido. Estavam os dois passeando, discutindo física, e aplicaram a equação de Einstein para descobrir se a fissão era possível em termos de energia. Mais tarde Frisch escreveu:[4]

> Ambos nos sentamos num tronco de árvore e começamos a fazer cálculos num pedaço de papel ... Quando as duas gotas se separavam, elas se afastavam por repulsão elétrica, cerca de 200MeV no total. Felizmente Lise Meitner lembrava-se de como calcular as massas dos núcleos ... e descobriu que os dois núcleos formados ... seriam mais leves em cerca de um quinto da massa de um próton ... segundo a fórmula de Einstein $E = mc^2$ ... a massa equivalia exatamente a 200MeV. Tudo se encaixava!

Embora $E = mc^2$ não tivesse sido diretamente responsável pela bomba atômica, foi uma das grandes descobertas em física que levaram a uma compreensão teórica efetiva das reações nucleares. O papel mais importante de Einstein com respeito à bomba atômica foi político. Persuadido por Leo Szilard, Einstein escreveu para o presidente Roosevelt, advertindo que os nazistas poderiam estar desenvolvendo armas atômicas e explicando seu impressionante poder. Sua reputação e influência eram enormes, e o presidente prestou atenção ao aviso. O Projeto Manhattan, Hiroshima e Nagasaki, e a Guerra Fria que se seguiu foram apenas algumas das consequências.

EINSTEIN NÃO SE SATISFEZ com a relatividade especial. Ela fornecia uma teoria unificada de espaço, tempo, matéria e eletromagnetismo, mas faltava-lhe um ingrediente vital.

A gravidade.

Einstein acreditava que "todas as leis da física" deviam satisfazer sua versão extensa do princípio da relatividade de Galileu. A lei da gravitação certamente precisava estar entre elas. Mas não era o caso para a versão da relatividade da época. A lei do inverso do quadrado de Newton não se transformava corretamente entre referenciais. Assim, Einstein resolveu que precisava modificar a lei de Newton. Ele já modificara virtualmente tudo no universo newtoniano, então por que não?

Foram necessários dez anos. Seu ponto de partida foi elaborar as implicações do princípio da relatividade para um observador que se movia livremente sob influência da gravidade – num elevador em queda livre, por exemplo. Ele acabou se abrigando numa formulação apropriada. Nela, foi auxiliado por um amigo íntimo, o matemático Marcel Grossmann, que lhe indicou um campo da matemática que crescia rapidamente: a geometria diferencial. Esta fora desenvolvida a partir do conceito de Riemann de *variedade* e de sua caracterização de curvatura, discutida no Capítulo 1. Mencionei que a métrica de Riemann pode ser escrita como uma matriz 3×3, e que tecnicamente isto é um tensor simétrico. Uma escola de matemáticos italianos, notavelmente Tullio Levi-Civita e Gregorio Ricci-Curbastro, pegou as ideias de Riemann e as desenvolveu no cálculo tensorial.

A partir de 1912, Einstein estava convencido de que a chave para a teoria relativística da gravidade exigia que ele reformulasse suas ideias usando cálculo tensorial, mas num espaço-tempo de quatro dimensões em vez de um espaço tridimensional. Felizmente, os matemáticos estavam seguindo Riemann e permitindo qualquer número de dimensões, então já tinham estabelecido as coisas em generalizações mais que suficientes. Para resumir, Einstein acabou deduzindo o que agora chamamos de equações de campo de Einstein, que ele escreveu como:

$$R_{\mu\nu} - \tfrac{1}{2}Rg_{\mu\nu} = \kappa T_{\mu\nu}$$

Em que R, g e T são tensores – grandezas que definem propriedades físicas e se transformam segundo as regras da geometria diferencial – e κ é uma constante. Os índices μ e ν abrangem as quatro coordenadas do espaço-tempo, de modo que cada tensor é uma tabela 4×4 de dezesseis números. Ambos são simétricos, o que significa que não mudam quando μ e ν são trocados, o que reduz a lista a dez números distintos. Assim, na realidade

Relatividade 277

a fórmula agrupa dez equações, e é por isso que geralmente nos referimos a elas no plural – da mesma forma que as equações de Maxwell. *R* é a métrica de Riemann: define a forma do espaço-tempo, *g* é o tensor de curvatura de Ricci, que é uma modificação na noção de curvatura de Riemann, e *T* é o tensor energia-momento, que descreve como essas duas grandezas fundamentais dependem do evento espaçotemporal envolvido. Einstein apresentou suas equações para a Academia Prussiana de Ciências em 1915. Chamou seu novo trabalho de teoria geral da relatividade.

Podemos interpretar as equações de Einstein geometricamente, e quando o fazemos, elas nos fornecem uma abordagem nova da gravidade. A inovação básica é que a gravidade não é representada por uma força, mas como a curvatura do espaço-tempo. Na ausência da gravidade, o espaço-tempo se reduz ao espaço de Minkowski. A fórmula para o intervalo determina o tensor de curvatura correspondente. Sua interpretação é "não curvo", da mesma forma que o teorema de Pitágoras se aplica a um plano achatado mas não a um espaço não euclidiano com curvatura positiva ou negativa. O espaço-tempo de Minkowski é achatado. Mas quando ocorre a gravidade, o espaço-tempo *se dobra*.

A forma habitual de visualizar isso é esquecer o tempo, reduzir as dimensões do espaço a duas e obter algo semelhante à Figura 51 (*esquerda*). O plano achatado do espaço(-tempo) de Minkowski fica distorcido, aqui mostrado como uma dobra real, criando uma depressão. Longe de uma estrela, a matéria, ou a luz, viaja em linha reta (tracejada). Mas a curvatura faz com que a trajetória se dobre. Na verdade, vista de cima, ela dá a impressão de que a estrela atrai a matéria em sua direção. Mas não há força, apenas espaço-tempo curvado. No entanto, essa imagem da curvatura deforma o espaço numa dimensão extra, o que não é exigido matematicamente. Uma imagem alternativa é desenhar uma grade de geodésicas, os trajetos mais curtos, com espaços iguais à métrica curva. Elas se agrupam onde a curvatura é maior, Figura 51 (*direita*).

Se a curvatura do espaço-tempo é pequena, ou seja, se aquilo que (na imagem antiga) pensamos como forças gravitacionais não for grande demais, então esta formulação conduz a lei da gravitação de Newton. Com-

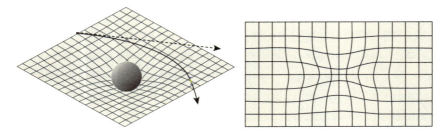

FIGURA 51 *Esquerda:* Espaço dobrado perto de uma estrela, e como se curvam as trajetórias de matéria ou luz passando. *Direita:* Imagem alternativa usando uma grade de geodésicas, que se agrupam em regiões de maior curvatura.

parando as duas teorias, a constante κ de Einstein se revela igual a $^{8\pi G}/c^4$, em que G é a constante gravitacional de Newton. Isso liga a nova teoria com a antiga. A parte interessante da nova física ocorre quando isso deixa de ser verdade: quando a gravidade é grande. Assim que Einstein apresentou sua teoria, qualquer teste da relatividade precisaria ser feito fora do laboratório, em grande escala. O que queria dizer astronomia.

EINSTEIN, PORTANTO, foi em busca de peculiaridades inexplicadas no movimento dos planetas, efeitos que não se encaixavam em Newton. Descobriu um que poderia servir: um traço obscuro da órbita de Mercúrio, o planeta mais próximo do Sol, sujeito às maiores forças gravitacionais – e assim, se Einstein estivesse certo, dentro de uma região de curvatura elevada.

Como todos os planetas, Mercúrio segue uma trajetória muito próxima de uma elipse, de modo que alguns pontos da sua órbita estão mais perto do Sol do que outros. O mais próximo de todos é chamado de periélio ("perto do Sol", em grego). A localização exata desse periélio vinha sendo observada por muitos anos, e havia algo de engraçado em relação a ela. O periélio rodava lentamente em torno do Sol, um efeito chamado de precessão; com efeito, o eixo maior da elipse orbital estava mudando lentamente de direção. Até aí tudo bem; as leis de Newton prediziam isso, porque Mercúrio não é o único planeta do Sistema Solar e outros

Relatividade   279

planetas vinham aos poucos mudando sua órbita. O problema era que os cálculos newtonianos davam a taxa de precessão errada. O eixo rodava depressa demais.

Isso já era sabido desde 1840, quando François Arago, diretor do Observatório de Paris, pediu a Urbain Le Verrier para calcular a órbita de Mercúrio usando as leis do movimento e da gravitação de Newton. Mas quando os resultados foram testados observando-se o momento exato de um trânsito de Mercúrio – uma passagem pela face do Sol, vista da Terra –, eles estavam errados. Le Verrier resolveu tentar novamente, eliminando possíveis fontes de erro, e em 1859 publicou seus novos resultados. No modelo newtoniano, a taxa de precessão chegava a uma precisão de 0,7%. A diferença comparada com as observações era mínima: 38 segundos de arco a cada século (posteriormente revista para 43 arcossegundos). Isso não é muito; menos do que um décimo de milésimo de grau por ano, mas foi o suficiente para interessar Le Verrier. Em 1846 ele construíra sua reputação analisando irregularidades na órbita de Urano e predizendo a existência, e a localização, de um planeta então recém-descoberto: Netuno. Agora esperava repetir o feito. Interpretou o movimento inesperado do periélio como evidência de algum mundo desconhecido perturbando a órbita de Mercúrio. Fez as somas e predisse a existência de um pequeno planeta numa órbita ainda mais próxima do Sol que a de Mercúrio. Até deu nome a esse planeta: Vulcano, o deus grego do fogo.

Observar Vulcano, se ele existisse, seria difícil. O brilho do Sol era um obstáculo, de modo que a melhor aposta seria pegar Vulcano em trânsito, quando seria um miúdo ponto preto contra o brilhante disco do Sol. Pouco depois da previsão de Le Verrier, um astrônomo amador chamado Edmond Lescarbault informou ao distinto astrônomo que acabara de ver exatamente isso. Inicialmente presumira que o ponto era uma mancha solar, mas ele se movia na velocidade errada. Em 1860, Le Verrier anunciou a descoberta de Vulcano para a Academia de Ciências de Paris, e o governo concedeu a Lescarbault a prestigiosa Légion d'Honneur.

Em meio ao clamor, alguns astrônomos não se impressionaram. Um deles foi Emmanuel Liais, que vinha estudando o Sol com um equipamento muito melhor do que o de Lescarbault. Sua reputação era condizente: estava observando o Sol para o governo brasileiro, e teria sido uma desgraça perder algo de tamanha importância. Ele negou de maneira categórica que um trânsito tivesse ocorrido. Por algum tempo, tudo ficou muito confuso. Amadores repetidamente alegavam ter visto Vulcano, às vezes anos antes de Le Verrier anunciar sua previsão. Em 1878 James Watson, um profissional, e Lewis Swift, um amador, disseram ter visto um planeta como Vulcano durante um eclipse solar. Le Verrier morrera um ano antes, ainda convicto de que havia descoberto um novo planeta perto do Sol, mas sem seus entusiásticos novos cálculos das órbitas e predição de trânsitos – que não aconteceram – o interesse em Vulcano rapidamente desapareceu. Os astrônomos tornaram-se céticos.

Em 1915, Einstein desfechou o golpe de misericórdia. Ele reanalisou o movimento usando a relatividade geral, sem presumir a existência de um novo planeta, e um cálculo simples e transparente o levou a um valor de 43 segundos de arco para a precessão – o exato número obtido pela revisão dos cálculos originais de Le Verrier. Um cálculo newtoniano moderno prediz uma precessão de 5.560 arcossegundos por século, mas as observações dão 5.600. A diferença é de quarenta segundos de arco, de modo que três arcossegundos permanecem inexplicados. O anúncio de Einstein teve duas consequências: foi visto como uma vindicação da relatividade e, no que dizia respeito aos astrônomos, relegou Vulcano ao ferro-velho.[5]

Outra famosa verificação astronômica da relatividade geral é a predição de Einstein de que o Sol curva a luz. A gravitação newtoniana também prediz isso, mas a relatividade geral prevê uma dobra que é o dobro da newtoniana. O eclipse solar total de 1919 oferecia a oportunidade de fazer a distinção entre as duas previsões, e Sir Arthur Eddington montou uma expedição, finalmente anunciando que Einstein tinha triunfado. Isso foi aceito com entusiasmo na época, mas depois ficou claro que os dados eram pobres, e o resultado foi questionado. Observações independentes posteriores, de 1922, pareciam concordar com a previsão relativística, tal como a reanálise posterior dos dados de Eddington. Por volta da década de 1960 tornou-se possível fazer observações com radiação em radiofrequência, e

Relatividade 281

só então ficou confirmado que os dados de fato mostravam um desvio que era o dobro do calculado por Newton e igual ao previsto por Einstein.

As previsões mais dramáticas da relatividade geral surgem numa escala muito mais grandiosa: buracos negros, que nascem quando uma estrela massiva implode sob efeito da sua própria gravidade, e o universo em expansão, correntemente explicado pelo Big Bang.

Soluções para as equações de Einstein são geometrias no espaço-tempo. Estas representam o universo como um todo, ou alguma parte dele, presumida como gravitacionalmente isolada, de maneira que o universo não tenha efeito importante. Isso é análogo às primeiras premissas de Newton, supondo a interação de dois corpos apenas, por exemplo. Considerando que as equações de campo de Einstein envolvem dez variáveis, soluções explícitas em termos de fórmulas matemáticas são raras. Hoje podemos resolver as equações numericamente, mas isso era um sonho impossível antes da década de 1960, porque os computadores não existiam ou eram limitados demais para terem utilidade. A maneira padrão de simplificar equações é invocar simetria. Suponhamos que as condições iniciais para o espaço-tempo sejam esfericamente simétricas, isto é, todas as grandezas físicas dependam apenas da distância em relação ao centro. Então, o número de variáveis em qualquer modelo fica grandemente reduzido. Em 1916, o astrofísico alemão Karl Schwarzschild adotou essa premissa para as equações de Einstein, e conseguiu solucionar as equações resultantes com uma fórmula exata, conhecida como métrica de Schwarzschild. Sua fórmula tinha uma característica curiosa: uma singularidade. A solução se tornava infinita para uma distância específica do centro, chamada raio de Schwarzschild. Primeiro ele supôs que essa singularidade fosse algum tipo de artefato matemático, e seu significado físico ficou sujeito a considerável disputa. Agora a interpretamos como o horizonte de eventos de um buraco negro.

Imagine uma estrela tão massiva que sua radiação não consegue vencer seu campo gravitacional. A estrela começa a se contrair, sugada pela sua própria massa. Quanto mais densa ela fica, mais forte se torna esse efeito, de maneira que a contração ocorre cada vez mais depressa. A velocidade de escape da estrela, a velocidade com que um objeto precisa se mover para escapar ao seu campo gravitacional, também aumenta. A métrica de Schwarzschild nos diz que em algum momento a velocidade de escape se torna igual à da luz. Agora nada consegue escapar, porque nada consegue viajar mais depressa que a luz. A estrela vira um buraco negro, e o raio de Schwarzschild nos informa a região da qual nada pode escapar, limitada pelo horizonte de eventos do buraco negro.

A física dos buracos negros é complexa, e não há espaço aqui para lhe fazer justiça. Basta dizer que a maioria dos cosmólogos atualmente se satisfaz com o fato de a previsão ser válida, de que o universo contém incontáveis buracos negros, e que de fato pelo menos um se esconde no coração da nossa galáxia. Na verdade, da maioria das galáxias.

Em 1917, Einstein aplicou suas equações ao universo inteiro, assumindo outro tipo de simetria: homogeneidade. O universo deveria ter a mesma aparência (numa escala suficientemente grande) em todos os pontos do espaço e do tempo. A essa altura ele tinha modificado sua equação para incluir uma "constante cosmológica" Λ, e resolveu o significado da constante κ. As equações passaram a ser escritas da seguinte maneira:

$$G_{\mu\nu} + \Lambda g_{\mu\nu} = \frac{8\pi G}{c^4 T_{\mu\nu}}$$

As soluções tinham uma implicação surpreendente: o universo deveria encolher com o passar do tempo. Isso forçou Einstein a acrescentar o termo envolvendo a constante cosmológica: ele estava buscando um universo estável, imutável, e ajustando um valor correto para a constante poderia fazer seu universo-modelo parar de contrair num certo ponto. Em 1922, Alexander Friedmann descobriu outra equação, que predizia que o universo deveria se expandir, e não requeria a constante cosmológica. Predizia também a taxa de expansão. Einstein ainda não ficou feliz: ele queria um universo estável e imutável.

Uma vez na vida a imaginação de Einstein lhe falhou. Em 1929, os astrônomos americanos Edwin Hubble e Milton Humason encontraram

Relatividade

evidências de que o universo *está* se expandindo. Galáxias distantes estão se afastando de nós, como é revelado pelos desvios na frequência da luz que emitem – o famoso efeito Doppler, em que o som de uma ambulância correndo fica mais grave depois que ela passa, porque as ondas sonoras são afetadas pela velocidade relativa entre emissor e receptor. Nesse caso as ondas são eletromagnéticas e a física é relativista, mas ainda assim o efeito Doppler existe. Não só galáxias distantes estão se afastando de nós: quanto mais distantes estão, mais depressa elas recuam.

Fazendo a expansão retroceder no tempo, descobre-se que em algum ponto do passado todo o universo foi essencialmente só um ponto. Antes disso, ele não existia. Nesse ponto primevo, espaço e tempo passaram ambos a existir no famoso Big Bang, uma teoria proposta pelo matemático francês Georges Lemaître em 1927, e quase universalmente ignorada. Quando os radiotelescópios observaram a radiação cósmica de fundo em micro-ondas em 1964, a uma temperatura que se ajustava ao modelo do Big Bang, os cosmólogos decidiram que, no fim das contas, Lemaître estava certo. Mais uma vez, é um tópico que merece um livro inteiro, e muita coisa já foi escrita. Basta dizer que a nossa teoria cosmológica mais aceita atualmente é uma elaboração do cenário do Big Bang.

O CONHECIMENTO CIENTÍFICO, porém, é sempre provisório. Novas descobertas podem mudá-lo. O Big Bang tem sido o paradigma cosmológico aceito nos últimos 30 anos, mas está começando a revelar algumas falhas. Várias descobertas chegam a lançar sérias dúvidas sobre a teoria, ou então requerem novas partículas e forças físicas que foram inferidas mas não observadas. Há três principais fontes de dificuldade. Vou primeiro sintetizá-las, e depois discutir cada uma em mais detalhes. A primeira são as curvas de rotação das galáxias, que sugerem que a maior parte da matéria no universo está faltando. A proposta atual é que isto é sinal de um tipo novo de matéria, a matéria escura, que constitui cerca de 90% da matéria do universo, e é diferente de qualquer matéria já observada diretamente na Terra. A segunda dificuldade é a aceleração na expansão do universo, que requer uma nova força, a energia escura, de origem desconhecida mas modelada usando-se a constante cosmológica de Einstein. A terceira é uma coleção de questões teóricas relacionadas com a popular teoria da inflação, que explica por que o universo observável é tão uniforme. A teoria se encaixa nas observações, mas sua lógica interna parece vacilante.

Primeiro, a matéria escura. Em 1938, o efeito Doppler foi usado para mensurar a velocidade das galáxias em conglomerados, e os resultados foram inconsistentes com a gravitação newtoniana. Pelo fato de as galáxias estarem separadas por grandes distâncias, o espaço-tempo é quase plano e a gravitação newtoniana é um bom modelo. Fritz Zwicky sugeriu que deve haver alguma matéria não observada que contribui para essa discrepância, e ela foi batizada como matéria escura porque não podia ser vista em fotografias. Em 1959, utilizando o efeito Doppler para medir a velocidade de rotação das estrelas na galáxia M33, Louise Volders descobriu que a curva de rotação observada – uma relação da velocidade com a distância do centro – também era inconsistente com a gravitação newtoniana, que mais uma vez é um modelo bom. Em vez de diminuir em distâncias maiores, a velocidade permanecia quase constante (Figura 52). O mesmo problema surge para muitas outras galáxias.

Se existir, a matéria escura deve ser diferente da matéria comum "bariônica", as partículas observadas em experimentos na Terra. Sua existência é aceita pela maioria dos cosmólogos, que argumentam que a matéria escura explica várias anomalias distintas nas observações, não só as curvas

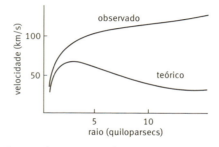

FIGURA 52   Curvas de rotação galática para M33: teoria e observações.

Relatividade   285

de rotação. Partículas candidatas têm sido sugeridas, tais como Wimps (*weakly interacting massive particles* – partículas massivas de interação fraca), mas até agora essas partículas não foram detectadas experimentalmente. A distribuição da matéria escura em torno das galáxias tem sido determinada supondo-se que ela exista e calculando onde ela deve estar para aplainar as curvas de rotação. Ela geralmente parece formar dois globos de proporções galáticas, um acima do plano da galáxia e outro abaixo, como um gigantesco halter. Isso é mais ou menos como predizer a existência de Netuno a partir das discrepâncias na órbita de Urano, mas essas predições requerem confirmação: foi preciso achar Netuno.

A energia escura é igualmente proposta para explicar os resultados da Equipe de Busca da Supernova Alta-Z em 1998, que esperava encontrar evidência de que a expansão do universo está se desacelerando à medida que o impulso inicial do Big Bang se esvai. Ao invés disso, as observações indicaram que a expansão do universo está ganhando velocidade, uma descoberta confirmada pelo Projeto de Cosmologia Supernova em 1999. É como se alguma força antigravidade permeasse o espaço, separando as galáxias numa taxa sempre crescente. Esta força não é nenhuma das quatro forças básicas da física: gravidade, eletromagnetismo, força nuclear forte, força nuclear fraca. Ela foi chamada de energia escura. Mais uma vez, sua existência pareceu solucionar alguns outros problemas cosmológicos.

A inflação foi proposta pelo físico americano Alan Guth em 1980 para explicar por que o universo é extremamente uniforme em suas propriedades físicas em escalas muito grandes. A teoria mostrava que o Big Bang deveria ter produzido um universo muito mais curvo. Guth sugeriu que um "campo de ínflaton" (isso mesmo, não esquecemos de traduzir: é considerado como sendo um campo quântico escalar correspondente a uma partícula hipotética, o ínflaton) fez com que o universo se expandisse com extrema rapidez. Entre 10^{-36} e 10^{-32} segundos após o Big Bang, o volume do universo cresceu num fator estonteante de 10^{78}. O campo de ínflaton não foi observado (isso requer energias impossivelmente elevadas), mas a inflação explica tantas características do universo, e se ajusta com tanta exatidão às observações, que a maioria dos cosmólogos está convencida de que ela ocorreu.

Não é surpresa que a matéria escura, a energia escura e a inflação fossem populares entre os cosmólogos, porque permitiam que eles continuassem a usar seus modelos físicos favoritos, e os resultados concordavam com as observações. Mas as coisas estão começando a desmoronar.

A distribuição da matéria escura não fornece uma explicação satisfatória para as curvas de rotação. Enormes quantidades de matéria escura são necessárias para manter a curva de rotação plana ao longo das enormes distâncias observadas. A matéria escura precisa ter um momento angular irrealisticamente grande, o que é inconsistente com as teorias usuais de formação das galáxias. A mesma distribuição inicial bastante especial de matéria escura é exigida em cada galáxia, o que parece improvável. O formato de halteres é instável porque coloca a massa adicional no exterior da galáxia.

A energia escura se sai melhor, e é considerada alguma espécie de energia quântica do vácuo, proveniente de flutuações no vácuo. No entanto, os cálculos correntes da dimensão da energia do vácuo são exageradamente grandes, a um fator de 10^{122}, o que é uma péssima notícia até mesmo para os padrões da cosmologia.[6]

Os principais problemas que afetam a inflação não são as observações – elas se encaixam surpreendentemente bem –, mas seus fundamentos lógicos. A maioria dos cenários inflacionários levaria a um universo que difere consideravelmente do nosso: o que conta são as condições iniciais na época do Big Bang. Para se encaixar nas observações, a inflação requer que o estado inicial do universo tenha sido muito especial. Todavia, há também condições iniciais muito especiais que produzem um universo exatamente como o nosso sem invocar a inflação. Embora ambos os conjuntos de condições sejam extremamente raros, os cálculos feitos por Roger Penrose[7] mostram que as condições iniciais que não requerem inflação excedem em número as que produzem inflação por um fator de um googolplex – dez elevado à potência dez elevado à potência cem. Assim, explicar o estado atual do universo sem a inflação seria muito mais convincente que explicá-lo com a inflação.

O cálculo de Penrose se apoia na termodinâmica, que não seria um modelo apropriado, mas uma abordagem alternativa feita por Gary Gibbons

Relatividade 287

e Neil Turok leva à mesma conclusão. Isto é, "desenrolar" o universo até seu estado inicial. Descobre-se que quase todos os estados iniciais em potencial não envolvem um período de inflação, e aqueles que de fato o requerem estão em proporção muito menor. Porém o maior problema de todos é que quando a inflação é casada com mecânica quântica, ela prediz que as flutuações quânticas ocasionalmente desencadeiam inflação numa região pequena de um universo aparentemente estabelecido. Embora tais flutuações sejam raras, a inflação é tão rápida que o resultado são minúsculas ilhas de espaço-tempo normal cercadas por regiões crescentes de inflação descontrolada. Nessas regiões, as constantes fundamentais da física podem ser diferentes de seus valores no nosso universo. Com efeito, qualquer coisa é possível. Pode uma teoria que prevê *qualquer coisa* ser testável cientificamente?

EXISTEM ALTERNATIVAS, e está começando a parecer que elas precisam ser levadas a sério. A matéria escura talvez não seja outro Netuno, mas outro Vulcano – uma tentativa de explicar a anomalia gravitacional invocando matéria nova, quando o que realmente precisa ser mudada é a lei da gravitação.

A principal proposta bem-desenvolvida é a Mond (*modified Newtonian dynamics* – dinâmica newtoniana modificada), sugerida pelo físico israelense Mordehai Milgrom em 1983. Essa proposta, na verdade, não modifica a lei da gravitação, mas a segunda lei do movimento de Newton. Ela considera que quando a aceleração é muito pequena, ela não é proporcional à força. Há uma tendência entre os cosmólogos de assumir que as únicas teorias alternativas viáveis são matéria escura ou Mond – assim, se a Mond não está de acordo com as observações, só resta a matéria escura. Contudo, há muitas maneiras de modificar a lei da gravitação, e é pouco provável que encontremos uma correta imediatamente. O falecimento da Mond já foi proclamado várias vezes, mas em investigações mais profundas não se encontrou nenhuma falha decisiva. O problema principal da Mond, a meu ver, é que ela coloca em suas equações aquilo que espera tirar delas;

é como se Einstein modificasse a lei de Newton para aplicar a fórmula a uma massa grande. Em vez disso, ele encontrou um modo radicalmente novo de pensar a gravidade, a curvatura do espaço-tempo.

Mesmo se retivermos a relatividade geral e sua aproximação newtoniana, pode haver necessidade da energia escura. Em 2009, usando a matemática das ondas de choque, os matemáticos americanos Joel Smoller e Blake Temple mostraram que existem soluções para as equações de campo de Einstein nas quais a métrica se expande numa taxa acelerada.[8] Essas soluções mostram que pequenas mudanças no Modelo Padrão poderiam explicar a aceleração das galáxias sem invocar a energia escura.

Os modelos de universo da relatividade geral assumem que ele forma uma diversidade: isto é, em escalas muito grandes a estrutura se torna lisa. No entanto, a distribuição observada da matéria no universo é encaroçada em escalas muito grandes, como, por exemplo, a Grande Muralha de Sloan, um filamento composto de galáxias com 1,37 bilhão de anos-luz de comprimento (Figura 53). Os cosmólogos acreditam que em escalas ainda maiores o alisamento ficará evidente – mas até hoje, toda vez que o alcance das observações foi ampliado, o encaroçamento persistiu.

Robert MacKay e Colin Rourke, dois matemáticos britânicos, argumentam que um universo encaroçado, no qual haja muitas fontes locais de grande curvatura, poderia explicar todos os quebra-cabeças cosmológicos.[9]

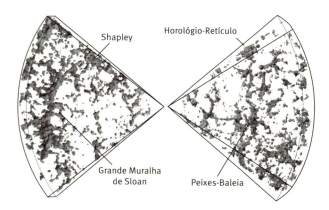

FIGURA 53 O encaroçamento do universo.

Relatividade 289

Tal estrutura é mais próxima daquilo que se observa do que um alisamento em grande escala, e é consistente com o princípio geral de que o universo deve ser o mesmo em toda parte. Em tal universo não precisa haver um Big Bang; na verdade, tudo poderia estar num estado estável, e ser muito, muito mais velho do que o número atual de 13,8 bilhões de anos. Galáxias individuais passariam por um ciclo de vida, sobrevivendo relativamente imutáveis por cerca de 10^{16} anos, e teriam um buraco negro central massivo. Curvas de rotação galáticas seriam planas em virtude do arrasto inercial, uma consequência da relatividade geral na qual um corpo massivo em rotação arrasta o espaço-tempo ao seu redor junto consigo. O desvio para o vermelho observado em quasares seria causado por um grande campo gravitacional e não pelo efeito Doppler, e não seria indício de um universo em expansão – esta teoria foi apresentada há muito tempo pelo astrônomo americano Halton Arp, e jamais foi contestada satisfatoriamente. O modelo alternativo chega a indicar uma temperatura de 5K para o fundo cósmico de micro-ondas, a principal evidência (além do desvio para o vermelho interpretado como expansão) para o Big Bang.

MacKay e Rourke dizem que sua proposta "derruba virtualmente cada dogma da cosmologia corrente. E, no entanto, não contradiz nenhuma evidência observacional". Ela pode muito bem estar errada, mas o fascinante é que pode-se manter inalteradas as equações de campo de Einstein, dispensar a matéria escura, a energia escura e a inflação, e *ainda assim* obter um comportamento razoavelmente parecido com todas essas observações intrigantes. Portanto, qualquer que seja o destino da teoria, ela sugere que os cosmólogos deveriam considerar modelos matemáticos mais imaginativos antes de recorrer a uma física nova e ainda não respaldada. Matéria escura, energia escura, inflação, cada uma requer uma física radicalmente nova que ninguém observou... Se, em ciência, até mesmo um único *deus ex machina* faz erguer as sobrancelhas, três seria considerado intolerável em qualquer outro campo que não a cosmologia. Para ser justo, é difícil fazer experimentos com todo o universo, de modo que teorias especulativamente ajustadas à observação é tudo que se pode fazer. Mas imagine o que aconteceria se um biólogo explicasse a vida por algum "campo vital" não observado, isso sem falar em sugerir que um novo tipo de "matéria vital" e um novo tipo de "energia vital" também seriam necessários – sem fornecer evidência alguma de que qualquer uma delas exista.

DEIXANDO DE LADO o estarrecedor reino da cosmologia, existem agora meios mais simples de verificar a relatividade, tanto especial como geral, em escala humana. A relatividade especial pode ser testada em laboratório, e modernas técnicas de mensuração fornecem uma primorosa precisão. Aceleradores de partículas tais como o Grande Colisor de Hádrons simplesmente não funcionariam a menos que os projetistas levassem em conta a relatividade especial, pois as partículas que giram ao redor dessas máquinas o fazem em velocidades realmente muito próximas à da luz. A maioria dos testes de relatividade geral ainda são astronômicos, variando de lentes gravitacionais à dinâmica de pulsares, e o nível de precisão é elevado. Um recente experimento da Nasa em órbita próxima à Terra, usando giroscópios de alta precisão, confirmou a ocorrência de arrasto de referenciais, mas fracassou em conseguir a precisão desejada por causa de efeitos eletrostáticos inesperados. Quando os dados foram corrigidos considerando o problema, outros experimentos já haviam chegado aos mesmos resultados.

Todavia, uma instância de dinâmica relativística, tanto especial como geral, está mais perto de nós: carros com navegação por satélite. Os sistemas de navegação por satélite usados por motoristas calculam a posição do carro utilizando sinais de uma rede de 24 satélites em órbita – o GPS. A precisão do GPS é impressionante, e ele funciona porque a eletrônica moderna pode lidar com minúsculos intervalos de tempo e medi-los de maneira confiável. Ele se baseia em sinais de tempo muito precisos, pulsos emitidos pelos satélites e captados no solo. A comparação de sinais de vários satélites faz uma triangulação da localização do receptor com precisão de poucos metros. Esse nível de precisão requer o conhecimento do instante dentro de um intervalo de cerca de 25 nanossegundos (bilionésimos de segundo). A dinâmica newtoniana não fornece localizações

Relatividade 291

corretas, porque as equações de Newton não levam em conta dois efeitos que alteram o fluxo do tempo: o movimento do satélite e o campo gravitacional da Terra.

A relatividade especial lida com o movimento, e prediz que os relógios atômicos nos satélites devem perder sete microssegundos (milionésimos de segundo) por dia comparados com os relógios em terra, devido à dilatação do tempo relativística. A relatividade geral prediz um ganho de 45 microssegundos por dia causado pela gravidade da Terra. O resultado final é que os relógios nos satélites ganham 38 microssegundos por dia por razões relativísticas. Apesar de parecer pequeno, esse efeito sobre os sinais do GPS não é de forma alguma desprezível. Um erro de 38 microssegundos é 38 mil nanossegundos, cerca de 1.500 vezes o erro que o GPS pode tolerar. Se o software calculasse a posição do seu carro usando dinâmica newtoniana, seu sistema de navegação se tornaria em pouco tempo inútil, porque o erro aumentaria numa razão de dez quilômetros por dia. Em dez minutos o GPS newtoniano colocaria você na rua errada; amanhã o colocaria na cidade errada. Dentro de uma semana você estaria no estado errado; dentro de um mês, no país errado. Dentro de um ano, estaria no planeta errado. Se você não acredita na relatividade, mas usa o GPS para planejar suas viagens, vai ter de explicar isso direito.

14. Estranheza quântica
Equação de Schrödinger

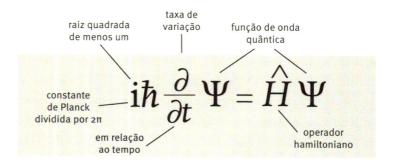

O que diz?
A equação modela a matéria não como partícula, mas como onda, e descreve como essa onda se propaga.

Por que é importante?
A equação de Schrödinger é fundamental para a mecânica quântica, que, juntamente com a relatividade geral, constitui atualmente o par de teorias mais efetivas do universo físico.

Qual foi a consequência?
Uma revisão geral da física do mundo em escalas muito pequenas, nas quais todo objeto tem uma "função de onda" que descreve uma nuvem de probabilidade de estados possíveis. Neste nível, o mundo é inerentemente incerto. Tentativas de relacionar o mundo quântico microscópico com o nosso mundo clássico macroscópico levaram a questões filosóficas que ainda reverberam. Mas, experimentalmente, a teoria quântica funciona de forma magnífica, e os chips de computadores e lasers da atualidade não existiriam sem ela.

Em 1900, o grande físico lorde Kelvin declarou que a então corrente teoria do calor e da luz, considerada uma descrição quase completa da natureza, estava "obscurecida por duas nuvens. A primeira envolve a questão: como pode a Terra se mover através de um sólido elástico, tal como é essencialmente o éter luminífero? A segunda é a doutrina de Maxwell-Boltzmann referente à partição da energia". O faro de Kelvin para problemas importantes era muito aguçado. No Capítulo 13 vimos como a primeira questão levou para, e foi resolvida pela, relatividade. Agora veremos como a segunda levou a outro grande pilar da física atual, a teoria quântica.

O mundo quântico é notoriamente esquisito. Muitos físicos sentem que se você não aprecia quanto ele é esquisito, não o aprecia de modo algum. Há muito para se dizer sobre essa opinião, porque o mundo quântico é tão diferente do nosso mundo confortável em escala humana que mesmo os conceitos mais simples transformam tudo além de qualquer reconhecimento. É, por exemplo, um mundo onde a luz é simultaneamente uma partícula e uma onda. É um mundo onde um gato numa caixa pode estar vivo e morto ao mesmo tempo... até você abrir a caixa, ou seja, quando de repente a função de onda do infeliz animal "colapsa" para um estado ou outro. No multiverso quântico, existe uma cópia do nosso universo em que Hitler perdeu a Segunda Guerra Mundial, e outro no qual ele venceu. Acontece simplesmente que nós vivemos – isto é, existimos como função de onda – no primeiro deles. Outras versões de nós, igualmente reais mas inacessíveis aos nossos sentidos, vivem no outro.

A mecânica quântica é decididamente estranha. Agora, se ela é *tão* estranha assim, é uma questão totalmente diversa.

Tudo começou com lâmpadas incandescentes, bulbos de luz. Isso foi apropriado, porque foi uma das aplicações mais espetaculares a emergir dos florescentes tópicos da eletricidade e do magnetismo, que Maxwell unificou de maneira tão brilhante. Em 1894 um físico alemão chamado Max Planck foi contratado por uma companhia de eletricidade para projetar a lâmpada mais eficiente possível, que fornecesse o máximo de luz consumindo o mínimo de energia elétrica. Ele viu que a chave para essa questão era um assunto fundamental em física, levantado em 1859 por outro físico alemão, Gustav Kirchhoff. A questão dizia respeito a um modelo teórico conhecido como corpo negro, que absorve toda a radiação eletromagnética que incide sobre ele. A grande pergunta era: como um corpo desses *emite* radiação? Ele não pode acumulá-la toda; parte precisa retornar. Em especial, como a intensidade da radiação emitida depende de sua frequência e da temperatura do corpo?

Já havia uma resposta da termodinâmica, na qual o corpo negro pode ser concebido como uma caixa cujas paredes são espelhos perfeitos. A radiação eletromagnética vai quicando de um lado para outro, refletida pelos espelhos. Como se distribui a energia dentro da caixa entre as várias frequências quando o sistema atinge um estado de equilíbrio? Em 1876, Boltzmann provou o "teorema da equipartição": a energia se divide de maneira igual para cada componente independente do movimento. Esses componentes são como as ondas básicas numa corda de violino: modos normais.

Havia somente um problema com essa resposta: ela não podia estar correta. Implicava que a energia total irradiada em todas as frequências devia ser infinita. Essa conclusão paradoxal ficou conhecida como a catástrofe ultravioleta: ultravioleta porque esse era o início do espectro de alta frequência, e catástrofe porque era mesmo. Nenhum corpo real pode emitir uma quantidade de energia infinita.

Embora Planck estivesse ciente do problema, este não o incomodou, porque, de qualquer forma, ele não acreditava no teorema da equipartição. Ironicamente, seu trabalho resolveu o paradoxo e eliminou a catástrofe ultravioleta, mas ele só veio a notar isso mais tarde. Ele utilizou observa-

Equação de Schrödinger

ções experimentais de como a energia dependia da frequência a ajustou uma fórmula matemática aos dados. Sua fórmula, deduzida no começo de 1900, no início não tinha qualquer base física. Era simplesmente uma fórmula que funcionava. Porém, mais tarde nesse mesmo ano ele tentou conciliar sua fórmula com a da termodinâmica clássica, e decidiu que os níveis de energia nos modos vibracionais do corpo negro não podiam formar um contínuo, como a termodinâmica assumia. Ao invés disso, esses níveis precisavam ser descontínuos, discretos – separados por minúsculos intervalos. Na verdade, para uma dada frequência, a energia precisa ser um múltiplo inteiro dessa frequência, multiplicado por uma constante muito diminuta. Hoje chamamos esse número de constante de Planck e o representamos por h. Seu valor, em unidades de joule por segundo, é $6,62606957 (29) \times 10^{-34}$, em que os números entre parênteses podem ser imprecisos. Esse valor é calculado a partir das relações teóricas entre a constante de Planck e outras grandezas mais fáceis de medir. A primeira dessas medidas foi feita por Robert Millikan usando o efeito fotoelétrico, descrito abaixo. Esses ínfimos pacotes de energia são agora chamados de quanta (plural de quantum), da palavra latina *quantus* – "quanto".

A constante de Planck pode ser minúscula, mas se o conjunto de níveis de energia para uma dada frequência for discreto, a energia total acaba por se revelar finita. Logo, a catástrofe ultravioleta era um sinal de que o modelo contínuo fracassava em retratar a natureza. E isso implicava que a natureza, em escalas muito reduzidas, deve ser discreta. Inicialmente isso não ocorreu a Planck: ele pensou nesses níveis discretos de energia como um truque matemático para obter uma fórmula sensata. Na verdade, Boltzmann alimentara uma ideia similar em 1877, mas não chegara a nada. Tudo mudou quando Einstein colocou em ação sua imaginação fértil, e a física entrou num reino novo. Em 1905, no mesmo ano de seu trabalho sobre a relatividade especial, ele investigou o efeito fotoelétrico, no qual a luz que atinge um metal apropriado o leva a emitir elétrons. Três anos antes Philipp Lenard havia notado que quando a luz tem uma frequência mais alta, os elétrons têm energias mais elevadas. Mas a teoria ondulatória da luz, amplamente confirmada por Maxwell, implica que a energia dos elétrons deve depender da intensidade da luz, não de sua frequência. Einstein percebeu que os quanta de Planck explicariam a discrepância. Sugeriu que a luz, em lugar de ser uma onda, era composta de minúsculas partículas, agora chamadas fótons. A energia em um fóton isolado, de uma dada frequência, deveria ser a frequência multiplicada pela constante de Planck – exatamente como um dos quanta de Planck. O fóton era um quantum de luz.

HAVIA UM PROBLEMA ÓBVIO com a teoria de Einstein referente ao efeito fotoelétrico: ela assumia que a luz é uma partícula. Mas havia evidências em abundância de que a luz era uma onda. De outro lado, o efeito fotoelétrico era incompatível com o fato de a luz ser onda. Então, a luz era uma onda ou uma partícula?

Sim.

Era – ou possuía aspectos que se manifestavam como – ambas. Em alguns experimentos, a luz parecia se comportar como onda. Em outros, comportava-se como partícula. À medida que os físicos começavam a lidar com escalas muito pequenas do universo, concluíam que a luz não era a única coisa a ter essa estranha natureza dual, às vezes partícula, às vezes onda. Toda a matéria era assim. Eles chamaram isso de dualidade onda-partícula. A primeira pessoa a apreender a natureza dual da matéria foi Louis-Victor De Broglie, em 1924. Ele reformulou a lei de Planck em termos não de energia, mas de momento linear, e sugeriu que momento linear do aspecto partícula e a frequência do aspecto onda deveriam estar relacionados: multiplica-se uma pela outra e obtém-se a constante de Planck. Três anos depois provou-se que ele estava certo, pelo menos no que dizia respeito aos elétrons. De um lado, elétrons são partículas, e podem ser observados comportando-se dessa maneira. De outro, eles difratam como ondas. Em 1988, átomos de sódio também foram observados comportando-se como uma onda.

A matéria não era nem partícula nem onda, mas um pouco de cada – uma ondícula.

Diversas imagens mais ou menos intuitivas dessa natureza dual foram divisadas. Numa delas, uma partícula é um grupo de ondas condensadas, conhecido como pacote de ondas, (Figura 54). O pacote como um todo pode se comportar como partícula, mas alguns experimentos podem penetrar na sua estrutura ondulatória. A atenção se desviou da elaboração de imagens das ondículas para a descoberta de como elas se comportam. A busca atingiu rapidamente seu objetivo, e emergiu a equação central da teoria quântica.

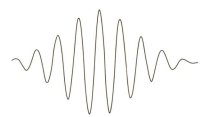

FIGURA 54 Pacote de ondas.

A EQUAÇÃO LEVA O nome de Erwin Schrödinger. Em 1927, baseando-se no trabalho de vários outros físicos, notavelmente Werner Heisenberg, ele redigiu uma equação diferencial para qualquer função de onda quântica. Tinha o seguinte formato:

$$i\hbar \frac{\partial}{\partial t}\Psi = \hat{H}\Psi$$

Em que Ψ (psi maiúsculo em grego) é a forma da onda, t é o tempo (de modo que $\partial/\partial t$ aplicado a Ψ fornece a taxa de variação em relação ao tempo). $\hat{H}$ é uma expressão chamada operador hamiltoniano, e $\hbar$ é $h/2\pi$, em que h é a constante de Planck. E i? Esta era a característica mais estranha de todas. É a raiz quadrada de menos um (Capítulo 5). A equação de Schrödinger aplica-se a ondas definidas sobre números *complexos*, não apenas números reais, como na equação de onda familiar.

Ondas em quê? A equação de onda clássica (Capítulo 8) define ondas no espaço, e sua solução é uma função numérica do espaço e do tempo. O mesmo vale para a equação de Schrödinger, mas agora a função de onda Ψ assume valores complexos, não apenas reais. É mais ou menos como uma onda no mar cuja altura mede $2 + 3i$. A presença de i é, sob muitos aspectos, o traço mais misterioso e profundo da mecânica quântica. Anteriormente i aparecia em soluções de equações, e em métodos para achar essas equações, mas aqui ele fazia parte da equação, uma característica explícita da lei física.

Uma forma de interpretar isso é que as ondas quânticas são pares ligados de ondas reais, como se a onda no meu oceano complexo fosse, na verdade, duas ondas, uma de altura 2 e outra de altura 3, com duas direções formando um ângulo reto entre si. Mas a coisa não é assim tão simples e direta, porque as duas ondas não têm uma forma fixa. Com o passar do tempo, elas realizam um ciclo por toda uma série de formas, cada uma misteriosamente ligada à outra. É um pouco como os componentes elétrico e magnético numa onda de luz, mas agora a eletricidade pode "girar" e se tornar magnetismo, e vice-versa. As duas ondas são facetas de uma mesma forma, que gira com regularidade em torno do círculo unitário no plano complexo. Tanto a parte real como a imaginária dessa forma em rotação variam de maneira bem específica: elas se combinam em valores que variam senoidalmente. Matematicamente isso conduz à ideia de que a função quântica de onda tem um tipo especial de *fase*. A interpretação física dessa fase é semelhante, embora de um modo diferente, do papel da fase na equação clássica de onda.

Você se lembra de como o truque de Fourier resolve tanto a equação do calor como a equação de onda? Algumas soluções especiais, os senos e cossenos de Fourier, possuem propriedades matemáticas especialmente agradáveis. Todas as outras soluções, por mais complicadas que sejam, são superposições desses modos normais. Podemos resolver a equação de Schrödinger usando uma ideia similar, mas agora os padrões básicos são mais complicados que senos e cossenos. São chamados autofunções, e podem ser diferenciadas de todas as outras funções. Em vez de serem uma função geral tanto do espaço quanto do tempo, uma autofunção é definida apenas no espaço, multiplicada por outra dependente apenas do tempo. As variáveis espaço e tempo, segundo o jargão, são separáveis. As autofunções dependem do operador hamiltoniano, que é uma descrição matemática do

Equação de Schrödinger

sistema físico envolvido. Diferentes sistemas – um elétron numa fonte em potencial, um par de fótons colidindo, seja o que for – possuem diferentes operadores hamiltonianos, portanto diferentes autofunções.

Para simplificar, consideremos uma onda estacionária para a equação clássica de onda – uma corda de violino em vibração, com as extremidades presas. Em todos os instantes no tempo, a forma da corda é quase a mesma, mas a amplitude é modulada: multiplicada por um fator que varia senoidalmente com o tempo, como na Figura 35 (p.170). A fase complexa de uma função quântica de onda é similar, porém mais difícil de visualizar. Para qualquer função eigen específica, o efeito da fase quântica é apenas um ligeiro deslocamento na coordenada do tempo. Para uma superposição de várias funções eigen, divide-se a onda nesses componentes, fatora-se cada um numa parte puramente espacial vezes uma puramente temporal, gira-se a parte temporal em torno do círculo unitário no plano complexo na velocidade apropriada e somam-se as partes de volta. Cada autofunção em separado tem uma amplitude complexa, e esta se modula em sua própria frequência particular.

Pode parecer complicado, mas seria absolutamente atordoante se não se dividisse a função de onda em autofunções. Pelo menos assim, tem-se uma chance.

A DESPEITO DESSAS COMPLEXIDADES, a mecânica quântica seria apenas uma versão enfeitada da equação clássica de onda, resultando em duas ondas em vez de uma, se não houvesse um detalhe intrigante. Pode-se observar ondas clássicas, e ver qual é a sua forma, mesmo que sejam superposições de diversos modos de Fourier. Mas na mecânica quântica, jamais se pode observar a função de onda inteira. Tudo que se pode observar numa dada ocasião é uma única autofunção componente. Grosso modo, se você tentar medir duas dessas componentes ao mesmo tempo, o processo de medição em uma delas perturba a outra.

Isso levanta imediatamente uma questão filosófica difícil. Se não se pode observar a função de onda inteira, será que ela realmente existe? Ela é um objeto físico genuíno ou apenas uma conveniente ficção matemática? Será que uma grandeza não observável tem significado científico? É aqui que entra o celebrado felino de Schrödinger. Ele surge em virtude de um modo padrão de interpretar o que é uma medição quântica, chamado de interpretação de Copenhague.[1]

Imagine um sistema quântico em algum estado de superposição: digamos, um elétron cujo estado é uma mistura de spin para cima e spin para baixo, que são estados puros definidos por autofunções. (Não importa, no momento, o que significa spin para cima e spin para baixo.) Quando se observa este estado, porém, obtém-se ou spin para cima ou spin para baixo. Não se pode observar uma superposição. Mais ainda, uma vez observado um dos dois estados puros – digamos spin para cima – ele *torna-se* o estado fatual do elétron. De alguma maneira, a medição parece ter forçado a superposição a se transformar numa autofunção específica. A interpretação de Copenhague toma essa afirmação ao pé da letra: seu processo de medição fez *colapsar* a função de onda original numa única autofunção pura.

Se você observar uma porção de elétrons, às vezes obterá spin para cima, às vezes obterá spin para baixo. Pode-se inferir que o elétron está em um desses estados. Então, a função de onda em si pode ser interpretada como um tipo de nuvem de probabilidade. Ela não mostra o estado real do elétron: mostra a probabilidade de que ao medi-lo você obtenha um resultado particular. Mas isso faz dela um padrão estatístico, não uma *coisa* real. Não prova que a função de onda seja real mais do que as medições de Quetelet da altura humana provam que um embrião em desenvolvimento possua algum tipo de curva do sino.

A interpretação de Copenhague é direta, reflete o que ocorre em experimentos, e não faz premissas detalhadas sobre o que acontece quando se observa um sistema quântico. Por esses motivos, a maioria dos físicos está muito feliz em usá-la. Mas alguns não estavam, nos primeiros tempos, quando a teoria ainda estava sendo concebida, e alguns não estão até hoje. E um dos dissidentes foi o próprio Schrödinger.

Equação de Schrödinger 301

Em 1935, Schrödinger preocupava-se com a interpretação de Copenhague. Ele podia ver que ela funcionava, num nível pragmático, para sistemas quânticos como elétrons e fótons. Mas o mundo em volta, ainda que, bem no fundo, fosse apenas uma massa fervilhante de partículas quânticas, parecia diferente. Buscando uma forma de deixar a diferença mais clara possível, Schrödinger apresentou um experimento mental no qual uma partícula quântica tinha um efeito dramático e óbvio sobre um gato.

Imagine uma caixa, que quando fechada seja impenetrável a toda e qualquer interação quântica. Dentro dela, coloque um átomo de material radiativo, um detector de radiação, um frasco de veneno e um gato vivo. Agora feche a caixa e espere. Em algum momento o átomo radiativo sofrerá decaimento, emitindo uma partícula de radiação. O detector está acionado de tal maneira que ao registrá-la provoca a quebra do frasco, liberando o veneno no seu interior. Isso mata o gato.

Na mecânica quântica, o decaimento de um átomo radiativo é um evento aleatório. Do lado de fora, nenhum observador pode dizer se o átomo decaiu ou não. Se decaiu, o gato está morto; se não, está vivo. Segundo a interpretação de Copenhague, até alguém observar o átomo, ele está numa superposição de dois estados quânticos: decaído e não decaído. O mesmo vale para os estados do detector, do frasco e do gato. Logo, o gato é uma superposição de dois estados: morto e vivo.

Uma vez que a caixa é impenetrável a toda e qualquer interação quântica, o único meio de descobrir se o átomo decaiu e matou o gato é abrir a caixa. A interpretação de Copenhague nos diz que no instante em que fazemos isso, as funções de onda colapsam e o gato subitamente passa para um estado puro: vivo ou morto. No entanto, o interior da caixa não é diferente do mundo exterior, onde jamais observamos um gato que esteja num estado superposto vivo/morto. Assim, antes de abrirmos a caixa e observarmos seu conteúdo, deve haver lá dentro um gato morto ou um gato vivo.

Schrödinger concebeu esse experimento mental como uma crítica à interpretação de Copenhague. Sistemas quânticos microscópicos obedecem ao princípio da superposição e podem existir em estados misturados;

sistemas macroscópicos não podem. Ao ligar um sistema microscópico – um átomo – a um macroscópico – o gato –, Schrödinger estava mostrando o que considerava uma falha na interpretação de Copenhague: ela era absurda quando aplicada a um gato. Ele deve ter ficado atônito quando a maioria dos físicos de fato respondeu: "Sim, Erwin, você está absolutamente certo: até alguém abrir a caixa, o gato realmente está ao mesmo tempo morto e vivo." Sobretudo quando se deu conta de que não podia descobrir quem tinha razão, mesmo abrindo a caixa. Ele observaria ou um gato vivo ou um gato morto. Poderia inferir que o gato já estava nesse estado ao abrir a caixa, mas não podia ter certeza. O resultado observável era consistente com a interpretação de Copenhague.

Muito bem: acrescentemos uma câmera ao conteúdo da caixa, e filmemos o que de fato acontece. Isso resolve a questão. "Ah, não", os físicos retrucam. "Você só pode ver o que a câmera filmou depois que abrir a caixa. Antes disso, o filme está em estado superposto: contém a imagem de um gato vivo e contém a imagem de um gato morto."

A interpretação de Copenhague deixava os físicos livres para fazerem seus cálculos e concluir o que a mecânica quântica predizia, sem encarar a questão mais difícil, se não impossível, de como o mundo clássico emergia de um substrato quântico – como um dispositivo macroscópico, inimaginavelmente complexo em escala quântica, de alguma maneira fazia uma medição de um estado quântico. Uma vez que a interpretação de Copenhague realizava o serviço, eles não estavam interessados em questões filosóficas. Assim, gerações de físicos foram ensinadas que Schrödinger inventou seu gato para mostrar que a superposição quântica se estendia também ao mundo macroscópico: exatamente o oposto do que Schrödinger tinha tentado lhes dizer.

NÃO É REALMENTE uma grande surpresa que a matéria se comporte de forma estranha no nível dos átomos e elétrons. Podemos nos rebelar contra essa ideia no início, devido à falta de familiaridade, mas se um elétron é realmente um diminuto caroço de ondas em vez de um diminuto caroço

Equação de Schrödinger

de *coisa*, podemos aprender a conviver com isso. Se isso significa que o estado do elétron em si é um tanto estranho, girando não só em torno de um eixo para cima ou um eixo para baixo, mas um pouco de cada, também podemos conviver com isso. E se as limitações dos nossos dispositivos de medição significam que jamais poderemos captar o elétron fazendo esse tipo de coisa – que cada medição que fazemos necessariamente acaba se assentando em algum estado puro, para cima ou para baixo – então é assim, e pronto. Se o mesmo se aplica a um átomo radiativo, e os estados são "decaído" ou "não decaído", porque suas partículas componentes têm estados tão fugazes quanto os de um elétron, podemos até aceitar que o próprio átomo, em sua totalidade, possa ser uma superposição desses estados até fazermos uma medição. Mas um gato é um gato, e supor que o animal possa estar vivo e morto ao mesmo tempo, para apenas colapsar milagrosamente num estado ou noutro quando abrimos a caixa que o contém, parece forçar demais a imaginação. Se a realidade quântica requer um gato vivo/morto superposto, por que ela é tão tímida que não nos permite observar tal estado?

Há sólidos motivos no formalismo da teoria quântica que (até muito recentemente) requerem que qualquer medição, qualquer "observável", seja uma autofunção. E há motivos ainda mais sólidos por que o estado de um sistema quântico deve ser uma onda, obedecendo à equação de Schrödinger. Como se pode passar de uma para a outra? A interpretação de Copenhague declara que de algum modo (não pergunte como) o processo de medição colapsa a complexa e superposta função de onda, reduzindo-a a uma única autofunção componente. Uma vez que dispõe desse conjunto de palavras, a sua tarefa como físico é seguir adiante fazendo medições e calculando autofunções, e assim por diante, e parar de fazer perguntas. E funciona admiravelmente bem, se o seu critério de medir o sucesso for obter respostas que estejam de acordo com o experimento. E tudo estaria ótimo se a equação de Schrödinger permitisse que a função de onda se comportasse dessa maneira, mas ela não permite. No livro *A realidade oculta*, Brian Greene diz o seguinte: "Mesmo cutucadas sutis revelam uma característica desconfortável ... O colapso instantâneo de uma onda... não tem possibilidade de emergir da matemática de Schrödinger." Em vez disso, a interpretação de Copenhague era um acesso pragmático à teoria, uma forma de lidar com as medições sem compreender ou encarar o que realmente eram.

Tudo isso está muito bem, mas não é o que Schrödinger estava tentando mostrar. Ele introduziu um gato, em vez de um elétron ou um átomo, porque colocava em evidência aquilo que ele considerava a questão central. O gato pertence ao mundo macroscópico em que vivemos, no qual a matéria não se comporta da forma que a mecânica quântica exige. Nós não vemos gatos superpostos.[2] Schrödinger estava perguntando por que o nosso universo familiar "clássico" fracassa em se assemelhar à subjacente realidade quântica. Se tudo de que o mundo é constituído pode existir em estados superpostos, por que o universo tem a aparência clássica? Muitos físicos realizaram experimentos maravilhosos mostrando que elétrons e átomos realmente se comportam da maneira que a mecânica quântica e Copenhague dizem que deveriam se comportar. Mas isso foge ao objetivo: é preciso fazer isso com um gato. Os teóricos têm se perguntado se o gato poderia observar seu próprio estado, ou se alguma outra pessoa, algum amigo, poderia abrir secretamente a caixa e anotar o que há dentro. Concluíram, seguindo a mesma lógica que Schrödinger, que se o gato observasse seu estado então a caixa conteria a superposição de um gato morto que cometeu suicídio observando a si mesmo e um gato vivo que observou a si mesmo vivo, até que um observador legítimo (um físico) abrisse a caixa. Então todo o negócio colapsaria em um estado ou outro. De maneira semelhante, o amigo tornou-se a superposição de dois amigos: um deles teria visto um gato morto enquanto o outro teria visto um gato vivo, até o físico abrir a caixa, fazendo o estado do amigo colapsar. Seria possível prosseguir dessa maneira até o estado do *universo* todo ser uma superposição de um universo com um gato morto e um universo com um gato vivo, e então o estado do universo colapsaria quando o físico abrisse a caixa.

Equação de Schrödinger 305

Tudo era um pouco constrangedor. Os físicos podiam continuar com seu trabalho sem explicá-lo, podiam até mesmo negar que houvesse algo a *ser* explicado, mas faltava alguma coisa. Por exemplo, o que acontece conosco se um físico alienígena do planeta Apellobetnees III abre uma caixa? Será que descobrimos que na verdade nós nos explodimos numa guerra nuclear com a escalada da crise dos mísseis cubanos em 1962, e que desde então temos vivido um tempo que nos foi emprestado?

O processo de medição não é a operação precisa e ordenada que a interpretação de Copenhague presume. Quando indagada sobre como o equipamento chega à sua decisão, a interpretação de Copenhague responde que "ela simplesmente chega". A imagem da função de onda colapsando em uma única autofunção descreve o início e o resultado do processo de medição, mas não como chegar de um a outro. Mas quando se faz uma medição real não se agita apenas uma varinha mágica fazendo com que a função de onda desobedeça à equação de Schrödinger e colapse. Em vez disso, faz-se algo muitíssimo complicado, do ponto de vista quântico, que é com certeza inviável para modelar a situação realisticamente. Para medir o spin de um elétron, por exemplo, faz-se com que ele interaja com um equipamento adequado, que tem um ponteiro que se move para a posição "para cima" ou para a posição "para baixo". Ou uma escala numérica, ou um sinal enviado a um computador... Esse dispositivo contém *um* estado, e somente um. Não se vê o ponteiro numa superposição de "para cima" e "para baixo".

Estamos acostumados a isso, porque é assim que o mundo clássico funciona. Mas por baixo supõe-se que esteja o mundo quântico. Substitua o gato pelo equipamento de spin, e deveria efetivamente haver um estado superposto. O aparato, visto como sistema quântico, é extraordinariamente complicado. Contém zilhões de partículas – entre 10^{25} e 10^{30}, numa estimativa grosseira. A medição surge de alguma forma a partir da interação de um único elétron com esses zilhões de partículas. A admiração pela habilidade da empresa que fabrica tal instrumento deve ser ilimitada; extrair algo sensato de uma coisa tão bagunçada é quase inacreditável. É como tentar descobrir o tamanho do sapato de uma pessoa fazendo-a passear por uma cidade. Mas se você é esperto (dando um jeito de fazê-la entrar numa loja de sapatos) pode-se obter um resultado que faça sentido, e um hábil projetista de instrumentos pode produzir medições significativas de spins de elétrons. Mas não há perspectiva realista de modelar detalhadamente como esse dispositivo funciona como sistema quântico genuíno. Há detalhes demais, o maior computador do mundo entraria em pane. Isso faz com que seja difícil analisar um processo de medição real usando a equação de Schrödinger.

Mesmo assim, nós temos, sim, alguma compreensão de como o nosso mundo clássico emerge de um mundo quântico subjacente. Comecemos com uma versão simples, um raio de luz incidindo sobre um espelho. A resposta clássica, a lei de Snell, afirma que o raio refletido sai com o mesmo ângulo que o incidente. Em seu livro *QED*, sobre eletrodinâmica quântica, o físico Richard Feynman explica que não é isso que acontece no mundo quântico. O raio é na verdade um feixe de fótons, e cada fóton pode quicar em qualquer direção. No entanto, se você sobrepuser todas as coisas possíveis que o fóton pode fazer, acaba obtendo a lei de Snell. A esmagadora maioria dos fótons quica em ângulos muito próximos daquele segundo o qual incidiu. Feynman chegou a mostrar o porquê sem usar nenhuma matemática complicada, porém por trás desse cálculo existe uma ideia matemática genérica: o princípio da fase estacionária. Se você sobrepõe todos os estados quânticos de um sistema óptico, obtém o resultado clássico no qual os raios de luz seguem o menor caminho, medido pelo tempo decorrido. Se quiser, pode até mesmo adicionar apitos e campainhas para decorar os caminhos dos raios com franjas clássicas de difração óptico-ondulatória.

Este exemplo mostra, muito explicitamente, que a superposição de todos os mundos possíveis – nesta estrutura óptica – encerra o mundo clássico. A característica mais importante não é tanto a geometria detalhada do raio de luz, mas o fato de encerrar apenas *um* mundo no nível clássico. Lá embaixo, nos detalhes quânticos dos fótons individuais, pode-se observar toda a parafernália da superposição, autofunções, e assim por diante. Mas na escala humana tudo se cancela – bem, tudo se soma – para produzir um mundo clássico, limpo.

Equação de Schrödinger 307

A outra parte da explicação é chamada descoerência. Vimos que ondas quânticas têm uma fase, bem como uma amplitude. É uma fase muito engraçada, um número complexo, mas mesmo assim é uma fase. A fase é absolutamente crucial para qualquer superposição. Se pegarmos dois estados superpostos, mudarmos a fase de um, e depois voltarmos a somá-los, o que se obtém não é nada parecido com o original. Se fizermos o mesmo com uma porção de componentes, a onda recombinada pode vir a ser quase qualquer coisa. A perda de informação da fase arruína a superposição felina de Schrödinger. Não só se desconhece se o gato está morto ou vivo: não se pode nem dizer que se trata de um gato. Quando ondas quânticas cessam de ter belas relações de fase, elas sofrem descoerência – começam a se comportar mais como a física clássica, e superposições perdem sentido. O que faz com que sofram descoerência são as interações com as partículas em volta. Presumivelmente é assim que o equipamento pode medir o spin do elétron e obter um resultado específico, único.

Ambas as abordagens levam à mesma conclusão: a física clássica é o que você observa se adotar uma escala humana de visão de algum sistema quântico complicado com zilhões de partículas. Métodos experimentais especiais, aparelhos especiais podem preservar alguns dos efeitos quânticos, fazendo-os saltitar para dentro da nossa confortável existência clássica, mas sistemas quânticos genéricos rapidamente cessam de parecer quânticos à medida que passamos para escalas de comportamento maiores.

ESTE É UM JEITO DE RESOLVER o destino do pobre gato. Somente se a caixa for totalmente impenetrável à descoerência quântica é que o experimento pode produzir o gato superposto, e *tal caixa não existe*. De que material ela seria feita?

Mas existe outro jeito, que parte para o extremo oposto. Anteriormente eu disse que "seria possível prosseguir dessa maneira até o estado do *universo* todo ser uma superposição". Em 1957, Hugh Everett Jr. mostrou que, num certo sentido, é isso que temos de fazer. A única maneira de prover um modelo quântico acurado de um sistema é considerar sua função de onda. Todo mundo ficava feliz em fazer isso quando o sistema era um elétron, ou um átomo, ou (de forma mais controversa) um gato. Everett considerou o sistema como sendo o universo inteiro.

Ele argumentou que não havia escolha se fosse isso que você quisesse como modelo. Nada menos do que o universo pode ser verdadeiramente isolado. Tudo interage com tudo. E ele descobriu que se você desse esse passo, então o problema do gato, e a relação paradoxal entre realidade quântica e clássica, seria facilmente resolvido. A função quântica de onda do universo não é um modo normal puro, mas uma superposição de todos os modos normais possíveis. Embora não possamos calcular esse tipo de coisa (não podemos para um gato, e o universo é ligeiramente mais complicado) podemos raciocinar sobre ela. Com efeito, estamos representando o universo, do ponto de vista da mecânica quântica, como uma combinação de *todas as coisas possíveis que um universo pode fazer*.

O desfecho é que a função de onda do gato não precisa colapsar para contribuir com uma observação clássica única. Ela pode permanecer totalmente inalterada, sem violar a equação de Schrödinger. Em vez disso, existem dois universos coexistentes. Num deles, o gato morre; no outro, não morre. Quando você abre a caixa, há correspondentemente dois vocês e duas caixas. Um deles é parte da função de onda de um universo com um gato morto; o outro é parte de uma função de onda diferente, com um gato vivo. Em lugar de um mundo clássico único que de algum modo emerge da superposição de possibilidades quânticas, temos uma vasta gama de mundos clássicos, cada um correspondendo a uma possibilidade quântica.

A versão original de Everett, que ele chamou de formulação do estado relativo, chamou a atenção popular nos anos 1970 por meio de Bryce DeWitt, que lhe deu um nome mais atraente: a interpretação dos muitos mundos da mecânica quântica. Ela é frequentemente dramatizada em termos históricos: por exemplo, que existe um universo onde Adolf Hitler ganhou a Segunda Guerra Mundial e outro em que não ganhou. O mundo em que estou escrevendo este livro é o último, mas em algum ponto ao longo dele no reino quântico outro Ian Stewart está escrevendo um livro muito similar a este, mas em alemão, lembrando aos seus leitores que estão em

Equação de Schrödinger 309

um universo em que Hitler venceu. Matematicamente, a interpretação de Everett pode ser vista como o equivalente lógico da mecânica quântica convencional, e conduz – em interpretações mais limitadas – a meios eficientes de resolver problemas de física. Seu formalismo, portanto, sobreviverá a qualquer teste experimental ao qual a mecânica quântica convencional sobreviva. Então isso implica que esses universos paralelos, "mundos alternativos" em linguagem coloquial, *realmente* existam? Existe um outro eu digitando alegremente num teclado de computador num mundo em que Hitler venceu? Ou essa armação é uma ficção matemática conveniente?

Há um problema óbvio: como podemos ter certeza de que num mundo dominado pelo sonho de Hitler, o Reich de Mil Anos, existam computadores como o que estou usando? Claramente deve haver muito mais universos do que dois, e os acontecimentos neles devem seguir padrões clássicos que façam sentido. Então talvez Stewart-2 não exista, mas Hitler-2, sim. Uma descrição comum da formação e evolução de universos paralelos envolve a "cisão" sempre que existe uma escolha no estado quântico. Greene assinala que esta imagem está errada: nada se cinde. A função de onda do universo tem sido, e sempre será, cindida. Suas autofunções componentes estão *aí*: nós imaginamos uma cisão quando selecionamos uma delas, mas todo o argumento da explicação de Everett é que nada na função de onda efetivamente se modifica.

Feita esta ressalva, um número surpreendente de físicos quânticos aceita a interpretação dos muitos mundos. O gato de Schrödinger realmente está vivo e morto. Hitler realmente ganhou e perdeu. Uma versão de nós vive em um desses universos, as outras, não. É isso que diz a matemática. Não se trata de uma interpretação, uma forma conveniente de arranjar os cálculos. É tão real quanto você e eu. É você e eu.

Não estou convencido. Não é a superposição que me incomoda, porém. Não acho a existência de um mundo nazista paralelo impensável, ou impossível.[3] Mas tenho objeções, sim, e veementes, à ideia de que se pode separar uma função de onda quântica segundo as narrativas históricas em escala humana. A separação matemática ocorre no nível dos estados quânticos das partículas constituintes. A maioria dos estados de combinação de partículas não faz qualquer sentido em termos de narrativa humana. Uma alternativa simples a um gato morto não é um gato vivo. É um gato morto com um elétron em estado diferente. Alternativas complexas são muito mais numerosas do que um gato vivo. Incluem um gato que subitamente explode sem razão aparente, um que se transforma num vaso de flores, um que é eleito presidente dos Estados Unidos e um que sobrevive mesmo que o átomo radiativo tenha liberado o veneno. Esses gatos alternativos são retoricamente úteis, mas não são representativos. A maioria das alternativas nem sequer é de gatos; na verdade, *são indescritíveis em termos clássicos*. Se é assim, a maioria dos Stewarts alternativos não é reconhecível como gente – aliás, como nada – e quase todos eles existem em mundos que não fazem sentido nenhum em termos humanos. Assim, a chance de que outra versão do velho euzinho aqui aconteça de viver em outro mundo que faça algum sentido narrativo para um ser humano é desprezível.

O universo pode muito bem ser uma superposição incrivelmente complexa de estados alternativos. Se você pensa que a mecânica quântica está correta, ela deve estar. Em 1983, o físico Stephen Hawking disse que a interpretação dos muitos mundos era "autoevidentemente correta" neste sentido. Mas isso não implica que exista uma superposição de universos nos quais o gato esteja vivo ou morto, ou que Hitler tenha vencido ou não. Não há motivo para supor que os componentes matemáticos possam ser separados em conjuntos que se encaixem para criar narrativas humanas. Hawking desconsiderou as interpretações narrativas do formalismo dos muitos mundos dizendo: "Tudo que se faz, na verdade, é calcular probabilidades condicionais – em outras palavras, a probabilidade de que A aconteça, dado B. Penso que a interpretação dos muitos mundos não passa disso. Algumas pessoas a revestem com um monte de misticismo acerca da função de onda se dividir em diferentes partes. Mas tudo que se está fazendo é calcular probabilidades condicionais."

Vale a pena comparar o caso de Hitler com a história do raio de luz de Feynman. Na mesma linha dos Hitlers alternativos, Feynman estaria nos dizendo que existe um mundo clássico onde um raio de luz se reflete no espelho no mesmo ângulo com que incidiu, outro mundo clássico

Equação de Schrödinger

em que se reflete com ângulo de um grau de diferença, outros com dois graus de diferença, e assim por diante. Mas não foi isso que ele disse. Ele nos disse que existe *um* mundo clássico, emergindo da superposição das alternativas quânticas. Pode haver inúmeros mundos paralelos no nível quântico, mas estes não correspondem de nenhuma forma significativa a mundos paralelos descritíveis em nível clássico. A lei de Snell é válida em *qualquer* mundo clássico. Se não fosse, o mundo não poderia ser clássico. Conforme explicou Feynman sobre os raios de luz, *o* mundo clássico emerge quando se faz a superposição de todas as alternativas quânticas. Existe apenas uma superposição dessas, de modo que existe apenas um universo clássico. O nosso.

A MECÂNICA QUÂNTICA NÃO ESTÁ confinada ao laboratório. A totalidade da eletrônica moderna depende dela. A tecnologia dos semicondutores, base de todos os circuitos integrados – chips de silício –, tem fundamento na mecânica quântica. Sem a física do quantum, ninguém teria sequer sonhado que tais aparelhos pudessem funcionar. Computadores, telefones celulares, equipamentos de CD, jogos eletrônicos, carros, refrigeradores, fogões, praticamente todas as engenhocas domésticas modernas contêm chips de memória para guardar instruções que fazem com que tais dispositivos cumpram as funções que nós queremos. Muitos possuem circuitos mais complexos, tais como microprocessadores, um computador inteiro dentro de um chip. A maioria dos chips de memória são variações do primeiro dispositivo semicondutor de verdade: o transistor.

Na década de 1930, os físicos americanos Eugene Wigner e Frederick Seitz analisaram como os elétrons se movem através de um cristal, um problema que requer mecânica quântica. Descobriram algumas das características básicas dos semicondutores. Alguns materiais são condutores de eletricidade: elétrons podem fluir através deles com facilidade. Metais são bons condutores, e no dia a dia o fio de cobre é o lugar-comum para esse propósito. Isolantes não permitem que elétrons fluam, de modo que impedem o fluxo de eletricidade: os plásticos que revestem os fios elétricos, para impedir que tomemos choques na tomada da TV, são isolantes. Semicondutores são um pouco de cada, dependendo das circunstâncias. O silício é o mais conhecido, e atualmente o mais utilizado, mas vários outros elementos, como o antimônio, o arsênico, o boro, o carbono, o germânio e o selênio também são semicondutores. Pelo fato de os semicondutores poderem ser revertidos de um estado para outro, podem ser usados para manipular correntes elétricas, e essa é a base de todos os circuitos eletrônicos.

Wigner e Seitz descobriram que as propriedades dos semicondutores dependem dos níveis de energia dos elétrons dentro deles, e esses níveis podem ser controlados "dopando-se" o material semicondutor básico mediante a adição de pequenas quantidades de impurezas específicas. Dois tipos importantes de semicondutores são os tipo-p, que carrega a corrente como um fluxo de elétrons, e os semicondutores tipo-n, nos quais a corrente flui na direção oposta aos elétrons, transportada por "buracos" – locais onde há menos elétrons do que o normal. Em 1947, John Bardeen e Walter Brattain, nos Laboratórios Bell, descobriram que um cristal de germânio podia agir como amplificador. Se uma corrente elétrica fosse alimentada nesse cristal, a corrente de saída era mais elevada. William Shockley, líder do Solid State Physics Group, percebeu a importância dessa descoberta, e iniciou um projeto para investigar semicondutores. Daí surgiu o transistor – abreviatura de *transfer resistor* –, resistor de transferência. Havia algumas patentes anteriores, mas nenhum equipamento funcionando nem artigos publicados. Tecnicamente, o dispositivo da Bell Lab era um JFET (junction gate field-effect transistor – transistor de efeito de campo de junção. Ver Figura 55). Desde essa arrancada inicial, muitos outros tipos de transistor foram inventados. A Texas Instruments fabricou o primeiro transístor de silício em 1954. O mesmo ano assistiu à construção do Tridac, um computador à base de transistores, pelos militares americanos. Tinha cerca de três pés cúbicos de volume – imagine-se uma caixa de aproximadamente 50cm $\times$ 50cm $\times$ 35cm – e um consumo de energia semelhante ao de uma lâmpada. Foi um dos primeiros passos num gigantesco programa militar americano para desenvolver alternativas para as válvulas eletrônicas, que eram demasiado desajeitadas, frágeis e não confiáveis para uso militar.

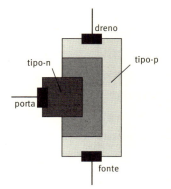

FIGURA 55 Estrutura de um JFET. A fonte e o dreno estão nas extremidades, numa camada tipo-p, enquanto a porta é uma camada tipo-n que controla o fluxo. Se você pensar no fluxo de elétrons da fonte ao dreno como uma mangueira, a porta efetivamente espreme a mangueira, aumentando a pressão (voltagem) na saída.

Pelo fato de a tecnologia do semicondutor estar baseada na "dopagem" com impurezas de silício ou substâncias similares, ela se prestou à miniaturização. Circuitos podem ser construídos em camadas sobre um substrato de silício, bombardeando-se a superfície com a impureza desejada e removendo regiões indesejadas com ácido. As áreas afetadas são determinadas por máscaras produzidas fotograficamente, e estas podem ser reduzidas a tamanhos muito pequenos mediante emprego de lentes ópticas. A partir disso tudo surgiu a eletrônica de hoje, inclusive os chips de memória capazes de conter bilhões de bytes de informação e microprocessadores extremamente rápidos, que orquestram a atividade de computadores.

OUTRA APLICAÇÃO ONIPRESENTE da mecânica quântica é o laser. É um dispositivo que emite um intenso feixe de luz coerente: um feixe em que as ondas de luz estão todas em fase entre si. O aparelho consiste numa cavidade óptica com espelhos em cada extremidade, preenchida com algo que reage à luz de um comprimento de onda específico produzindo mais luz do mesmo comprimento de onda – um amplificador de luz. Bombeia-se energia para desencadear o processo, deixa-se que a luz se reflita de um lado a outro ao longo da cavidade, amplificando-se o tempo todo, e quando ela atinge uma intensidade suficientemente alta, deixa-se a luz sair. O meio de amplificação pode ser um líquido, um gás, um cristal ou um semicondutor. Diferentes materiais funcionam com comprimentos de onda diferentes. O processo de amplificação depende da mecânica quântica dos átomos. Os elétrons nos átomos podem existir em diferentes estados de energia, e podem ser passados de um estado a outro absorvendo ou emitindo fótons.

Laser significa *light amplification by stimulated emission of radiation* – amplificação de luz mediante emissão estimulada de radiação. Quando o primeiro laser foi inventado, foi amplamente ridicularizado como uma resposta em busca de um problema. Foi algo sem a menor imaginação: em pouco tempo surgiu toda uma hoste de problemas, já havendo solução. Produzir um feixe de luz coerente é tecnologia básica, e sempre estaria sujeita a ter utilidades, da mesma forma que um martelo aperfeiçoado também encontraria automaticamente muitos usos. Quando se inventa uma tecnologia genérica, não é necessário que se tenha em mente uma aplicação específica. Hoje usamos lasers para tantos propósitos que é impossível listá-los todos. Há usos prosaicos, como indicadores a laser para palestras e feixes de laser com os mais variados fins. Aparelhos de CD, DVD, Blu-ray, todos esses equipamentos usam laser para ler informações de diminutas marcas ou ranhuras em discos. Exploradores e topógrafos usam lasers para medir distâncias e ângulos. Astrônomos usam lasers para medir a distância da Terra à Lua. Cirurgiões usam lasers para cortar com precisão tecidos delicados. Tratamento de olhos a laser já é rotina na reparação de retinas descoladas e remodelagem da superfície da córnea para corrigir a visão, em vez de usar óculos ou lentes de contato. O sistema de mísseis "Guerra nas Estrelas" pretendia usar poderosos lasers para derrubar mísseis inimigos, e embora nunca tenha sido construído, alguns dos lasers o foram. Usos militares de laser, semelhantes à pistola de raios da ficção científica barata, estão sendo pesquisados neste exato momento. E talvez seja possível, inclusive, lançar veículos espaciais da Terra fazendo com que se guiem por um potente feixe de laser.

Novas utilizações da mecânica quântica aparecem quase toda semana. Uma das últimas são os pontos quânticos, minúsculos pedaços de semicon-

Equação de Schrödinger

dutor cujas propriedades eletrônicas, inclusive a luz que emitem, variam de acordo com seu tamanho e formato. Eles podem, portanto, ser moldados a ter muitas características desejáveis. Já possuem uma variedade de aplicações, inclusive em equipamentos de imagens biológicas, nos quais podem substituir tinturas de contraste tradicionais (e muitas vezes tóxicas). E também têm um desempenho muito melhor, emitindo uma luz mais brilhante.

Mais adiante nessa trajetória, alguns engenheiros e físicos estão trabalhando nos componentes básicos de um computador quântico. Em tal aparelho, os estados binários de 0 e 1 podem ser superpostos em qualquer combinação, permitindo efetivamente que as computações assumam ambos os valores ao mesmo tempo. Isso permitiria muitos cálculos diferentes realizados paralelamente, acelerando o processo de maneira formidável. Foram divisados algoritmos teóricos, executando tarefas tais como a divisão de um número em seus fatores primos. Os computadores tradicionais enfrentam dificuldades quando os números possuem mais do que uma centena de dígitos, ou algo assim, mas um computador quântico deve ser capaz de fatorar com facilidade números muito maiores. O principal obstáculo à computação quântica é a descoerência, que destrói estados superpostos. O gato de Schrödinger está tendo sua vingança pelo tratamento desumano que recebeu.

15. Códigos, comunicação e computadores
Teoria da informação

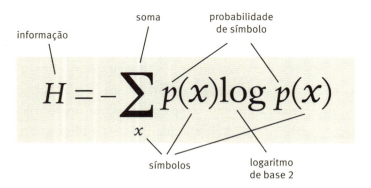

O que diz?
Define quanta informação uma mensagem contém, em termos da probabilidade de ocorrência dos símbolos que a compõem.

Por que é importante?
É a equação que desencadeou a era da informação. Estabeleceu limites relativos à eficiência da comunicação, permitindo que engenheiros parassem de procurar códigos eficientes demais para existir na realidade. Atualmente é básica para a comunicação digital – telefones, CDs, DVDs, internet.

Qual foi a consequência?
Códigos eficientes de detecção e correção de erros usados em tudo, desde CDs a sondas espaciais. As aplicações incluem estatística, inteligência artificial, criptografia e extração de significados em sequências de DNA.

Em 1977 a Nasa lançou duas sondas espaciais, *Voyager 1* e *2*. Os planetas do Sistema Solar tinham se arranjado em posições inusitadamente favoráveis, possibilitando que se encontrassem órbitas razoavelmente eficientes que levariam as sondas a visitar vários planetas. O objetivo inicial era examinar Júpiter e Saturno, mas se as sondas aguentassem, suas trajetórias as levariam a passar por Urano e Netuno. A *Voyager 1* poderia ter ido a Plutão (naquela época considerado um planeta, e também interessante – na verdade, totalmente inalterado – agora que não é), mas uma alternativa, a intrigante lua de Saturno, Titã, teve prioridade. As duas sondas tiveram um êxito espetacular, e a *Voyager 1* é o objeto feito pelo homem mais distante da Terra, a mais de 15 bilhões de quilômetros de distância e ainda enviando dados.

A intensidade do sinal diminui com o quadrado da distância, então o sinal recebido na Terra tem intensidade de 10^{-20} vezes a intensidade que teria se fosse recebido à distância de 1,5 quilômetro. Ou seja, cem quintilhões de vezes mais fraco. A *Voyager 1* deve ter um transmissor realmente potente... Não, ela é uma sonda espacial minúscula. É alimentada por um isótopo radiativo, o plutônio −238, porém mesmo assim a potência total disponível é agora cerca de um oitavo da potência de uma chaleira elétrica típica. Há duas razões para ainda podermos obter informação útil da sonda: receptores potentes na Terra e códigos especiais usados para proteger os dados de erros causados por fatores estranhos, tais como interferência.

A *Voyager 1* pode enviar dados utilizando dois sistemas diferentes. Um, o canal de taxa baixa, pode enviar quarenta dígitos binários, 0 ou 1, a cada segundo, mas não permite codificação para lidar com erros potenciais. O outro, o canal de taxa alta, pode transmitir até 120 mil dígitos binários por segundo, e estes estão codificados de modo que seja possível localizar erros e corrigi-los, contanto que não sejam muito frequentes. O preço pago por essa capacidade é que as mensagens têm o dobro do tamanho que teriam habitualmente, de modo que transportam apenas metade dos dados que poderiam. Considerando que os erros poderiam arruinar os dados, é um preço que vale a pena pagar.

Códigos desse tipo são amplamente usados em todos os meios modernos de comunicação: missões espaciais, telefones fixos, telefones celulares, internet, CDs e DVDs, Blu-ray, e assim por diante. Sem eles, toda comunicação seria passível de erros; isso não seria aceitável, por exemplo, se você estivesse usando a internet para pagar uma conta. Se a sua instrução para pagar cem reais fosse recebida como mil reais, você certamente não iria gostar. Um toca-CDs usa uma pequenina lente, que focaliza um feixe de laser em trilhas muito finas impressas no material do disco. A lente paira acima do disco a uma distância mínima. Todavia, você pode ouvir um CD mesmo guiando o carro por uma estrada cheia de buracos, porque o sinal é codificado de tal maneira que permite que os erros sejam encontrados e corrigidos pela eletrônica enquanto o disco está sendo tocado. Há também outros artifícios, mas este é fundamental.

Nossa era da informação repousa sobre sinais digitais – longas cadeias de 0 e 1, pulsos e não pulsos de eletricidade ou rádio. O equipamento que envia, recebe armazena os sinais reside em circuitos eletrônicos muito pequenos e muito precisos de minúsculas fibras de silício – os "chips". Mas, com toda a habilidade e perícia no planejamento e fabricação do circuito, nada funcionaria sem os códigos de detecção e correção de erros. E foi nesse contexto que o termo "informação" deixou de ser uma palavra informal para "conhecimento" e se tornou uma grandeza numérica quantificável. E isso forneceu limitações fundamentais para a eficiência com que códigos podem modificar mensagens para protegê-las de erros. Conhecer essas limitações poupou aos engenheiros muito tempo desperdiçado tentando inventar códigos tão eficientes que eram impossíveis. E proporcionou a base para a atual cultura da informação.

Eu sou velho o suficiente para me lembrar de quando o único jeito de telefonar para alguém em *outro país* (choque de horror) era marcar com

Teoria da informação

antecedência um horário com a companhia telefônica – no Reino Unido havia apenas uma, a Telefônica dos Correios – para uma hora específica, incluindo a duração da chamada. Digamos, dez minutos às 3h45 da tarde do dia 11 de janeiro. E custava uma fortuna. Algumas semanas atrás um amigo e eu demos uma entrevista de uma hora para uma convenção de ficção científica na Austrália, falando do Reino Unido via Skype. Era de graça, com vídeo, além de som. Muita coisa mudou em cinquenta anos. Nos dias de hoje, nós trocamos informação online com amigos, tanto amigos reais quanto virtuais, que um número enorme de pessoas coleciona como borboletas usando os sites de redes sociais. Não compramos mais CDs de música nem DVDs de filmes: compramos a informação que eles contêm e baixamos pela internet. Os livros estão indo pelo mesmo caminho. As empresas de pesquisa de mercado amontoam enormes quantidades de informação sobre os nossos hábitos de consumo e procuram usá-las para influenciar o que compramos. Mesmo na medicina, há uma ênfase crescente na informação contida no nosso DNA. Com frequência a atitude parece ser: se você tem a informação necessária para fazer algo, então isso basta; você não precisa fazer de verdade, nem mesmo saber como fazer.

Há pouca dúvida de que a revolução da informação transformou nossas vidas, e um bom argumento é que em termos gerais os benefícios superam de longe as desvantagens – ainda que estas últimas incluam a perda da nossa privacidade, acesso fraudulento em potencial a nossas contas bancárias a partir de qualquer lugar do mundo, com um simples clique do mouse, e vírus de computador que podem desabilitar um banco ou uma usina de energia nuclear.

O que é informação? Por que ela tem tanto poder? E ela é mesmo o que se alega que seja?

O conceito de informação como grandeza mensurável surgiu dos laboratórios de pesquisa da Companhia Telefônica Bell, principal fornecedora de serviços telefônicos nos Estados Unidos desde 1877 até sua divisão em 1984, com base na legislação antitruste (antimonopólio). Entre seus engenheiros estava Claude Shannon, um primo distante do famoso inventor Edison. A melhor matéria de Shannon na escola era matemática, e ele tinha uma aptidão para construir aparelhos mecânicos. Na época em que trabalhava para os Laboratórios Bell, era matemático e criptógrafo, bem como engenheiro eletrônico. Foi um dos primeiros a aplicar lógica matemática – a assim chamada álgebra booleana – a circuitos de computadores. Utilizou essa técnica para simplificar o projeto de circuitos comutadores usados no sistema telefônico, e aí a estendeu para outros problemas em projetos de circuitos.

Durante a Segunda Guerra Mundial ele trabalhou em códigos secretos e comunicação, desenvolvendo algumas ideias fundamentais que foram relatadas em 1945 para a Bell num memorando confidencial sob o título "Uma teoria matemática da criptografia". Em 1948, publicou parte do seu trabalho abertamente, e o artigo de 1945, ao perder a confidencialidade, foi publicado logo depois. Com material adicional de Warren Weaver, apareceu em 1949 como *Teoria matemática da comunicação*.

Shannon queria saber como transmitir mensagens com eficiência quando o canal de transmissão estava sujeito a erros aleatórios, "ruído" no jargão de engenharia. Toda comunicação prática sofre de ruído, seja por falha no equipamento, raios cósmicos ou variabilidade inevitável nos componentes do circuito. Uma solução é reduzir o ruído construindo um equipamento melhor, se possível. Uma alternativa é codificar os sinais usando procedimentos matemáticos capazes de detectar erros, e até mesmo corrigi-los.

O código de detecção de erros mais simples é mandar a mensagem duas vezes. Se você recebe

a mesma massagem duas vezes
a mesma mensagem duas vezes

então há, obviamente, um erro na terceira palavra, mas sem saber português não fica claro qual das versões é a correta. Uma terceira repetição resolveria o assunto por voto majoritário e se tornaria um código de correção de erros. A eficiência e precisão de tais códigos depende da probabili-

Teoria da informação 321

dade, e da natureza, dos erros. Se o canal de comunicação apresenta muito ruído, por exemplo, então todas as três versões da mensagem poderão estar tão adulteradas que seria impossível reconstituí-la.

Na prática a mera repetição é simplória demais: há meios mais eficientes de codificar mensagens para revelar ou corrigir erros. O ponto de partida de Shannon foi definir precisamente o significado de eficiência. Todos esses códigos substituem a mensagem original por uma mais longa. Os dois códigos acima duplicam ou triplicam o tamanho. Mensagens mais longas levam mais tempo para serem enviadas, custam mais, ocupam mais memória e congestionam o canal de comunicação. Assim, a eficiência, para uma determinada taxa de detecção ou correção de erros, pode ser quantificada como a razão entre o tamanho da mensagem codificada e o tamanho da original.

O ponto principal, para Shannon, era determinar as limitações inerentes a tais códigos. Suponhamos que um engenheiro tenha concebido um código novo. Haveria algum meio de decidir se era o melhor possível ou se havia algum aperfeiçoamento possível? Shannon começou por quantificar quanta informação uma mensagem contém. Ao fazê-lo, transformou "informação" de metáfora vaga em conceito científico.

HÁ DUAS FORMAS DISTINTAS de se representar um número. Ele pode ser definido por uma sequência de símbolos, por exemplo, dígitos decimais, ou pode corresponder a alguma grandeza física, tal como o comprimento de um bastão ou a voltagem num fio. Representações do primeiro tipo são digitais, do segundo são analógicas. Na década de 1930, os cálculos científicos e de engenharia eram geralmente efetuados usando computadores analógicos, pois na época eram mais fáceis de projetar e construir. Alguns circuitos eletrônicos podem somar ou multiplicar duas voltagens, por exemplo. No entanto, máquinas desse tipo careciam de precisão, e os computadores digitais começaram a aparecer. Em pouco tempo ficou claro que a representação mais conveniente para os números não era decimal, base 10, e sim binária, base 2. Na notação decimal há dez símbolos para os dígitos 0 a 9, e cada dígito tem seu valor multiplicado por dez para cada passo que se dá para a esquerda. Assim, 157 representa:

$$1 \times 10^2 + 5 \times 10^1 + 7 \times 10^0$$

A notação binária emprega o mesmo princípio básico, mas aqui há apenas dois dígitos, 0 e 1. Um número binário como 10011101 codifica, de forma simbólica, o número

$$1 \times 2^7 + 0 \times 2^6 + 0 \times 2^5 + 1 \times 2^4 + 1 \times 2^3 + 1 \times 2^2 + 0 \times 2^1 + 1 \times 2^0$$

de modo que cada dígito dobra de valor para cada passo que dá para a esquerda. Em notação decimal, este número equivale a 157 – de modo que escrevemos o mesmo número de duas formas diferentes, usando dois tipos diferentes de notação.

A notação binária é ideal para sistemas eletrônicos porque é muito mais fácil de distinguir entre dois valores possíveis de uma corrente, ou voltagem, ou campo magnético, do que entre mais de dois. Em termos grosseiros, 0 pode significar "ausência de corrente elétrica" e 1 pode significar "alguma corrente elétrica", 0 pode significar "ausência de campo magnético" e 1 pode significar "algum campo magnético", e assim por diante. Na prática, os engenheiros estabelecem um limiar, de modo que 0 significa "abaixo do limiar" e 1 significa "acima do limiar". Mantendo os valores reais usados para 0 e 1 bem distantes entre si, e estabelecendo o limiar no meio, há muito pouco risco de confundir 0 com 1. Assim, dispositivos baseados em notação binária são robustos. É isso que os torna digitais.

Nos primeiros computadores, os engenheiros tinham de brigar para manter as variáveis do circuito dentro de limites razoáveis, e a notação binária facilitou muito suas vidas. Modernos circuitos de chips de silício são suficientemente precisos para permitir outras escolhas, tais como base 3, mas o desenho dos computadores digitais tem se baseado na notação binária por tanto tempo que geralmente faz sentido ater-se a ela, mesmo que outras alternativas funcionassem. Circuitos modernos também são muito pequenos e muito rápidos. Sem alguns desses avanços tecnológicos

Teoria da informação

na fabricação de circuitos, o mundo teria alguns poucos milhares de computadores, em vez de bilhões. Thomas J. Watson, que fundou a IBM, disse certa vez que não pensava que haveria mercado para mais do que cerca de cinco computadores em todo o mundo. Na época o que ele disse pareceu fazer sentido, porque naqueles dias os computadores mais potentes tinham mais ou menos o tamanho de uma casa, consumiam tanta eletricidade quanto um pequeno vilarejo e custavam dezenas de milhões de dólares. Apenas grandes organizações governamentais, tais como o Exército dos Estados Unidos, podiam se dar ao luxo de ter um, ou utilizá-lo o suficiente. Hoje um celular básico, obsoleto, tem mais poder computacional do que qualquer coisa existente quando Watson fez seu comentário.

A escolha da representação binária para computadores digitais, portanto também para mensagens digitais transmitidas entre computadores – e em momento posterior entre praticamente quaisquer duas engenhocas eletrônicas no planeta –, levou a uma unidade básica de informação, o *bit*. O nome é abreviatura de *"binary digit"* (dígito binário) e um bit de informação é um 0 ou um 1. É razoável definir a informação "contida em" uma sequência de dígitos binários como sendo o número total de dígitos na sequência. Então a sequência de oito dígitos 10011101 contém 8 bits de informação.

SHANNON PERCEBEU QUE A SIMPLES contagem de bits faz sentido como medida de informação apenas se 0s e 1s forem como cara e coroa de uma moeda não viciada, ou seja, tenham a mesma probabilidade de ocorrer. Suponhamos que saibamos que em alguma circunstância específica o 0 ocorre nove vezes em dez e o 1 apenas uma. À medida que vamos lendo a sequência de dígitos, esperamos que a maioria seja 0. Se esta expectativa for confirmada, não recebemos muita informação, porque de todo modo é isso que esperamos. No entanto, se vemos um 1, isso carrega *muito mais* informação, porque não esperávamos em absoluto.

Podemos tirar proveito disso codificando a mesma informação de forma mais eficiente. Se o 0 ocorre com probabilidade de 9/10 e o 1 com probabilidade de 1/10, podemos definir um novo código assim:

000 → 00 (usar sempre que possível)

00 → 01 (se não restar nenhum 000)

0 → 10 (se não restar nenhum 00)

1 → 11 (sempre)

O que quero dizer aqui é que uma mensagem como

00000000100010000010000001000000000

é primeiramente quebrada da esquerda para a direita em blocos que contenham 000, 00, 0 ou 1. Com cadeias de zeros consecutivos usamos 000 sempre que pudermos. Se não, resta ou 00 ou 0, seguido de 1. Então esta mensagem pode ser quebrada em:

000-000-00-1-000-1-000-00-1-000-000-1-000-000-000

e a versão codificada fica sendo

00-00-01-11-00-11-00-01-11-00-00-11-00-00-00

A mensagem original tem 35 dígitos, mas a versão codificada tem apenas 30. A quantidade de informação parece ter diminuído.

Às vezes a versão codificada pode ser mais longa: por exemplo, 111 vira 111111. Mas isso é raro porque o 1 ocorre apenas uma vez em 10, em média. Haverá um monte de 000, que vão cair para 00. Qualquer 00 restante vira 01, que tem o mesmo tamanho; um 0 sozinho aumenta de tamanho ao mudar 10. O resultado é que a longo prazo, para mensagens escolhidas ao acaso com as probabilidades dadas de 0 e 1, a versão codificada é mais curta.

Meu código aqui é muito simplório, e uma escolha mais sagaz pode reduzir a mensagem ainda mais. Uma das principais perguntas que Shannon queria responder era: até onde pode ir a eficiência desses códigos genéricos? Se você conhece a lista de símbolos que está sendo usada para criar a mensagem, e também conhece a probabilidade de cada símbolo, quanto é possível reduzir o tamanho da mensagem usando um código adequado? Sua solução foi uma equação, definindo a quantidade de informação em termos dessas probabilidades.

Teoria da informação

SUPONHAMOS, POR SIMPLICIDADE, que a mensagem use apenas dois símbolos, 0 e 1, mas agora eles são faces de uma moeda viciada, de modo que 0 tenha probabilidade p de ocorrer e 1 tenha probabilidade $q = 1 - p$. A análise de Shannon o levou a uma fórmula para o conteúdo de informação: ele deveria ser definido como

$$H = -p \log p - q \log q$$

em que log é logaritmo na base 2.

À primeira vista isso não parece terrivelmente intuitivo. Logo explicarei como Shannon a deduziu, mas o principal é apreciar nessa fase como H se comporta à medida que p varia de 0 a 1, o que é mostrado na Figura 56. O valor de H aumenta suavemente de 0 a 1 à medida que p cresce de 0 a ½, e depois volta a cair simetricamente para 0 à medida que p vai de ½ a 1.

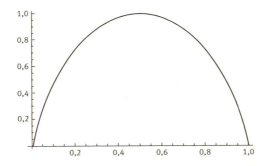

FIGURA 56 Como a informação H de Shannon depende de p. H está no eixo vertical e p, no horizontal.

Shannon ressaltou algumas "propriedades interessantes" de H, assim definidas:

- Se $p = 0$, caso em que ocorre apenas o símbolo 1, a informação H é zero. Ou seja, se temos certeza de que símbolo nos será transmitido, recebê-lo não traz informação alguma.
- O mesmo vale para $p = 1$. Ocorre somente o símbolo 0, e mais uma vez não recebemos informação nenhuma.

- A quantidade de informação é máxima quando $p = q = \frac{1}{2}$, correspondendo ao lançamento de uma moeda honesta. E neste caso:

$$H = -\tfrac{1}{2} \log \tfrac{1}{2} - \tfrac{1}{2} \log \tfrac{1}{2} = -\log \tfrac{1}{2} = 1$$

tendo em mente que os logaritmos são de base 2. Ou seja, um lançamento de uma moeda honesta traz um bit de informação, como admitimos originalmente quando começamos a considerar a codificação de mensagens para comprimi-las, e moedas viciadas.
- Em todos os outros casos, receber um símbolo traz *menos* informação que um bit.
- Quanto mais viciada se torna a moeda, menos informação nos traz seu lançamento.
- A fórmula trata os dois símbolos exatamente da mesma maneira. Se trocarmos p e q, H permanecerá o mesmo.

Todas essas propriedades correspondem ao nosso senso intuitivo de quanta informação recebemos quando somos informados do resultado do lançamento da moeda. Isto torna a fórmula uma definição que funciona razoavelmente. Shannon forneceu então um fundamento sólido para sua definição listando vários princípios básicos que qualquer medida de conteúdo de informação deveria obedecer, deduzindo uma fórmula única para satisfazê-los. Era uma armação bastante genérica: a mensagem podia escolher um número de símbolos diferentes, ocorrendo com probabilidades $p_1, p_2, ..., p_n$, em que n é o número de símbolos. A informação H transportada por uma escolha de um desses símbolos deveria satisfazer:

- H é uma função contínua de $p_1, p_2, ..., p_n$. Isto é, pequenas variações nas probabilidades devem provocar pequenas variações na quantidade de informação.
- Se todas as probabilidades forem iguais, o que implica que são todas $1/n$, então H deve aumentar se n aumenta. Ou seja, se você escolhe entre 3 símbolos, todos igualmente prováveis, então a informação que recebe deve ser maior do que se a escolha fosse apenas entre dois símbolos igualmente prováveis; uma escolha entre 4 símbolos deve conter mais informação do que uma escolha entre 3 símbolos, e assim por diante.

Teoria da informação 327

• Se houver um meio natural de dividir uma escolha em duas escolhas sucessivas, então o *H* original deve ser uma combinação simples dos novos *H*s.

Esta condição final é mais facilmente entendida usando um exemplo, e coloquei um nas Notas.[1] Shannon provou que a *única* função *H* que obedece aos seus três princípios é

$$H(p_1, p_2, \ldots, p_n) = -p_1 \log p_1 - p_2 \log p_2 - \ldots - p_n \log p_n$$

ou um múltiplo constante dessa expressão, que basicamente modifica apenas a unidade de informação, como mudar de pés para metros.

Há um bom motivo para tomar a constante como sendo 1, e vou ilustrar com um caso simples. Pensemos nos nossos quatro conjuntos binários 00, 01, 10 e 11 como símbolos em si. Se 0 e 1 são igualmente prováveis de ocorrer, cada conjunto tem a mesma probabilidade, ou seja, ¼. A quantidade de informação transportada pela escolha de uma sequência é, portanto,

$$H(\tfrac{1}{4}, \tfrac{1}{4}, \tfrac{1}{4}, \tfrac{1}{4}) = -\tfrac{1}{4} \log \tfrac{1}{4} - \tfrac{1}{4} \log \tfrac{1}{4} - \tfrac{1}{4} \log \tfrac{1}{4} - \tfrac{1}{4} \log \tfrac{1}{4} = -\log \tfrac{1}{4} = 2$$

Ou seja, 2 bits. O que constitui um número sensato para a informação contida numa sequência binária de comprimento 2 quando as escolhas 0 e 1 são igualmente prováveis. Da mesma forma, se os símbolos forem todos sequências binárias de comprimento *n*, e fixamos a constante como sendo 1, então o conteúdo de informação é de *n* bits. Note que quando *n* = 2 obtemos a fórmula retratada na Figura 56. A prova do teorema de Shannon é complicada demais para ser exposta aqui, mas mostra que se forem aceitas as três condições de Shannon existe um único modo natural de quantificar a informação.[2] A equação em si é meramente uma definição: o que conta é o seu desempenho na prática.

Shannon usou sua equação para provar que existe um limite fundamental de quanta informação um canal de comunicação pode transportar. Suponha que você esteja transmitindo um sinal digital por uma linha telefônica cuja capacidade de transportar uma mensagem é, no máximo, *C* bits por segundo. Essa capacidade é determinada pelo número de dígitos binários que a linha telefônica pode transmitir, e não está relacionada com as probabilidades dos vários sinais. Suponha que a mensagem esteja sendo gerada a partir de símbolos com conteúdo de informação H, também medido em bits por segundo. O teorema de Shannon responde à pergunta: se o canal tiver muito ruído, o sinal pode ser codificado de modo que a proporção de erros seja tão pequena quanto desejarmos? A resposta é que isso sempre é possível, não importa qual seja o nível de ruído, se H for menor ou igual a C. Não é possível se H for maior que C. Na verdade, a proporção de erros não pode ser reduzida abaixo da diferença $H-C$, não importa qual seja o código empregado, mas existem códigos que chegam tão perto quanto você queira da taxa de erro.

A PROVA DE SHANNON deste teorema demonstra que existem códigos do tipo requerido em cada um dos seus dois casos, mas a prova não nos diz quais são esses códigos. Todo um ramo da ciência da informação, uma mistura de matemática, engenharia eletrônica e de computação, dedica-se a encontrar códigos eficientes para propósitos específicos. Esse ramo chama-se teoria da codificação. Os métodos para descobrir esses códigos são os mais diversos, recorrendo a muitas áreas da matemática. São esses métodos que foram incorporados aos nossos equipamentos eletrônicos, seja um *smartphone* ou o transmissor da *Voyager 1*. As pessoas carregam em seus bolsos quantidades significativas de sofisticada álgebra abstrata na forma de softwares que implementam os códigos de correção de erros em telefones celulares.

Tentarei transmitir o sabor da teoria de codificação sem me ater muito a suas complexidades. Um dos conceitos mais influentes na teoria relaciona os códigos com geometria multidimensional. Ele foi publicado por Richard Hamming em 1950 num famoso artigo: "Códigos de detecção de erros e de correção de erros". Em sua forma mais simples, ele fornece uma comparação entre sequências de dígitos binários. Consideremos duas sequências dessas, digamos 10011101 e 10110101. Comparemos os bits correspondentes e contemos quantas vezes são diferentes, assim:

Teoria da informação   329

10**0**11101
1011**0**101

em que marquei a diferença em negrito. Existem aqui dois locais em que as sequências de bits diferem. Chamamos este número de diferença de Hamming entre as duas sequências. Ele pode ser pensado como o menor número de erros de um bit que podem converter uma sequência na outra. Então ele está intimamente ligado ao efeito provável de erros, se estes ocorrerem numa taxa média conhecida. Isso sugere que o número poderia fornecer alguma percepção de como detectar tais erros, e até mesmo de como corrigi-los.

A geometria multidimensional entra em jogo porque as sequências de um comprimento fixo podem ser associadas a vértices de um "hipercubo" multidimensional. Riemann nos ensinou como analisar tais espaços pensando em listas de números. Por exemplo, um espaço de quatro dimensões consiste de todas as possíveis listas de quatro números: (x_1, x_2, x_3, x_4). Cada lista dessas é considerada como representando um ponto no espaço, e todas as listas possíveis podem, em princípio, ocorrer. Os xs separados são as coordenadas do ponto. Se o espaço tem 157 dimensões, é preciso usar listas de 157 números: $(x_1, x_2, ..., x_{157})$. Muitas vezes é vantajoso especificar qual a distância entre essas listas. Em geometria "plana" euclidiana isso é feito usando uma simples generalização do teorema de Pitágoras. Vamos supor que temos um segundo ponto $(y_1, y_2, ..., y_{157})$ no nosso espaço de 157 dimensões. A distância entre os dois pontos é a raiz quadrada da soma dos quadrados das diferenças entre coordenadas correspondentes. Ou seja:

$$d = \sqrt{(x_1 - y_1)^2 + (x_2 - y_2)^2 + ... + (x_{157} - y_{157})^2}$$

Se o espaço é curvo, em vez disso pode ser usada a ideia da métrica de Riemann.

A ideia de Hamming é fazer algo muito similar, mas os valores das coordenadas se restringem unicamente a 0 e 1. Então $(x_1 - y_1)^2$ é 0 se x_1 e y_1 forem iguais, mas é 1 se não forem; o mesmo vale para $(x_2 - y_2)^2$, e assim por diante. Ele também omitiu a raiz quadrada, o que muda a resposta, mas em compensação o resultado é sempre um número inteiro, igual à distância de Hamming. Esta noção tem todas as propriedades que tornam útil a "distância", tais como ser zero apenas se as duas sequências forem idênticas, e assegurar-se de que a medida de qualquer lado de um "triângulo" (um conjunto de três sequências) é menor ou igual à soma das medidas dos outros dois lados.

Podemos desenhar figuras de todas as sequências de bits de medidas 2, 3 e 4 (e com mais esforço e menos clareza, 5, 6 e possivelmente até mesmo 10, embora ninguém fosse achá-las úteis). Os diagramas resultantes são mostrados na Figura 57.

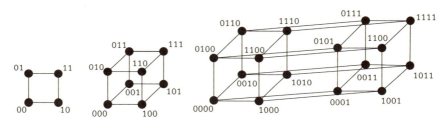

FIGURA 57 Espaços de sequências de bits de medidas 2, 3 e 4.

Os dois primeiros são reconhecíveis como um quadrado e um cubo (projetado num plano por estar impresso numa folha de papel). O terceiro é um hipercubo, o análogo quadridimensional, e mais uma vez precisa ser projetado num plano. Os segmentos de reta unindo os pontos têm distância de Hamming igual a 1 – as duas sequências em cada extremidade diferem precisamente em um local, uma coordenada. A distância de Hamming entre duas sequências é o número de tais segmentos no caminho mais curto entre os pontos.

Vamos supor que estamos pensando em sequências de 3 bits, existentes nos vértices de um cubo. Tomemos uma das sequências, digamos 101. Vamos supor que a taxa de erros é, no máximo, de um bit em cada três. Então essa sequência pode ser transmitida ou inalterada, ou poderia terminar como qualquer uma das seguintes três: 001, 111 ou 100. Cada uma delas difere da sequência original em um local apenas, de modo que a distância de Hamming da sequência original é 1. Numa imagem

Teoria da informação 331

geométrica livre, as sequências erradas se encontram numa "esfera" com centro na sequência correta de raio 1. A esfera consiste de três pontos apenas. Se estivéssemos trabalhando com um espaço de 157 dimensões com raio 5, digamos, ela nem sequer teria uma aparência esférica. Mas desempenha o mesmo papel que uma esfera comum: tem um formato suficientemente compacto, e contém exatamente os pontos cuja distância do centro é menor ou igual ao raio.

Vamos supor que usemos essas esferas para construir um código, de modo que cada esfera corresponda a um novo símbolo, e que o símbolo acha-se codificado com as coordenadas do centro da esfera. Vamos supor, além disso, que essas esferas não se sobreponham. Por exemplo, eu poderia introduzir um símbolo *a* para a esfera com centro 101. Essa esfera contém quatro sequências: 101, 001, 111 e 100. Se eu receber qualquer uma dessas quatro sequências, sei que o símbolo era originalmente *a*. Pelo menos é verdade contanto que meus outros símbolos correspondam de forma similar a esferas que não tenham pontos em comum com esta.

Agora a geometria começa a se fazer útil. No cubo, há oito pontos (sequências) e cada esfera contém quatro delas. Se eu tentar encaixar as esferas no cubo, sem que se sobreponham, o máximo que consigo é duas delas, porque $\frac{8}{4} = 2$. Na verdade, posso achar a outra, isto é, a esfera com centro em 010. Esta contém 010, 110, 000 e 011, nenhum dos quais está na primeira esfera. Então posso introduzir um símbolo *b* associado a esta esfera. Meu código de correção de erros para mensagens escritas com símbolos de *a* e *b* agora substitui todo *a* por 101 e todo *b* por 010. Se eu receber, digamos

101-010-100-101-000

posso decodificar a mensagem original como

a-b-a-a-b

apesar dos erros na terceira e quinta sequências. Eu apenas vejo a que esferas pertencem minhas sequências erradas.

Até aí tudo muito bem, mas isso multiplica o comprimento da minha mensagem por 3, e nós já conhecemos um jeito mais fácil de obter o mesmo resultado: repetir a mensagem três vezes. Mas toda a ideia adquire um significado novo se trabalharmos em espaços de dimensões mais elevadas. Com sequências de comprimento 4, o hipercubo, há 16 sequências, e cada esfera contém 5 pontos. Então, *poderia* ser possível encaixar três esferas sem que elas se sobreponham. Se você tentar, na realidade não é possível – duas se encaixam mas o vazio restante tem o formato errado. Mas os números trabalham cada vez mais a nosso favor. O espaço de sequências de comprimento 5 contém 32 sequências, e cada esfera usa apenas 6 – possivelmente espaço para 5, e se não, uma chance melhor de encaixar 4. Comprimento 6 nos dá 64 pontos e esferas que usam 7, de modo que podem se encaixar até 9 esferas.

A partir deste ponto é necessário um bocado de detalhamento esmiuçado para descobrir simplesmente o que é possível, e é proveitoso desenvolver métodos mais sofisticados. Mas o que estamos olhando é o análogo, no espaço das sequências, da maneira mais eficiente de "empacotar" esferas juntas. E esta é uma área perene da matemática, da qual muita coisa se sabe. Parte dessa técnica pode ser transferida da geometria euclidiana para as distâncias de Hamming, e quando isso não funcionar podemos inventar métodos novos mais adequados para a geometria das sequências. Como exemplo, Hamming inventou um código novo, mais eficiente que qualquer outro conhecido na época, que codifica sequências de 4 bits convertendo-as em sequências de 7 bits. Esse código é capaz de detectar e corrigir qualquer erro de um único bit. Modificado para um código de 8 bits, pode detectar, mas não corrigir, qualquer erro de 2 bits.

Este código é chamado código de Hamming. Não vou descrevê-lo, mas vamos fazer as somas para ver se poderia ser possível. Há 16 sequências de comprimento 4, e 128 de comprimento 7. Esferas de raio 1 no hipercubo de 7 dimensões contêm 8 pontos. E $128/8 = 16$. Então, com destreza suficiente, pode ser possível espremer as 16 esferas requeridas num hipercubo de 7 dimensões. Elas se encaixariam exatamente, porque não existe espaço sobrando. Acontece que tal arranjo existe, e Hamming o descobriu. Sem a geometria multidimensional para ajudar, seria difícil imaginar sua existência, muito menos achá-la. Possível, mas difícil. Mesmo com a geometria, ela não é óbvia.

Teoria da informação 333

O CONCEITO DE SHANNON de informação fornece limites ao grau de eficiência que os códigos podem ter. A teoria da codificação faz a outra metade do serviço: achar códigos que sejam os mais eficientes possíveis. As ferramentas mais importantes provêm da álgebra abstrata. Este é o estudo das estruturas matemáticas que compartilham as características aritméticas básicas de números inteiros ou reais, mas diferem delas de maneiras significativas. Em aritmética podemos somar números, subtraí-los e multiplicá-los para obter números do mesmo tipo. Para os números reais podemos dividir por qualquer coisa diferente de zero para obter um número real. Isso não é possível para os inteiros, porque, por exemplo, ½ não é um inteiro. No entanto, será possível se passarmos para o sistema mais amplo dos números racionais, frações. Nos sistemas numéricos familiares, várias leis algébricas se sustentam; por exemplo, a propriedade comutativa da adição, que afirma que $2 + 3 = 3 + 2$, e o mesmo vale para quaisquer outros dois números.

Os sistemas familiares compartilham essas propriedades algébricas com os menos familiares. O exemplo mais simples usa só dois números, 0 e 1. Somas e produtos são definidos exatamente da mesma maneira que para os inteiros, com uma exceção: nós insistimos que $1 + 1 = 0$, não 2. Apesar dessa modificação, todas as leis usuais da álgebra sobrevivem. Este sistema tem apenas dois "elementos", dois objetos tipo-número. Há exatamente um sistema desses sempre que o número de elementos for uma potência de qualquer número primo: 2, 3, 4, 5, 7, 8, 9, 11, 13, 16, e assim por diante. Tais sistemas são chamados campos de Galois, em homenagem ao matemático francês Évariste Galois, que os classificou por volta de 1830. Por terem um número finito de elementos, são adequados para a comunicação digital, e potências de 2 são especialmente convenientes por causa da notação binária.

Os campos de Galois conduzem a sistemas de codificação chamados *códigos de Reed-Solomon*, por causa de Irving Reed e Gustave Solomon, que os inventaram em 1960. São usados em eletrônica de consumo, especialmente CDs e DVDs. São códigos de correção de erros baseados em propriedades algébricas de polinômios, cujos coeficientes são tirados de um campo de

Galois. O sinal a ser codificado – áudio ou vídeo – é usado para constituir um polinômio. Se o polinômio tem grau n, isto é, a potência mais alta presente é x^n, então o polinômio pode ser reconstituído a partir de seus valores em quaisquer n pontos. Se especificarmos os valores em mais do que n pontos, podemos perder ou modificar alguns dos valores sem perder de vista que polinômio é. Se o número de erros não for grande demais, ainda é possível descobrir que polinômio é, e decodificá-lo de modo a obter os dados originais.

Na prática o sinal é representado como uma série de blocos de dígitos binários. Uma escolha popular usa 255 bytes (sequência de 8 bits) por bloco. Destes, 223 bytes codificam o sinal, enquanto os restantes 32 bytes são "símbolos de paridade", dizendo-nos se as várias combinações de dígitos nos dados não corrompidos são pares ou ímpares. Este código Reed-Solomon específico pode corrigir até dezesseis erros por bloco, uma taxa de erro pouco inferior a 1%.

Sempre que você estiver guiando por uma estrada cheia de buracos com um CD no som do carro, está usando álgebra abstrata, na forma de um código Reed-Solomon, para assegurar que a música saia nítida e clara, em vez de fragmentada e ininteligível, talvez com algumas partes totalmente ausentes.

A TEORIA DA INFORMAÇÃO é amplamente usada em criptografia e criptanálise – códigos secretos e métodos para quebrá-los. O próprio Shannon a utilizou para estimar a quantidade de mensagens codificadas que precisam ser interceptadas para se ter uma chance de quebrar o código. Manter a informação em segredo acaba se revelando mais difícil do que seria de esperar, e a teoria da informação lança luz sobre esse problema, tanto do ponto de vista das pessoas que querem manter segredo quanto daquelas que querem descobrir o que é. Esse tópico é importante não só para os militares, mas para todo mundo que usa a internet para comprar bens ou utilizar serviços de banco por telefone.

A teoria da informação atualmente desempenha um importante papel em biologia, em particular na análise de dados em sequências de DNA. A molécula de DNA é uma dupla-hélice, formada por duas tiras que serpen-

Teoria da informação

teiam uma em torno da outra. Cada tira é uma sequência de bases, moléculas especiais que se manifestam em quatro tipos – adenina, guanina, timina e citosina. Logo, o DNA é como uma mensagem em código, escrita usando quatro símbolos possíveis: A, G, T e C. O genoma humano, por exemplo, tem o comprimento de 3 bilhões de bases. Os biólogos podem agora achar as sequências de DNA de inúmeros organismos com rapidez cada vez maior, levando a uma nova área da ciência da computação: a bioinformática. Esta se centraliza em métodos de lidar de forma eficiente e efetiva com dados biológicos, e uma de suas ferramentas básicas é a teoria da informação.

Uma questão mais difícil é a qualidade da informação, em vez da quantidade. As mensagens "dois mais dois são quatro" e "dois mais dois são cinco" contêm exatamente a mesma quantidade de informação, mas uma é verdadeira e a outra é falsa. Hinos de louvor à era da informação ignoram a desconfortável verdade de que grande parte da informação circulando pela internet é informação errada. Existem websites administrados por criminosos que querem roubar seu dinheiro, ou negacionistas que querem substituir a ciência sólida por qualquer bobagenzinha inventada dentro de suas próprias cabeças.

O conceito vital aqui não é a informação em si, mas o significado. Três bilhões de bases de DNA de informação no DNA humano são, literalmente, desprovidas de significado a menos que possamos descobrir como elas afetam nosso corpo e nosso comportamento. No décimo aniversário da finalização do Projeto Genoma Humano, várias publicações científicas proeminentes fizeram um levantamento do progresso médico resultante até agora da listagem das bases do DNA humano. O tom geral foi de silêncio: algumas poucas curas para enfermidades foram encontradas até o momento, mas não na quantidade originalmente prevista. Extrair significado da informação do DNA está se provando mais difícil que a maioria dos biólogos esperava. O Projeto Genoma Humano foi um primeiro passo necessário, mas simplesmente revelou como são difíceis esses problemas, em lugar de resolvê-los.

A noção de informação escapou da engenharia eletrônica e invadiu muitas outras áreas da ciência, tanto como metáfora quanto como conceito técnico. A fórmula para a informação parece muito com a da entropia na abordagem termodinâmica de Boltzmann; as principais diferenças são os logaritmos na base 2 em vez de logaritmos naturais, e uma mudança de sinal. Essa semelhança pode ser formalizada, e a entropia pode ser interpretada como "a informação que falta". Assim, a entropia de um gás aumenta porque perdemos a noção de onde estão exatamente suas moléculas e qual a velocidade com que estão se movendo. A relação entre entropia e informação precisa ser estabelecida com muito cuidado: embora as fórmulas sejam muito similares, o contexto em que se aplicam é totalmente diferente. A entropia termodinâmica é uma propriedade em larga escala do estado de um gás, mas informação é uma propriedade de uma *fonte* geradora de sinal e não um sinal em si. Em 1957 o físico americano Edwin Jaynes, um perito em mecânica estatística, resumiu a relação: a entropia termodinâmica pode ser vista como uma *aplicação* da informação de Shannon, mas a entropia em si não deve ser identificada com informação ausente sem especificar o contexto correto. Tendo-se essa distinção em mente, existem contextos válidos nos quais a entropia pode ser vista como ausência de informação. Assim como o aumento de entropia impõe restrições à eficiência de máquinas a vapor, a interpretação entrópica da informação impõe restrições à eficiência da computação. Por exemplo, são necessários pelo menos $5,8 \times 10^{-23}$ joules de energia para mudar um bit de 0 para 1, e vice-versa à temperatura do hélio líquido, qualquer que seja o método empregado.

Surgem problemas quando as palavras "informação" e "entropia" são usadas num sentido mais metafórico. Os biólogos frequentemente dizem que o DNA determina "a informação" requerida para fazer um organismo. Há um sentido no qual isso é quase correto: basta deletar o "a". No entanto, a interpretação metafórica da informação sugere que, uma vez conhecido o DNA, sabe-se tudo o que há para saber sobre o organismo. Afinal, temos *a* informação, certo? E por um bom tempo muitos biólogos pensaram que essa afirmação estava próxima da verdade. Todavia, agora sabemos que isso é exageradamente otimista. Mesmo se a informação no DNA de fato especificasse o organismo de forma única, ainda assim seria necessário descobrir como ele cresce e o que o DNA efetivamente faz. Porém, é neces-

Teoria da informação

sário bem mais que uma lista de códigos de DNA para criar um organismo: os assim chamados fatores epigenéticos também precisam ser levados em conta. E estes incluem "comutadores" químicos que tornam um segmento de DNA ativo ou inativo, mas também fatores inteiramente diferentes que são transmitidos de uma geração a outra. Para os seres humanos, esses fatores incluem a cultura na qual crescemos. Então, vale a pena não ser displicente demais quando se usam termos técnicos como "informação".

16. O desequilíbrio da natureza
Teoria do caos

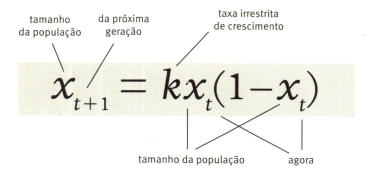

O que diz?
Modela como uma população de seres vivos varia de uma geração para a seguinte, quando há limites de recursos disponíveis.

Por que é importante?
É uma das equações mais simples que podem gerar caos determinístico – comportamento aparentemente aleatório sem causa aleatória.

Qual foi a consequência?
A percepção de que equações não lineares simples podem criar uma dinâmica muito complexa, e que aparente aleatoriedade pode esconder uma ordem oculta. Popularmente conhecida como teoria do caos, esta descoberta tem inúmeras aplicações em todas as ciências, inclusive no movimento dos planetas no Sistema Solar, previsões de clima, dinâmica populacional em ecologia, estrelas variáveis, modelos de terremotos e trajetórias eficientes para sondas espaciais.

A METÁFORA DO EQUILÍBRIO da natureza escapa imediatamente da língua como uma descrição de como seria o mundo se os sórdidos seres humanos não ficassem interferindo. A natureza, abandonada aos seus próprios mecanismos, acabaria por se assentar num estado de perfeita harmonia. Os recifes de coral abrigariam sempre as mesmas espécies de peixes coloridos em quantidades semelhantes, coelhos e raposas aprenderiam a compartilhar os campos e florestas de modo que as raposas ficariam bem-alimentadas e a maioria dos coelhos sobreviveria, e nenhuma das duas populações viria a explodir nem diminuir. O mundo se acomodaria em um estado fixo, e lá permaneceria. Até que um novo meteorito, ou algum supervulcão, perturbasse o equilíbrio.

Trata-se de uma metáfora comum, perigosamente próxima de um clichê. E também é muitíssimo enganadora. O equilíbrio da natureza é nitidamente vacilante.

Já passamos por isso antes. Quando Poincaré estava trabalhando para o prêmio do rei Oscar, a sabedoria convencional sustentava que um Sistema Solar estável é aquele em que os planetas seguem aproximadamente as mesmas órbitas para sempre, com exceção de uma ínfima oscilação para lá ou para cá. Do ponto de vista técnico esse não é um estado estacionário, mas um estado em que cada planeta repete vezes e mais vezes movimentos similares, sujeitos a perturbações mínimas causadas por todos os outros, mas sem se desviar muito do que teria feito sem os outros. É uma dinâmica "quase periódica" – combinando diversos movimentos periódicos separados cujos períodos não são todos múltiplos do mesmo intervalo. No reino dos planetas, isso é o mais próximo de "estacionário" que se pode esperar.

Mas a dinâmica não era essa, como Poincaré tardiamente, e para seu próprio custo, descobriu. Ela podia ser, nas circunstâncias certas, caótica.

As equações não tinham termos aleatórios explícitos, de modo que, em princípio, o estado presente determinava totalmente o estado futuro, ainda que, de forma paradoxal, o movimento real pudesse parecer aleatório. Na verdade, se você fizesse perguntas grosseiras demais como "que lado do Sol vai estar visível?", a resposta poderia ser uma série de observações genuinamente aleatórias. Apenas olhando de maneira infinitamente meticulosa é que poderíamos ver que o movimento na verdade era completamente determinado.

Esta foi a primeira indicação do que agora chamamos de "caos", que é a forma abreviada de "caos determinístico", e bastante diferente de "aleatório" – mesmo que possa parecer. A dinâmica caótica possui padrões ocultos, mas são sutis; diferem daquilo que poderíamos pensar naturalmente em medir. Apenas compreendendo as causas do caos é que podemos extrair esses padrões de uma balbúrdia irregular de dados.

Como sempre em ciência, houve alguns aspectos precursores isolados, em geral vistos como curiosidades sem importância, indignas de atenção séria. Só em 1960 é que os matemáticos, físicos e engenheiros começaram a dar-se conta de como o caos é natural em dinâmica, e como difere radicalmente de qualquer outra coisa encarada na ciência clássica. Ainda estamos aprendendo a apreciar o que ele nos diz, e o que fazer com isso. Mas a dinâmica caótica, a "teoria do caos" em linguagem popular, permeia a maioria das áreas da ciência. Pode ter até coisas a nos dizer acerca de economia e ciências sociais. Ela não é a resposta para tudo: só os críticos alegaram que era, e isso para facilitar a crítica. O caos sobreviveu a todos esses ataques, e por uma boa razão: é absolutamente fundamental para todo comportamento governado por equações diferenciais, e estas são a matéria básica da lei física.

Existe caos também em biologia. Um dos primeiros a considerar que esse podia ser o caso foi o ecologista australiano Robert May, agora lorde May de Oxford e ex-presidente da Royal Society. Ele procurou entender como as populações de várias espécies variam com o tempo em sistemas

Teoria do caos

naturais tais como recifes de corais e florestas. Em 1975, May escreveu um pequeno artigo para a revista *Nature*, assinalando que as equações tipicamente usadas como modelos de variações em populações de animais e plantas poderia gerar caos. May não alegou que os modelos em discussão eram representações acuradas do que acontecia com populações reais. Seu ponto era mais genérico: o caos era natural em modelos desse tipo, e precisava ser levado em conta.

A consequência mais importante do caos é que comportamento irregular não precisa ter causas irregulares. Antes disso, se os ecologistas notassem que alguma população de animais estava flutuando descontroladamente, iam à procura de alguma causa externa – que se presumia também estar flutuando de maneira descontrolada, e geralmente rotulada de "aleatória". O clima, talvez, ou algum influxo súbito de predadores de algum outro lugar. Os exemplos de May mostravam que os mecanismos internos da população animal podiam gerar irregularidades sem auxílio externo.

Seu principal exemplo foi a equação que ilustra a abertura deste capítulo. Chamada de equação logística, é um modelo simples de uma população de animais na qual o tamanho de cada geração é determinado pela anterior. "Discreto" significa que o fluxo de tempo é contado em gerações, sendo, portanto, um número inteiro. Logo, o modelo é semelhante a uma equação diferencial na qual o tempo é uma variável contínua, porém mais simples conceitualmente e em termos de cálculos. A população é medida como fração de algum valor grande global, e pode assim ser representada por um número real que fica entre 0 (extinção) e 1 (o máximo teórico que o sistema pode sustentar). Fazendo com que o tempo t varie em passos inteiros, correspondentes a gerações, esse número será x_t na geração t. A equação logística afirma que

$$x_{t+1} = kx_t (1 - x_t)$$

em que k é uma constante. Podemos interpretar k como a taxa de crescimento da população quando a redução de recursos não faz com que ela desacelere.[1]

Começamos o modelo no instante 0 com uma população inicial x_0. Então usamos a equação com $t = 0$ para calcular x_1, depois fazemos $t = 1$ para calcular x_2, e assim por diante. Sem precisar sequer fazer as somas podemos ver de imediato, para qualquer taxa de crescimento fixa k, que o tamanho da população da geração zero determina completamente os tamanhos de todas as gerações sucessoras. Assim, o modelo é *determinístico*: o conhecimento do presente determina o futuro de forma única e exata.

Então, o que é o futuro? A metáfora do "equilíbrio da natureza" sugere que a população deveria se acomodar num estado estacionário. Podemos até mesmo calcular qual deveria ser esse estado: basta fazer com que a população no instante $t + 1$ seja igual à população no instante t. Isso leva a dois estados estacionários: populações iguais a 0 e $1 - \frac{1}{k}$. Uma população de tamanho 0 está extinta, então outro valor deveria ser aplicado a uma população existente. Infelizmente, embora seja um estado estacionário, ele pode ser instável. Se for, então na prática nunca se pode vê-lo: é como tentar equilibrar um lápis na vertical sobre a extremidade com ponta. O menor distúrbio fará com que caia. Os cálculos mostram que o estado estacionário é instável quando k for maior que 3.

O que, então, nós, *sim,* vemos na prática? A Figura 58 mostra uma "série de tempo" típica para uma população quando $k = 4$. Ela não é estacionária: ocupa o gráfico todo. No entanto, se você examinar de perto há indícios de que a dinâmica não é totalmente aleatória. Sempre que a população fica realmente grande, ela logo despenca para um valor muito baixo, e então cresce de maneira regular (aproximadamente de forma exponencial) durante as duas ou três gerações seguintes: veja as setas mais curtas na Figura 58. E algo interessante acontece sempre que a população se aproxima de 0,75 ou em torno disso: ela oscila alternadamente acima e abaixo do valor, e as oscilações crescem formando um zigue-zague característico, alargando-se para a direita: veja as setas mais longas na figura.

Apesar desses padrões, há uma sensação de que o comportamento é verdadeiramente aleatório – mas só quando se despreza parte dos detalhes. Vamos atribuir o símbolo C (cara) sempre que a população for maior que 0,5 e K (coroa) sempre que for menor que 0,5. Este conjunto específico de

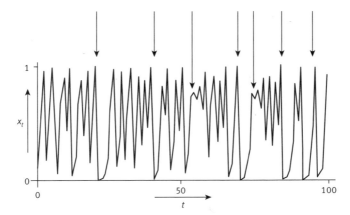

FIGURA 58 Oscilação caótica num modelo de população animal. As setas mais curtas mostram quedas abruptas seguidas de crescimento exponencial no curto prazo. As setas mais longas mostram oscilações instáveis.

dados começa com a sequência KCKCKCCKCCKKCC e continua de forma imprevisível, exatamente como uma sequência aleatória de lançamentos de uma moeda. Essa maneira de arredondar os dados, procurando faixas específicas de valores e registrando apenas a que faixa a população pertence, é chamada de dinâmica simbólica. Neste caso, é possível provar que, para quase todo valor da população inicial x_0, a sequência de caras e coroas é, sob todos os aspectos, como uma sequência típica de lançamentos aleatórios de uma moeda honesta. Só quando procuramos os valores exatos é que começamos a enxergar padrões.

É uma descoberta notável. Um sistema dinâmico pode ser completamente determinístico, com padrões visíveis nos dados detalhados, no entanto uma visão grosseira dos mesmos dados pode ser aleatória – num sentido rigoroso, possível de ser provado. Determinismo e aleatoriedade não são opostos. Em algumas circunstâncias, podem ser inteiramente compatíveis.

MAY NÃO INVENTOU a equação logística e tampouco descobriu suas impressionantes propriedades. E não alegou ter feito nenhuma dessas coisas. Seu objetivo era alertar aqueles que trabalhavam em ciências relacionadas com a vida, especialmente ecologistas, para as notáveis descobertas surgidas nas ciências físicas e matemáticas: descobertas que alteravam de modo fundamental a maneira como os cientistas deveriam pensar os dados observacionais. Nós, humanos, podemos ter dificuldades em resolver equações baseadas em regras simples, mas a natureza não precisa resolver equações da mesma forma que nós. Ela simplesmente obedece às regras. Então é capaz de fazer coisas que nos surpreendem como complicadas, por razões simples.

O caos surgiu de uma abordagem topológica da dinâmica, orquestrada em particular pelo matemático americano Stephen Smale e pelo matemático russo Vladimir Arnold na década de 1960. Ambos tentavam descobrir que espécies de comportamento eram típicas em equações diferenciais. Smale estava motivado pelos estranhos resultados de Poincaré no problema dos três corpos (Capítulo 4), e Arnold inspirou-se em descobertas relacionadas de seu ex-orientador de pesquisa Andrei Kolmogorov. Ambos rapidamente perceberam por que o caos é comum: é uma consequência natural da geometria das equações diferenciais, como logo veremos.

À medida que se espalhava o interesse no caos, foram identificados exemplos escondidos em artigos científicos mais anteriores. Inicialmente considerados apenas efeitos esquisitos isolados, tais exemplos agora se encaixavam em uma teoria mais ampla. Na década de 1940, os matemáticos ingleses John Littlewood e Mary Cartwright tinham visto traços de caos em osciladores eletrônicos. Em 1958, Tsuneji Rikitake, da Associação para Desenvolvimento da Predição de Terremotos, em Tóquio, havia descoberto comportamento caótico num modelo de dínamo do campo magnético terrestre. E em 1963 o meteorologista americano Edward Lorenz especificou a natureza da dinâmica caótica em considerável detalhe, num modelo simples de convecção atmosférica elaborado para previsão do tempo. Estes e outros pioneiros mostraram o caminho; agora, todas as suas descobertas disparatadas estavam começando a se encaixar.

Em particular, as circunstâncias que levavam ao caos, em vez de algo mais simples, acabaram se revelando geométricas e não algébricas. No modelo logístico com $k = 4$, ambos os extremos da população, 0 e 1, se des-

Teoria do caos

locam para 0 na geração seguinte, enquanto o ponto médio ½ se desloca para 1. Então, a cada passo temporal o intervalo de 0 a 1 é esticado para o dobro de seu tamanho, dobrado pela metade e empurrado para sua localização original. É isso que um padeiro faz com a massa quando prepara pão, e pensar na massa sendo sovada nos faz adquirir algum manejo do caos. Imagine uma manchinha minúscula no meio da massa logística – digamos, uma uva-passa. Vamos supor que aconteça de ela estar num ciclo periódico, de modo que após um certo número de operações do tipo estica-e-dobra ela volta ao ponto de onde saiu. Agora podemos ver por que esse ponto é instável. Imagine outra uva-passa, inicialmente muito próxima da primeira. Cada esticada a leva para mais longe. Por algum tempo, porém, ela não se move para longe o bastante para deixar de acompanhar a primeira uva-passa. Quando a massa é dobrada, ambas as uvas-passas acabam na mesma camada. Da vez seguinte, a segunda se moveu para um pouco mais longe da primeira. É por isso que o movimento periódico é instável: as esticadas fazem com que todos os pontos vizinhos *se afastem*, e não que se aproximem. A expansão pode acabar se tornando tão grande que as duas uvas-passas acabem ficando em camadas diferentes quando a massa é dobrada. Depois disso, seus destinos são bastante independentes um do outro. Por que um padeiro sova a massa de pão? Para misturar os ingredientes (inclusive o ar preso na massa). Se você mistura a matéria, as partículas têm de se mover de forma muito irregular. Partículas que começam próximas entre si acabam longe uma da outra; pontos distantes podem ficar vizinhos quando a massa é dobrada. Em suma, caos é resultado natural de *misturar*.

Eu disse no início do Capítulo 6 que você não tem nada caótico na sua cozinha, com exceção talvez da lavadora de pratos. Eu menti. Você provavelmente tem diversos utensílios caóticos: um liquidificador, uma batedeira. A lâmina do liquidificador segue uma regra muito simples: girar e girar, rápido. A comida interage com a lâmina: também deveria fazer algo simples. Mas ela não gira e gira e gira: ela se mistura. Quando a lâmina corta o alimento, alguns pedaços vão para um lado, outros vão para outro: localmente o alimento é cortado e separado. Mas ele não escapa do copo do liquidificador, e então tudo é "dobrado de volta" vezes e mais vezes sobre si mesmo.

Smale e Arnold perceberam que toda a dinâmica caótica é assim. Só não expressaram seus resultados exatamente nesta linguagem: "cortado e separado" era "expoente de Liapunov positivo" e "dobrado de volta" era "o sistema tem um domínio compacto". Mas, numa linguagem mais rebuscada, estavam dizendo simplesmente que o caos é como uma massa de pão.

Isso também explica outra coisa, notada especialmente por Lorenz em 1963. A dinâmica caótica é sensível às condições iniciais. Por mais perto que estejam as duas uvas-passas no começo, elas podem acabar ficando tão distantes que seus movimentos subsequentes se tornam independentes. Esse fenômeno é chamado com frequência de efeito borboleta: uma borboleta bate as asas, e um mês depois o clima está completamente diferente do que estaria se ela não tivesse batido. Essa frase geralmente é creditada a Lorenz. Ele não a apresentou, mas algo semelhante apareceu no título de uma de suas palestras. No entanto, alguma outra pessoa inventou o título para ele, e a palestra não era sobre o famoso artigo de 1963, mas sobre outro menos conhecido desse mesmo ano.

Como quer que chamemos o fenômeno, ele tem uma importante consequência prática. Embora em princípio a dinâmica caótica seja determinística, na prática ela se torna imprevisível de modo muito rápido, porque qualquer incerteza no exato estado inicial cresce exponencialmente depressa. Há um horizonte de predição além do qual o futuro não pode ser previsto. Para o clima, um sistema familiar cujos modelos de computador padronizados são renomadamente caóticos, este horizonte se acha a alguns dias pela frente. Para o Sistema Solar, encontra-se a dezenas de milhões de anos. Para simples brinquedos de laboratório, tais como um pêndulo duplo (um pêndulo pendurado na ponta de outro), está a apenas alguns segundos. A premissa de longa data de que "determinístico" e "previsível" são a mesma coisa está errada. Seria válida se o estado presente de um sistema pudesse ser mensurado com absoluta precisão, mas isso não é possível.

Teoria do caos

A previsibilidade do caos no curto prazo pode ser usada para distingui-lo da aleatoriedade pura. Muitas técnicas diferentes foram elaboradas para fazer essa distinção e entender a dinâmica subjacente se o sistema estiver se comportando de maneira determinística, porém caótica.

O CAOS TEM AGORA APLICAÇÕES em cada ramo da ciência, da astronomia à zoologia. No Capítulo 4 vimos como ele está levando a trajetórias novas, mais eficientes, para as missões espaciais. Em termos mais amplos, os astrônomos Jack Wisdom e Jacques Laskar mostraram que a dinâmica do Sistema Solar é caótica. Se você quiser saber em que ponto da sua órbita Plutão estará no ano 10.000.000 d.C. – pode esquecer. Eles também mostraram que as marés da Lua estabilizam a Terra contra influências que de outra forma levariam a um movimento caótico, causando mudanças rápidas de clima, de períodos quentes para eras glaciais, e vice-versa. Assim, a teoria do caos demonstra que, sem a Lua, a Terra seria um lugar bastante desagradável para se viver. Essa característica da nossa vizinhança planetária é muitas vezes usada para argumentar que a evolução da vida num planeta requer uma lua estabilizadora, mas trata-se de uma afirmação exagerada. A vida nos oceanos mal notaria se o eixo do planeta mudasse num período de milhões de anos. A vida na Terra teria tempo de sobra para migrar para outra parte, a menos que ficasse presa em algum lugar em que não houvesse caminho por terra rumo a condições mais propícias. A mudança climática está ocorrendo muito mais depressa agora do que qualquer mudança no eixo poderia causar.

A sugestão de May de que a dinâmica populacional irregular num ecossistema pode às vezes ser causada por caos interno, e não por alguma fator aleatório estranho, tem sido verificada em versões de laboratório de vários ecossistemas do mundo real. Em 1995, uma equipe liderada pelo ecologista americano James Cushing descobriu dinâmica caótica em populações do besouro-da-farinha (ou caruncho-do-farelo) *Tribolium castaneum*, que pode infestar depósitos de farinha.[2] Em 1999, os biólogos holandeses Jef Huisman e Franz Weissing aplicaram o caos ao "paradoxo do plâncton", a inesperada diversidade de espécies de plâncton.[3] Um princípio padrão em ecologia, o princípio da exclusão competitiva, afirma que um ecossistema não pode conter mais espécies do que o número de nichos ambientais, formas de sobreviver. O plâncton parece violar esse princípio: o número de nichos é pequeno, mas o número de espécies é na casa dos milhares. Eles atribuíram isso a um furo na dedução do princípio da exclusão competitiva: a premissa de que as populações são fixas. Se a população pode variar com o tempo, então a dedução matemática a partir do modelo usual fracassa, e intuitivamente espécies distintas podem ocupar o mesmo nicho revezando-se – não por cooperação consciente, mas com uma espécie tomando temporariamente o lugar de outra, passando por uma explosão populacional, enquanto a espécie deslocada se reduz a uma população pequena (Figura 59).

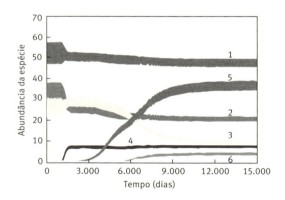

FIGURA 59 Seis espécies compartilhando três fontes de recursos. As faixas são oscilações caóticas com espaçamento próximo. Cortesia de Jef Huisman e Franz Weissing.

Em 2008, a equipe de Huisman publicou os resultados de um experimento de laboratório com uma ecologia em miniatura baseada em um sistema encontrado no mar Báltico, envolvendo bactérias e vários tipos de plâncton. Um estudo de seis anos revelou uma dinâmica caótica em que a população flutuava ferozmente, muitas vezes ficando cem vezes maior

Teoria do caos 349

por um tempo e depois despencando. Os métodos habituais para detectar o caos confirmaram sua presença. Havia até mesmo um efeito borboleta: o horizonte de predição do sistema era de algumas semanas.[4]

HÁ APLICAÇÕES DO CAOS que se impingem na vida cotidiana, mas ocorrem principalmente em processos de fabricação e serviços públicos, em vez de serem incorporados nos utensílios. A descoberta do efeito borboleta mudou a maneira como são realizados os estudos de previsão do tempo. Em vez de investir todo o esforço computacional para refinar uma única predição, os meteorologistas agora realizam muitos estudos, fazendo diversas e minúsculas alterações aleatórias nas observações fornecidas pelos balões e satélites do tempo, antes de começar cada previsão. Se todas as alternativas estiverem de acordo, então a previsão é provavelmente acurada; se houver diferenças significativas, o tempo está num estado menos previsível. As previsões em si foram melhoradas por vários outros progressos, notavelmente no cálculo da influência dos oceanos sobre a atmosfera. Mas o principal papel do caos tem sido advertir os meteorologistas a não esperar demais e quantificar a probabilidade de uma previsão estar correta.

As aplicações industriais incluem uma melhor compreensão dos processos de mistura, que são largamente utilizados para fabricar pílulas ou misturar ingredientes de alimentos. O princípio ativo do medicamento numa pílula geralmente ocorre em quantidades muito pequenas, e precisa ser misturado com alguma substância inerte. É importante introduzir suficiente elemento ativo em cada pílula, mas não demais. Uma misturadora é como um liquidificador gigantesco, e, como ele, possui uma dinâmica determinística, porém caótica. A matemática do caos tem proporcionado uma nova compreensão dos processos de mistura e levado ao aperfeiçoamento de alguns projetos. Os métodos usados para detectar o caos em dados têm inspirado novos equipamentos de testes para os arames utilizados em molas, aumentando a eficiência na fabricação de arames e molas. A humilde mola tem muitas utilidades vitais: pode ser usada em colchões, carros, aparelhos de DVD, até mesmo em canetas esferográficas. O controle caótico, uma técnica que usa o efeito borboleta para manter estável o comportamento dinâmico, contém promessas para projetar marca-passos cardíacos mais eficientes e menos invasivos.

De modo geral, porém, o principal impacto do caos tem sido no pensamento científico. Nos quarenta e tantos anos desde que sua existência começou a ser amplamente apreciada, o caos se transformou de uma curiosidade matemática sem importância na característica básica da ciência. Podemos agora estudar muitas das irregularidades da natureza sem recorrer à estatística, extraindo os padrões ocultos que caracterizam o caos determinístico. Este é apenas um dos aspectos em que a moderna teoria dos sistemas dinâmicos, com sua ênfase no comportamento não linear, está provocando uma revolução silenciosa na forma como os cientistas pensam o mundo.

17. A fórmula de Midas
Equação de Black-Scholes

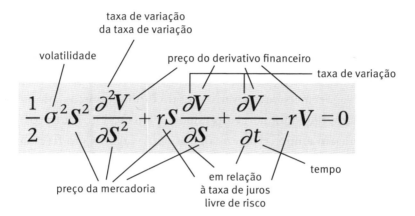

O que diz?
Descreve como o preço de um derivativo financeiro varia com o tempo, com base no princípio de que quando o preço está correto, o derivativo não traz risco e ninguém pode lucrar vendendo-o a um preço diferente.

Por que é importante?
Possibilita comercializar um derivativo antes que ele amadureça atribuindo-lhe um valor "racional" concordado, de modo a poder se tornar uma mercadoria virtual por si só.

Qual foi a consequência?
Crescimento maciço do setor financeiro, instrumentos financeiros cada vez mais complexos, surtos de prosperidade econômica pontuados por quedas bruscas, os turbulentos mercados de ações dos anos 1990, a crise financeira de 2008-09 e o atoleiro econômico atual.

DESDE A VIRADA DO SÉCULO a maior fonte de crescimento no setor financeiro tem sido em instrumentos financeiros chamados derivativos. Derivativos não são dinheiro, e tampouco são investimentos em ações ou cotas de participação. São investimentos em investimentos, promessas de promessas. Negociantes de derivativos usam dinheiro virtual, números em computador. Eles o tomam emprestado de investidores que provavelmente o tomaram emprestado em algum outro lugar. Com frequência nem sequer o tomaram emprestado, nem mesmo virtualmente: clicaram com um mouse para concordar que *tomarão* emprestado o dinheiro se em algum momento se fizer necessário; eles venderão o derivativo antes que isso aconteça. O emprestador – emprestador hipotético, já que o empréstimo jamais ocorrerá, pela mesma razão – provavelmente tampouco tem, de fato, o dinheiro. Estas são as finanças numa terra de contos de fadas, e todavia se tornaram a prática padrão no sistema bancário mundial.

Infelizmente, as consequências do mercado de derivativos se tornam, sim, em última instância, dinheiro de verdade, e pessoas de verdade acabam sofrendo. A artimanha funciona na maior parte do tempo, porque a desconexão com a realidade não tem nenhum efeito perceptível, além de fazer enriquecer tremendamente alguns poucos banqueiros e corretores quando eles sugam dinheiro real da fonte virtual. Até as coisas darem errado. Então chega a hora de encarar as consequências, que implicam dívidas virtuais a serem pagas com dinheiro real. Por todas as outras pessoas, é claro.

Foi isso que detonou a crise bancária de 2008-09, da qual a economia mundial ainda está tentando se refazer. Baixas taxas de juros e enormes pagamentos de bônus pessoais incentivaram os banqueiros e seus bancos a apostar somas cada vez mais altas em derivativos cada vez mais complexos, garantidos, em última instância – assim acreditavam eles –, no mercado de

Equação de Black-Scholes 353

bens, casas e negócios. Quando o suprimento de propriedades condizentes e pessoas para comprá-las começou a escassear, os líderes do mundo financeiro precisaram encontrar novos meios de convencer os acionistas de que estavam gerando lucro, para justificar e financiar seus bônus. Então começaram a negociar pacotes de dívidas, também alegadamente garantidas, em algum ponto mais abaixo na linha, em imóveis reais. Manter o esquema funcionando exigia a continuidade da aquisição de imóveis, para aumentar o bolo de benefícios colaterais. Assim, os bancos começaram a vender hipotecas para pessoas cuja capacidade de pagá-las era cada vez mais duvidosa. Tratava-se do mercado hipotecário *subprime*, no qual *"subprime"* é um eufemismo para "provável calote". Que em pouco tempo se tornou "certeza de calote".

Os bancos se comportaram como um daqueles personagens de desenho animado que está à beira de um abismo, dá um passo no ar e fica pairando no vazio até olhar para baixo, e só então despenca. Tudo parecia estar indo às mil maravilhas, até que os banqueiros se perguntaram se operações múltiplas com dinheiro inexistente e bens superavaliados eram sustentáveis, imaginando qual seria o valor real de seus bens em derivativos, e deram-se conta de que não tinham a menor ideia. Exceto que era muito menos do que diziam aos acionistas e aos órgãos de controle do governo.

Quando a terrível verdade veio à tona, a confiança se esvaiu. Isto levou o mercado imobiliário à depressão, de maneira que os bens que garantiam as dívidas começaram a perder seu valor. A essa altura todo o sistema estava preso na armadilha do ciclo de retroalimentação positiva, no qual cada revisão para baixo do valor fazia com que ele fosse revisto ainda mais para baixo. O resultado final foi a perda de aproximadamente 17 trilhões de dólares. Confrontados com a perspectiva de um colapso total do sistema financeiro mundial, sucateamento das economias dos poupadores e de fazer a Grande Depressão de 1929 parecer uma festinha infantil, os governos foram forçados a afiançar os bancos, que estavam à beira da bancarrota. Um deles, o Lehman Brothers, foi deixado para afundar, mas a perda de confiança foi tão grande que pareceu insensato repetir a lição. Assim, os contribuintes tiveram de pagar a conta, e grande parte foi com dinheiro real. Os bancos agarraram o dinheiro vivo com ambas as mãos, e aí tentaram fingir que a catástrofe não tinha sido culpa deles. Culparam os órgãos reguladores do governo, apesar de terem feito campanha contra a regulação: um caso interessante de "foi culpa sua ter nos deixado fazer isso".

Como foi que o maior naufrágio financeiro da história humana veio a ocorrer?

Indiscutivelmente, um dos responsáveis foi uma equação matemática.

OS DERIVATIVOS MAIS SIMPLES já estão por aí há um bom tempo. São conhecidos como opções e futuros, e remontam ao século XVIII na bolsa de arroz Dojima, em Osaka, no Japão. A bolsa foi fundada em 1697, uma época de grande prosperidade econômica no Japão, quando as classes mais altas, os samurais, eram pagas em arroz, não em dinheiro. Naturalmente surgiu uma classe de corretores de arroz que negociava o arroz como se fosse dinheiro. Quando os mercadores de Osaka intensificaram o aperto em torno do arroz, o principal alimento do país, suas atividades tiveram um efeito em cascata sobre o preço do produto. Ao mesmo tempo o sistema financeiro estava começando a mudar para dinheiro vivo, e essa combinação se provou mortal. Em 1730, o preço do arroz despencou no chão.

Ironicamente, o detonador foram colheitas fracas. Os samurais, ainda vinculados a pagamentos em arroz, mas atentos ao aumento do dinheiro, começaram a entrar em pânico. Sua "moeda" favorita estava rapidamente perdendo o valor. Mercadores exacerbavam o problema mantendo artificialmente o arroz fora do mercado, escondendo imensas quantidades em armazéns. Embora possa parecer que isso faria aumentar o preço monetário do arroz, teve o efeito oposto, pois os samurais estavam tratando o arroz como moeda. Eles não podiam comer nada remotamente próximo à quantidade de arroz que possuíam. O arroz ficou tão escasso que o papel-moeda assumiu o controle, e rapidamente se tornou mais desejável do que o arroz, porque podia-se de fato colocar as mãos nele. Logo os mercadores da Dojima estavam dirigindo o que equivalia a um gigantesco

Equação de Black-Scholes

sistema bancário, mantendo contas para os ricos e determinando a taxa de câmbio entre arroz e papel-moeda.

Finalmente o governo percebeu que esse arranjo dava poder demais aos comerciantes de arroz, e reorganizou a bolsa de arroz junto com os outros setores da economia do país. Em 1939, a bolsa de arroz foi substituída pela Agência Governamental de Arroz. Mas enquanto a bolsa de arroz existia, os comerciantes inventaram um novo tipo de contrato para compensar as enormes oscilações no preço do arroz. Os signatários garantiam que comprariam (ou venderiam) uma quantidade especificada de arroz numa data futura especificada por um preço especificado. Hoje esses instrumentos são conhecidos como futuros ou opções. Suponhamos que um comerciante concorde em comprar arroz após seis meses a um preço combinado. Se o preço de mercado está acima desse preço combinado na época em que a opção vence, ele adquire o arroz barato e imediatamente o vende com lucro. De outro lado, se o preço está mais baixo, ele se comprometeu a comprar o arroz a um preço mais alto que o valor de mercado, e tem prejuízo.

Os agricultores consideram esses instrumentos úteis porque na verdade o que eles querem é vender uma mercadoria [*commodity*] real: arroz. As pessoas que usam arroz como alimento, ou que fabricam produtos que utilizam arroz, querem comprar essa mercadoria. Nessa espécie de transação, o contrato reduz o risco para ambas as partes – embora isso tenha um preço. Acaba funcionando como um tipo de seguro: uma operação comercial garantida a um preço garantido, independente das oscilações do mercado. Vale a pena pagar um pequeno prêmio como seguro para evitar a incerteza. Porém, a maioria dos investidores fazia contratos em futuros de arroz com o único objetivo de ganhar dinheiro, e a última coisa que o investidor queria eram toneladas e toneladas de arroz. Eles sempre o vendiam antes da data da remessa. Assim, o principal papel dos futuros era alimentar a especulação financeira, e isso era piorado pelo uso do arroz como moeda. Assim como hoje o padrão-ouro cria artificialmente preços elevados para uma substância (ouro) que tem pouco valor intrínseco, e portanto alimenta a demanda, da mesma forma o preço do arroz acabou governado pelo comércio de futuros em vez de ser governado pelo comércio de arroz em si. Os contratos eram uma forma de jogatina, e logo até eles próprios passaram a adquirir valor, e podiam ser negociados como se fossem mercadorias reais. Além disso, embora a quantidade de arroz fosse limitada pelo volume que os agricultores podiam cultivar, não havia limite para o número de contratos de arroz que podiam ser fechados.

Os principais mercados de ações do mundo foram rápidos em identificar uma oportunidade de converter fumaça e espelhos em dinheiro, e eles têm negociado futuros desde então. No começo, essa prática em si não causou grandes problemas econômicos, embora às vezes provocasse instabilidade ao invés da estabilidade que é frequentemente mencionada para justificar o sistema. Mas por volta do ano 2000, o setor financeiro mundial começou a inventar variantes ainda mais elaboradas do tema dos futuros, "derivativos" complexos cujo valor se baseava em hipotéticos movimentos futuros de algum bem. Diferentemente dos futuros, para os quais o bem ao menos era real, os derivativos podiam se basear num bem que era ele próprio um derivativo. Os bancos já não estavam mais comprando e vendendo apostas no preço futuro de uma mercadoria como o arroz; estavam comprando e vendendo apostas no preço futuro de uma *aposta*.

Isso logo virou um negócio gigantesco. Em 1998, o sistema financeiro internacional negociou aproximadamente 100 trilhões de dólares americanos em derivativos. Em 2007, esse valor havia crescido para 1 quatrilhão de dólares. Trilhões, quatrilhões – nós sabemos que são números grandes, mas, de fato, qual é o tamanho deles? Para contextualizar o número, o valor total de todos os produtos fabricados pelas indústrias de todo o mundo, nos últimos mil anos, é de cerca de 100 trilhões de dólares americanos, corrigidos pela inflação. Isso equivale a um décimo dos negócios com derivativos em um ano. É verdade que o grosso da produção industrial ocorreu nos últimos cinquenta anos, mas mesmo assim é uma quantia impressionante. Significa, em particular, que os negócios com derivativos consistem quase inteiramente em dinheiro que na realidade

Equação de Black-Scholes 357

não existe – dinheiro virtual, números num computador, sem ligação nenhuma com nada no mundo real. Na verdade, esses negócios *precisam* ser virtuais: a quantia total de dinheiro em circulação, em todo o mundo, é completamente inadequada para pagar as quantias sendo negociadas com o clique de um mouse. Por gente que não tem o menor interesse na mercadoria envolvida, e não saberia o que fazer com ela se tivesse que receber a remessa, usando dinheiro que, na verdade, não possui.

Não é preciso ser um gênio para desconfiar que esta é uma receita de desastre. Todavia, por uma década, a economia mundial cresceu inexoravelmente nas costas dos negócios com derivativos. Não só era possível conseguir uma hipoteca para comprar uma casa, você podia obter mais do que a casa valia. O banco não se dava ao trabalho sequer de conferir qual era sua verdadeira renda, ou que outras dívidas você tinha. Era possível conseguir uma hipoteca autogarantida de 125% – o que significa que você informou ao banco o valor com que podia arcar e o banco não fez perguntas constrangedoras – e gastar o excedente em férias, num carro, numa cirurgia plástica ou em engradados de cerveja. Os bancos saíam do caminho habitual para convencer os clientes a tomar empréstimos, mesmo que eles não precisassem.

O que eles pensavam que os salvaria se alguém falhasse em pagar o empréstimo era simples e direto. Esses empréstimos eram garantidos por sua casa. Os preços das casas estavam nas nuvens, de modo que os 25% faltantes da equidade logo se tornariam reais; se você desse o calote, o banco poderia pegar sua casa, vendê-la e recuperar o empréstimo. Parecia infalível. É claro que não era. Os banqueiros não se perguntavam o que aconteceria com o preço da habitação se centenas de bancos tentassem vender milhões de casas ao mesmo tempo. E tampouco se perguntavam se os preços continuariam a subir de maneira significativa além da inflação. Pareciam genuinamente acreditar que os preços das casas podiam subir 10-15% em termos reais todo ano, indefinidamente. E ainda pediam aos órgãos reguladores para relaxar as regras e lhes permitir emprestar ainda mais dinheiro quando o chão sumiu sob os pés do mercado imobiliário.

MUITOS DOS MAIS SOFISTICADOS modelos matemáticos de sistemas financeiros atuais podem ser analisados até o movimento browniano, mencionado no Capítulo 12. Quando vistas através de um microscópio, pequenas partículas suspensas num líquido oscilam erraticamente, e Einstein e Smoluchowski desenvolveram modelos matemáticos desse processo e os usaram para estabelecer a existência dos átomos. O modelo habitual considera que a partícula leva chutes aleatórios a distâncias cuja distribuição de probabilidade é normal, uma curva de sino. A direção de cada chute é uniformemente distribuída – qualquer direção tem a mesma chance de acontecer. Esse processo é chamado de caminhada aleatória (também conhecida como "andar do bêbado"). O modelo de movimento browniano é uma versão contínua dessas caminhadas aleatórias, na qual o tamanho dos chutes e o tempo entre chutes sucessivos torna-se tão pequeno quanto se queira. Intuitivamente, consideramos uma infinidade de chutes infinitesimais.

As propriedades estatísticas do movimento browniano, para grandes números de tentativas, são determinadas por uma distribuição de probabilidade, que fornece a probabilidade de que uma partícula acabe num local específico após um determinado tempo. A distribuição é radialmente simétrica: a probabilidade depende apenas da distância a que o ponto está da origem. Inicialmente a partícula tem probabilidade de estar perto da origem, mas com o passar do tempo a gama de posições possíveis se espalha à medida que a partícula adquire mais chance de explorar regiões distantes do espaço. De modo extraordinário, a evolução dessa distribuição de probabilidade com o tempo obedece à equação do calor, que nesse contexto é, com frequência, chamada de equação de difusão. Logo, a probabilidade se espalha exatamente como o calor.

Depois que Einstein e Smoluchowski publicaram seu trabalho, constatou-se que muito do conteúdo matemático havia sido deduzido anteriormente, em 1900, pelo matemático francês Louis Bachelier, em sua tese de doutorado. Mas Bachelier tinha outra aplicação em mente: os mercados de ações e opções. O título de sua tese era *Théorie de la speculation*. O trabalho não foi recebido com elogios entusiásticos, provavelmente porque o tema estava muito distante da faixa normal da matemática daquele período. O

Equação de Black-Scholes

supervisor de Bachelier foi o renomado e formidável matemático Henri Poincaré, que declarou o trabalho "muito original". E também entregou um pouquinho do ouro, acrescentando, com referência à parte da tese que deduzia a distribuição normal para erros: "É lamentável que o sr. Bachelier não tenha desenvolvido mais esta parte de sua tese." O que qualquer matemático interpretaria como: "Foi nesse ponto que a matemática começou a ficar realmente interessante, e se ele tivesse trabalhado só mais um pouquinho nisso, em vez de vagas ideias sobre mercado de ações, teria sido mais fácil tirar uma nota muito melhor." A tese foi classificada de "honrosa", passável; chegou até a ser publicada. Mas não obteve a nota máxima de "muito honrosa".

De fato, Bachelier havia identificado o princípio de que as flutuações do mercado de ações seguiam um caminho aleatório. A extensão de flutuações sucessivas se conformava a uma curva do sino, e a média e o desvio padrão podiam ser estimados a partir dos dados de mercado. Uma das implicações é que flutuações grandes são muito improváveis. A razão é que as caudas da distribuição normal decaem mesmo muito depressa: mais depressa que uma exponencial. A curva do sino decresce em direção a zero numa taxa que é exponencial no *quadrado de x*. Estatísticos (e físicos e analistas de mercado) falam de flutuações 2 sigma, 3 sigma, e assim por diante. Aqui sigma (σ) é o desvio padrão, uma medida da "largura" da curva. Um flutuação 3 sigma, digamos, é aquela que se desvia da média em pelo menos três vezes o desvio padrão. A matemática da curva do sino nos permite atribuir probabilidades a esses "eventos extremos" (Tabela 3).

TAMANHO MÍNIMO DE FLUTUAÇÃO	PROBABILIDADE
σ	0.3174
2σ	0.0456
3σ	0.0027
4σ	0.000063
5σ	0.000006

TABELA 3 Probabilidades de eventos *n* sigma.

A conclusão do modelo de movimento browniano de Bachelier é que grandes flutuações no mercado de ações são tão raras que na prática jamais deveriam ocorrer. A Tabela 3 mostra que um evento 5 sigma, por exemplo, tem expectativa de ocorrência de cerca de seis vezes em cada 10 milhões. No entanto, os dados do mercado de ações mostram que tais flutuações são bem mais comuns que isso. A ação da Cisco Systems, líder mundial em comunicações, passou por dez eventos 5 sigma nos últimos vinte anos, ao passo que o movimento browniano prevê 0,003 desses eventos. Peguei essa empresa ao acaso, e isso não é de maneira alguma incomum. Na Segunda-feira Negra (19 de outubro de 1987) o mercado de ações mundial perdeu mais de 20% de seu valor em poucas horas; um evento tão extremo deveria ser impossível.

Os dados sugerem inequivocamente que eventos extremos não são tão raros como prevê o movimento browniano. A distribuição de probabilidade não decai exponencialmente (ou mais depressa); ela decai nos moldes de uma curva potencial do tipo x^{-a} para uma constante positiva a. No jargão financeiro, tal distribuição é dita como tendo *cauda longa*. Caudas longas indicam maiores níveis de risco. Se o seu investimento tem um retorno esperado de 5 sigma, então, assumindo o movimento browniano, o risco de que ele não dê certo é de menos de um em um milhão. Mas se houver caudas longas, essa chance pode ser muito maior, talvez uma em cem. Isso torna a aposta muito mais fraca.

Um termo correlato, popularizado por Nassim Nicholas Taleb, um perito em matemática financeira, é "evento cisne-negro". Seu livro de 2007, *A lógica do cisne-negro*, tornou-se um campeão de vendas. Nos tempos antigos, todos os cisnes conhecidos eram brancos. O poeta Juvenal refere-se a algo como "uma ave rara nas terras, muito semelhante a um cisne-negro", querendo dizer que era impossível. A expressão foi amplamente empregada no século XVI, da mesma forma que nos referimos a um boi voador. Mas em 1697, quando o explorador holandês Willem de Vlamingh foi para o pertinentemente denominado Swan River [rio dos cisnes] na Austrália ocidental, encontrou massas de cisnes-negros. A expressão mudou de sentido, e agora se refere a uma premissa que parece ser fundamentada em fatos, mas que pode, a qualquer momento, se revelar absolutamente errada. Outro termo corrente ainda é evento-X, "evento extremo".

Essas primeiras análises do mercado em termos matemáticos encorajaram a sedutora ideia de que o mercado podia ser modelado matematicamente, criando um meio racional e seguro de ganhar somas ilimitadas de dinheiro. Em 1973 parecia que o sonho poderia se tornar real, quando Fischer Black e Myron Scholes apresentaram um método de estabelecer opções de preço: a equação de Black-Scholes. Robert Merton forneceu uma análise matemática de seu modelo nesse mesmo ano, e o ampliou. A equação é:

$$\frac{1}{2}(\sigma S)^2 \frac{\partial^2 V}{\partial S^2} + rS\frac{\partial V}{\partial S} + \frac{\partial V}{\partial t^2} - rV = 0$$

Ela envolve cinco grandezas distintas: o tempo t, o preço S da mercadoria, o preço V do derivativo, que depende de S e de t, a taxa de juros livre de risco (o juro teórico que pode ser gerado por um investimento com risco zero, tal como letras do governo) e a volatilidade σ^2 da ação. E é também sofisticada do ponto de vista matemático: uma equação diferencial parcial de segunda ordem, como as equações de onda e do calor. Ela expressa a taxa de variação do preço do derivativo, em relação ao tempo, como uma combinação linear de três termos: o preço do próprio derivativo, a rapidez com que ele varia em relação ao preço da ação e como essa variação é acelerada. As outras variáveis aparecem nos coeficientes desses termos. Se os termos que representam o preço do derivativo e sua taxa de variação fossem omitidos, a equação seria exatamente a equação do calor, descrevendo como o preço da opção se difunde através do espaço-preço-da-ação. Isso remonta à premissa de Bachelier do movimento browniano. Os outros termos levam em conta fatores adicionais.

A equação de Black-Scholes foi deduzida como consequência de diversas premissas financeiras simplificadoras – por exemplo, de que não há custos de transação nem limites para venda de bens inexistentes (*short-selling*), e que é possível emprestar e tomar dinheiro numa taxa de juros conhecida, fixa e livre de risco. A abordagem é chamada de teoria de determinação de preço por arbitragem (*arbitrage pricing theory*) e seu cerne matemático remonta a Bachelier. Ela pressupõe que os preços de mercado se comportem estatisticamente como o movimento browniano, no qual tanto a taxa de oscilação (*drift rate*) como a volatilidade do mercado são constantes. A oscilação (*drift*) é o movimento da média, e volatilidade é o jargão financeiro para desvio padrão, o valor da divergência em relação à média. Essa premissa é tão comum na literatura financeira que se tornou o padrão na indústria.

Existem dois tipos principais de opção. Numa opção de venda (opção *put*), o comprador da opção adquire o direito de vender uma mercadoria ou instrumento financeiro numa data especificada por um preço combinado, se quiser. Uma opção de compra (opção *call*) é semelhante, mas confere o direito de comprar ao invés de vender. A equação de Black-Scholes tem soluções explícitas: uma fórmula para opções de venda, outra para opções de compra.[1] Se tais fórmulas não existissem, a equação ainda assim poderia ter sido resolvida numericamente e implementada como software. No entanto, as fórmulas permitem calcular diretamente o preço recomendado, bem como trazem importantes percepções teóricas.

A equação de Black-Scholes foi concebida para propiciar um grau de racionalidade ao mercado de futuros, e efetivamente o faz em condições de mercado normais. Ela provê um modo sistemático de calcular o valor de uma opção *antes que ela amadureça*. Então ela pode ser vendida. Suponhamos, por exemplo, que uma empresa mercantil contrate a compra de mil toneladas de arroz num prazo de doze meses a um preço de quinhentos por tonelada – uma opção de compra. Após seis meses ela decide vender a opção a qualquer pessoa interessada em comprá-la. Todo mundo sabe como o preço de mercado para o arroz tem mudado, então quanto vale esse contrato neste momento? Se você começa a negociar essas opções sem saber a resposta, estará em apuros. Se a empresa perder dinheiro, você está sujeito à acusação de ter errado no preço, e seu emprego está em risco. Então, qual deve ser o preço? Negociar simplesmente por instinto deixa de ser uma alternativa quando as somas envolvidas estão na casa de bilhões.

Deve haver um meio acordado de determinar o preço de uma opção a qualquer momento antes que ela amadureça. A equação faz exatamente isso. Fornece uma fórmula, que qualquer um pode usar, e se o seu patrão usar a mesma fórmula, chegará ao mesmo resultado que você chegou, contanto que você não tenha cometido erros de aritmética. Na prática, vocês dois usam um pacote padrão de computador.

A equação era tão eficaz que deu a Merton e Scholes o Prêmio Nobel de Economia de 1997.[2] A essa altura Black já havia morrido, e as regras do prêmio proíbem premiação póstuma, mas sua contribuição foi citada explicitamente pela Academia Sueca. A eficácia da equação dependia do próprio comportamento do mercado. Se as premissas por trás do modelo cessassem de valer, não era mais sensato continuar a usá-la. Mas à medida que o tempo passava e a confiança crescia, muitos banqueiros e empresas mercantis esqueceram-se disso; usavam a equação como uma espécie de talismã, um pouquinho de magia matemática que os protegia de críticas. Black-Scholes não só fornecia o preço razoável sob condições normais; cobria também suas costas no caso de o mercado sofrer uma reviravolta. Não me culpe, patrão, eu usei a fórmula padrão.

O SETOR FINANCEIRO FOI RÁPIDO em perceber as vantagens da equação de Black-Scholes e suas soluções, e igualmente rápido em desenvolver uma hoste de equações correlatas com diferentes premissas dirigidas para diferentes instrumentos financeiros. O então sedado mundo da atividade bancária convencional podia usar as equações para justificar empréstimos e negócios, sempre mantendo o olho aberto para problemas potenciais. Mas os negócios menos convencionais logo se seguiriam, e eles tinham a fé de verdadeiros conversos. Para eles, a possibilidade de o modelo dar errado era inconcebível. A equação se tornou conhecida como fórmula de Midas – uma receita para fazer tudo virar ouro. Mas os setores financeiros esqueceram como a história do rei Midas terminou.

O xodó do setor financeiro, durante vários anos, foi uma empresa chamada Long Term Capital Management – a LTCM. Tratava-se de um fundo de cobertura ou *hedge*: um fundo privado que diversifica seus investimentos na intenção de proteger os investidores quando o mercado baixa, e obter grandes lucros quando sobe. A LTCM se especializou em estratégias de negócios baseadas em modelos matemáticos, inclusive na equação de Black-Scholes e suas extensões, junto com técnicas tais como arbitragem, que explora discrepâncias entre os preços dos papéis e o valor que podem de fato conseguir. No início, a LTCM teve um sucesso espetacular, obtendo retornos na casa dos 40% ao ano até 1998. Nesse ponto ela perdeu 4,6 bilhões de dólares em menos de quatro meses, e o Federal Reserve Bank – correspondente ao Banco Central norte-americano – persuadiu seus maiores credores a bancar a empresa até 3,6 bilhões. Os bancos envolvidos acabaram recebendo o dinheiro de volta, mas a LTCM foi liquidada em 2000.

O que deu errado? Há tantas teorias quanto analistas econômicos, mas o consenso é que a causa aproximada do revés da LTCM foi a crise financeira russa de 1998. Os mercados ocidentais haviam investido de modo pesado na Rússia, cuja economia dependia enormemente das exportações de petróleo. A crise financeira asiática de 1997 fez o preço do petróleo despencar, e a principal vítima foi a economia russa. O Banco Mundial forneceu um empréstimo de 22,6 bilhões para erguer os russos.

A causa maior do fim da LTCM já estava em seu lugar no dia em que a empresa começou a negociar. Assim que a realidade deixou de obedecer às premissas do modelo, a LTCM passou a ficar em sérios apuros. A crise financeira russa jogou uma barra de metal no meio das engrenagens que acabou por destruir todas essas premissas. Alguns fatores tiveram efeito maior que outros. Aumento de volatilidade foi um deles. Outro foi a suposição de que flutuações extremas dificilmente, ou jamais, chegam a ocorrer: não existem caudas longas. Mas a crise mergulhou os mercados num turbilhão e, no pânico, os preços caíram em índices enormes – muitos sigmas – em segundos. Pelo fato de todos esses fatores envolvidos estarem interligados, os eventos desencadearam outras mudanças rápidas, tão rápidas que os negociantes não tinham possibilidade de saber o estado do mercado num dado momento. Mesmo se quisessem se comportar racio-

Equação de Black-Scholes 365

nalmente, o que em geral as pessoas não fazem quando estão em pânico, não tinham base de como fazê-lo.

Se o modelo browniano estiver correto, eventos como a crise financeira russa deveriam ocorrer não mais do que uma vez em um século. Posso me lembrar de sete vezes na minha experiência pessoal dos últimos quarenta anos: superinvestimento em imóveis, a antiga União Soviética, o Brasil, imóveis (de novo), imóveis (mais uma vez), companhias pontocom de informática e... ah, sim, imóveis.

Retrospectivamente, o colapso da LTCM foi um aviso. Os perigos de negociar segundo fórmulas num mundo que não obedecia às confortáveis premissas por trás das fórmulas foram devidamente registrados – e logo ignorados. Retrospectivamente está tudo muito bem, mas todo mundo pode ver o perigo logo depois que a crise ataca. E quanto à prevenção? A alegação ortodoxa sobre a recente crise financeira global é de que, como o primeiro cisne de plumas negras, ninguém a viu chegando.

Não é de todo verdade.

O Congresso Internacional de Matemáticos é a maior conferência matemática do mundo, ocorrendo a cada quatro anos. Em agosto de 2002 foi realizado em Beijing, e Mary Poovey, professora de humanidades e diretora do Instituto para Produção do Conhecimento da Universidade de Nova York, deu uma palestra com o título "Os números podem assegurar honestidade?".[3] O subtítulo era "Expectativas irrealistas e o escândalo contábil dos Estados Unidos", e descrevia a recente emergência de "um novo eixo de poder" nos negócios mundiais:

> Este eixo atravessa grandes corporações multinacionais, muitas das quais evitam impostos nacionais incorporando-se em paraísos fiscais como Hong Kong. Atravessa bancos de investimentos, atravessa organizações não governamentais como o Fundo Monetário Internacional, atravessa fundos de pensão estatais e corporativos, e atravessa as carteiras dos investidores comuns. Este eixo de poder financeiro contribui para catástrofes econômicas

como o colapso de 1998 no Japão e o calote da Argentina em 2001, e deixa vestígios no giro diário dos índices de ações como o Dow Jones Industrial e o London's Financial Times Stock Exchange 100 Index (o FTSE).

E assim ela prosseguiu, dizendo que esse novo eixo de poder não é intrinsecamente nem bom nem ruim: o que importa é como ele usa o seu poder. Ele ajudou a erguer o padrão de vida na China, o que muitos de nós consideraríamos algo benéfico. Ele também incentivou o abandono mundial de sociedades de bem-estar social, substituindo-as por uma cultura de participação em empresas, o que muitos de nós consideraríamos prejudicial. Um exemplo menos controverso de mau resultado é o escândalo Enron, que eclodiu em 2001. A Enron era uma companhia de energia sediada no Texas, e seu colapso levou ao que foi então a maior falência na história americana, e uma perda de 11 bilhões de dólares para os envolvidos com a companhia. A Enron foi outro aviso, dessa vez sobre leis contábeis desreguladas. Mais uma vez. Poucos prestaram atenção ao aviso.

Poovey prestou. Ela indicou o contraste entre o sistema financeiro tradicional, baseado na produção de bens reais, e o sistema emergente, baseado em investimento, negócios com dinheiro e "complexas apostas de queda ou aumento nos preços futuros". Em 1995 essa economia de dinheiro virtual havia sobrepujado a economia real de produção de bens. O novo eixo de poder estava confundindo deliberadamente dinheiro real e virtual: números arbitrários na contabilidade das empresas e dinheiro vivo real ou mercadorias. Essa tendência, argumentou ela, estava levando a uma cultura na qual os valores tanto dos bens quanto dos instrumentos financeiros vinham se tornando barbaramente instáveis, sujeitos a explodir ou ruir ao toque de um mouse.

O artigo ilustrava esses pontos usando cinco técnicas e instrumentos financeiros comuns, tais como "marca para contabilidade do mercado", na qual uma empresa estabelece sociedade com uma subsidiária. A subsidiária compra um lote nos lucros futuros da empresa-mãe; o dinheiro envolvido é então registrado como ganho imediato da empresa-mãe enquanto o risco é transferido para a folha de balanço da subsidiária. A Enron

Equação de Black-Scholes 367

usou essa técnica quando mudou sua estratégia de mercado, trocando a venda de energia pela venda de futuros de energia. O grande problema em apresentar lucros futuros em potencial dessa maneira é que não podem ser relacionados como lucros no próximo ano. A solução é repetir a manobra. É como tentar guiar um carro sem freios pisando ainda mais o acelerador. O resultado inevitável é um acidente.

O quinto exemplo de Poovey eram os derivativos, e foi o mais importante deles porque as somas de dinheiro envolvidas eram gigantescas. Sua análise reforçava amplamente o que eu já disse. Sua principal conclusão era: "Negócios de futuros e derivativos dependem da crença em que o mercado de ações se comporte de uma forma estatisticamente previsível; em outras palavras, que equações matemáticas descrevam de maneira acurada o mercado." Mas ressaltou que a evidência aponta numa direção totalmente diferente: algo em torno de 75% e 90% de todos os negócios com futuros perdem dinheiro em qualquer ano.

Dois tipos de derivativos foram particularmente implicados em criar os mercados financeiros tóxicos no começo do século XXI: os CDS (*credit default swaps*), e os CDOs (*collateralised debt obligations*).* Um CDS é uma forma de seguro: pague o seu prêmio e você cobra de uma seguradora se alguém deixar de cumprir seu compromisso de dívida. Mas qualquer um podia fazer um seguro sobre qualquer coisa. Não precisava nem ser a empresa da qual, ou para a qual, era a dívida. Assim, um fundo de cobertura (*hedge*) podia, efetivamente, apostar que os clientes de um banco não honrariam seus compromissos de pagamento de hipotecas – e se isso acontecesse, o fundo de cobertura faria uma fortuna, mesmo que não participasse dos contratos hipotecários. Isso proporcionava um incentivo para especuladores influenciarem o mercado a fim de tornar mais prováveis os descumprimentos dos contratos. Um CDO baseia-se numa coleção (portfólio) de ativos. Estes podiam ser tangíveis, tais como hipotecas asseguradas por imóveis reais, ou podiam ser derivativos, ou uma mistura de ambos. O proprietário dos ativos vende aos investidores o direito de

---

* Os termos são empregados em inglês no mercado financeiro.

participar dos lucros gerados por esses ativos. O investidor pode fazer um jogo seguro, e ter prioridade nos lucros, mas isso lhe custa mais. Ou pode assumir um risco e estar mais abaixo na lista de pagamentos.

Ambos os tipos de derivativos eram negociados por bancos, fundos de cobertura e outros especuladores. Seus preços eram estabelecidos usando-se descendentes da equação de Black-Scholes, de modo que eram considerados ativos por si sós. Bancos tomavam dinheiro emprestado de outros bancos, para poderem assim emprestar para pessoas que queriam hipotecas; eles garantiam esses empréstimos com imóveis reais e derivativos fantasiosos. Logo todo mundo estava emprestando a todos os outros enormes quantias de dinheiro, grande parte garantidas por derivativos financeiros. Fundos de cobertura e outros especuladores tentavam fazer dinheiro localizando desastres potenciais e apostando que aconteceriam. O valor dos derivativos envolvidos, bem como dos ativos reais tais como imóveis, geralmente era calculado na base da marca para o mercado, que está sujeita a abusos porque emprega procedimentos contábeis artificiais e companhias subsidiárias em risco para apresentar lucro futuro estimado como lucro real presente. Quase todo mundo nos negócios avaliava o grau de risco dos derivativos usando o mesmo método, conhecido como "valor de risco". Esse método calcula a probabilidade de um investimento gerar uma perda que exceda algum limiar específico. Por exemplo, os investidores podiam estar dispostos a aceitar uma perda de 1 milhão de dólares se sua probabilidade fosse inferior a 5%, mas não se fosse mais provável. Como em Black-Scholes, o valor de risco assume que não há caudas longas. Talvez a pior característica fosse que todo o setor financeiro estimava seus riscos usando exatamente o mesmo método. Se o método fosse defeituoso, criaria uma ilusão partilhada de que o risco era baixo, quando na verdade era muito mais alto.

Era um desastre esperando para acontecer, um personagem de desenho animado acabando de dar um passo no abismo e permanecendo suspenso no ar, só por se recusar terminantemente a dar uma olhada para ver que não há nada sob seus pés. Como Poovey e outros como ela tinham várias vezes advertido, os modelos usados para avaliar os produtos financeiros e estimar seus riscos incorporavam premissas simplificadoras que

Equação de Black-Scholes 369

não representavam acuradamente os mercados reais e os perigos inerentes a eles. Os jogadores nos mercados financeiros ignoraram esses avisos. Seis anos depois, todos nós descobrimos por que isso foi um erro.

TALVEZ HAJA UM JEITO MELHOR.

A equação de Black-Scholes transformou o mundo criando uma indústria explosiva de quatrilhões de dólares; suas generalizações, usadas de maneira pouco inteligente por um pequeno círculo de banqueiros, mudaram novamente o mundo contribuindo para um desastre financeiro de multitrilhões de dólares cujos efeitos ainda mais malignos, que agora se estendem a economias nacionais inteiras, ainda se fazem sentir por todo o mundo. A equação pertence ao reino da matemática clássica contínua, tendo suas raízes nas equações diferenciais parciais da física matemática. Este é um reino em que grandezas são infinitamente divisíveis, o tempo flui de forma contínua, e as variáveis vão mudando de maneira suave. A técnica funciona para a física matemática, mas parece menos apropriada para o mundo das finanças, no qual o dinheiro vem em pacotes discretos, os negócios ocorrem um de cada vez (ainda que muito depressa) e muitas variáveis podem saltar erraticamente.

A equação de Black-Scholes também se baseia nas premissas tradicionais da economia matemática clássica: informação perfeita, racionalidade perfeita, equilíbrio de mercado, lei da oferta e demanda. O tema tem sido ensinado há décadas como se essas coisas fossem axiomáticas, e muitos economistas experientes jamais as questionaram. Todavia, falta-lhe sustentação empírica convincente. Nas poucas ocasiões em que alguém faz experimentos para observar como as pessoas tomam decisões financeiras, os cenários clássicos geralmente falham. É como se astrônomos tivessem passado os últimos cem anos calculando como os planetas se movem baseados naquilo que julgavam razoável, sem realmente dar uma olhada no céu para ver o que de fato acontece.

Não é que a economia clássica esteja de todo errada. Mas ela erra mais do que seus proponentes alegam, e quando ela efetivamente erra, o erro é de fato muito grande. Assim, físicos, matemáticos e economistas estão procurando modelos melhores. Na primeira linha desses esforços estão os modelos baseados na ciência da complexidade, um novo ramo da matemática que substitui o contínuo clássico pensando numa coleção explícita de agentes individuais, interagindo de acordo com regras especificadas.

Um modelo clássico do movimento do preço de uma mercadoria, por exemplo, presume que em qualquer instante exista apenas um único preço "justo", que em princípio é conhecido por todo mundo, e que os compradores potenciais comparam esse preço com uma função de utilidade (quanto essa mercadoria lhes é útil) e a compram se a utilidade for superior ao custo. Um modelo de sistema complexo é muito diferente. Poderia envolver, digamos, 10 mil agentes, cada um com sua própria visão do que a mercadoria vale e quão desejável ela é. Alguns agentes saberiam mais que outros, alguns teriam informação mais precisa que outros; muitos pertenceriam a pequenas redes sociais que trocam informações (precisas ou não), bem como dinheiro e bens.

Um bom número de características interessantes tem surgido de tais modelos. Uma delas é o papel do instinto de manada. Operadores de mercado tendem a copiar outros operadores de mercado. Se não copiarem e acabarem descobrindo que os outros estão numa coisa boa, os patrões ficarão descontentes. De outro lado, se seguirem a manada e todo mundo se der mal, eles têm uma boa desculpa: era o que todo mundo estava fazendo. Black-Scholes foi perfeita para o instinto de manada. Na verdade, virtualmente toda crise financeira no último século foi forçada até o limite pelo instinto de manada. Em vez de alguns bancos investirem em imóveis e outros em produtos industrializados, digamos, *todos* correm para os imóveis. Isso sobrecarrega o mercado, com dinheiro demais buscando imóveis de menos, e tudo se desfaz em pedacinhos. Agora todo mundo corre a fazer empréstimos para o Brasil, ou para a Rússia, ou de volta para um mercado imobiliário recémreavivado, ou enlouquece com empresas pontocom – três crianças num quarto com um computador e um modem sendo avaliados por um valor dez vezes maior que o de um industrial importante com produtos reais, clientes reais e fábricas e escritórios reais. Quando isso aí der errado, *todos* correrão para o mercado de hipotecas *subprime*...

Equação de Black-Scholes

Isto não é hipotético. Mesmo que as repercussões da crise bancária mundial estejam reverberando pelas vidas das pessoas comuns, e economias nacionais naufragando, há sinais de que nenhuma lição foi aprendida. Um replay da mania das empresas pontocom está em progresso, agora dirigida para os websites das redes sociais: o Facebook foi avaliado em 100 bilhões de dólares e o Twitter (o site onde as celebridades enviam "tweets" de 140 caracteres para seus devotos seguidores), em 8 bilhões de dólares, apesar de nunca ter dado lucro. O Fundo Monetário Internacional também emitiu uma séria advertência acerca dos ETFs (*exchange trading funds*), uma forma bem-sucedida de investir em mercadorias como petróleo, ouro ou trigo sem na verdade comprar nada. Tudo isso subiu rapidamente de preço, gerando grandes lucros para fundos de pensão e outros grandes investidores, mas o FMI advertiu que esses veículos de investimento têm "todas as características de uma bolha esperando para estourar ... reminiscente do que ocorreu no mercado de securitização antes da crise". Os ETFs são muito parecidos com os derivativos que desencadearam a implosão de crédito, mas garantidos com mercadorias em vez de propriedades imobiliárias. A debandada para os ETFs levou o preço da mercadoria às alturas, inflando-os além de qualquer proporção de demanda real. Muita gente no Terceiro Mundo é agora incapaz de adquirir alimentos básicos porque os especuladores nos países desenvolvidos estão fazendo enormes apostas no trigo. A deposição de Hosni Mubarak no Egito foi, em certa medida, desencadeada pelos enormes aumentos no preço do pão.

O principal perigo é que os ETFs estão começando a ser reempacotados em outros derivativos, como os CDOs e os CDS, que fizeram estourar a bolha das hipotecas *subprime*. Se a bolha das mercadorias estourar, poderíamos ver um replay do colapso: basta deletar "imóveis" e inserir "mercadorias". Os preços das mercadorias são muito voláteis, de modo que os ETFs são investimentos de alto risco – não uma boa escolha para um fundo de pensão. Assim, mais uma vez os investidores estão sendo incentivados a assumir apostas cada vez mais complexas, e ainda mais arriscadas, usando dinheiro que não possuem para comprar posições em coisas que não querem e não podem usar, em busca de lucros especulativos – enquanto as pessoas que de fato querem essas coisas não conseguem mais adquiri-las.

Lembram-se da bolsa de arroz Dojima?

A ECONOMIA NÃO É A ÚNICA área a descobrir que suas queridas teorias tradicionais deixaram de funcionar num mundo cada vez mais complexo, onde as velhas regras não se aplicam mais. Outra é a ecologia, o estudo dos sistemas naturais tais como florestas e recifes de coral. Na verdade, economia e ecologia são estranhamente similares sob muitos aspectos. Parte da semelhança é ilusória: historicamente cada uma tem usado a outra com frequência para justificar seus modelos, em vez de comparar os modelos com o mundo real. Mas outra parte é real: as interações entre grandes quantidades de organismos são muito parecidas com os grandes números dos operadores do mercado de ações.

Essa semelhança pode ser usada como analogia, e nesse caso é perigosa porque analogias frequentemente se rompem. Ou pode ser usada como fonte de inspiração, tomando emprestadas técnicas de modelagem da ecologia e aplicando-as de forma apropriadamente modificada à economia. Em janeiro de 2011, na revista *Nature*, Andrew Haldane e Robert May delinearam algumas possibilidades.[4] Seus argumentos reforçam várias das mensagens anteriores deste capítulo, e sugerem meios de melhorar a estabilidade dos sistemas financeiros.

Haldane e May olharam para um aspecto da crise financeira que ainda não mencionei: como os derivativos afetam a estabilidade do sistema financeiro. Eles comparam a visão prevalecente dos economistas ortodoxos, que sustentam que o mercado busca automaticamente um equilíbrio estável, com uma visão similar na ecologia da década de 1960, de que "o equilíbrio da natureza" tende a manter os ecossistemas estáveis. De fato, naquela época muitos ecologistas pensavam que qualquer ecossistema suficientemente complexo seria estável dessa maneira, e que o comportamento instável, tal como oscilações constantes, implicava que o sistema não era suficientemente complexo. Vimos no Capítulo 16 que isso está errado. Na

Equação de Black-Scholes   373

verdade, o entendimento atual indica exatamente o contrário. Suponhamos que um grande número de espécies interaja em um ecossistema. À medida que a rede de interações ecológicas vai ficando mais e mais complexa mediante a adição de novos elos entre as espécies, ou as interações se tornem mais fortes, há um nítido limiar além do qual o ecossistema deixa de ser estável. (Aqui caos conta como estabilidade; flutuações podem ocorrer, contanto que se mantenham dentro de limites específicos.) Essa descoberta levou os ecologistas a procurar tipos especiais de rede de interações, geralmente capazes de conduzir à estabilidade.

Seria possível transferir essas descobertas ecológicas para as finanças globais? São analogias próximas, com alimento e energia em ecologia correspondendo a dinheiro num sistema financeiro. Haldane e May estavam cientes de que essa analogia não deveria ser usada diretamente, observando: "Em ecossistemas financeiros, as forças evolucionárias têm sido frequentemente a sobrevivência do mais gordo e não do mais apto." Eles resolveram construir modelos financeiros não pela imitação dos modelos ecológicos, e sim explorando os princípios gerais de modelagem que levaram a uma compreensão melhor dos ecossistemas.

Desenvolveram vários modelos econômicos, mostrando em cada caso que, em circunstâncias propícias, o sistema econômico se tornaria instável. Os ecologistas lidam com um ecossistema instável administrando-o de uma maneira que crie estabilidade. Epidemiologistas fazem o mesmo com uma doença epidêmica; é por isso que, por exemplo, o governo britânico desenvolveu uma política de controlar a epidemia "da vaca louca" de 2001 abatendo imediatamente o gado em fazendas perto de qualquer uma que acusasse positivo para a doença, e impedindo qualquer movimento de gado pelo país. Assim, a resposta dos órgãos reguladores do governo a um sistema financeiro instável deveria ser tomar medidas para estabilizá-lo. Até certo ponto estão fazendo isso agora, depois do pânico inicial em que jogaram para os bancos quantias imensas do dinheiro dos contribuintes, mas esqueceram de impor quaisquer condições além de promessas vagas, que nunca foram cumpridas.

No entanto, as novas regulações fracassam em grande parte em atacar o problema real, que é o fraco projeto do sistema financeiro em si. A facilidade de transferir bilhões com o clique de um mouse pode permitir lucros cada vez mais rápidos, mas também permite que choques se propaguem mais depressa, e incentiva uma complexidade crescente. São dois fatores desestabilizadores. O fracasso em taxar transações financeiras permite aos operadores explorar essa rapidez crescente fazendo apostas maiores no mercado, a uma velocidade mais rápida. E também tende a criar instabilidade. Engenheiros sabem que um meio de conseguir uma resposta rápida é usar um sistema instável: estabilidade, por definição, indica uma resistência inata à mudança, ao passo que uma resposta rápida exige o contrário. Assim, a busca por lucros cada vez maiores tem causado a evolução de um sistema financeiro cada vez mais instável.

Recorrendo mais uma vez a analogias com ecossistemas, Haldane e May oferecem alguns exemplos de como a estabilidade pode ser aprimorada. Alguns correspondem aos próprios instintos dos órgãos reguladores, tais como exigir que os bancos retenham mais capital, que lhes servirá de amortecedores contra choques. Outros, não; um exemplo é a sugestão de que os reguladores devem focalizar não só os riscos associados a bancos individuais, mas nos associados a todo o sistema financeiro. A complexidade do mercado de derivativos poderia ser reduzida exigindo que todas as transações passassem por uma agência de controle centralizada. Esta teria de ser extremamente robusta, apoiada por todas as nações importantes, mas se existisse, as ondas de propagação de choques seriam amortecidas ao passarem por ela.

Outra sugestão é o aumento na diversidade dos métodos de negócios e avaliação de risco. Uma monocultura ecológica é instável porque qualquer choque que ocorra está sujeito a afetar tudo simultaneamente, da mesma maneira. Quando todos os bancos estão usando os mesmos métodos para avaliar risco, surge o mesmo problema: quando erram, todos erram ao mesmo tempo. A crise financeira surgiu em parte porque todos os principais bancos estavam financiando suas suscetibilidades potenciais da mesma maneira, avaliando o valor de seus ativos da mesma maneira e avaliando o risco provável da mesma maneira.

A sugestão final é modularidade. Acredita-se que os ecossistemas se estabilizam sozinhos organizando-se (por meio da evolução) em módulos

Equação de Black-Scholes

mais ou menos autocontidos, conectados entre si de uma forma bastante simples. A modularidade ajuda a evitar a propagação de choques. É por isso que os reguladores em todo o mundo estão considerando seriamente fragmentar os grandes bancos e substituí-los por uma série de bancos pequenos. Como Alan Greenspan, distinto economista americano e ex-presidente do Federal Reserve dos Estados Unidos, disse dos bancos: "Se forem grandes demais para falhar, eles são grandes demais."

E, ENTÃO, a equação foi culpada pela derrocada financeira?

Uma equação é uma ferramenta, e como qualquer ferramenta tem que ser manuseada por alguém que saiba como usá-la, e com o propósito correto. A equação de Black-Scholes pode ter contribuído para a derrocada, mas só porque abusaram dela. Ela não foi mais responsável pelo desastre do que o computador de um operador de mercado teria sido se seu uso tivesse provocado uma perda catastrófica. A culpa do fracasso das ferramentas é daqueles que foram responsáveis pela sua utilização. Há perigo de que o setor financeiro possa voltar as costas para a análise matemática, quando o que ele realmente necessita é de uma gama melhor de modelos, e – crucialmente – uma compreensão sólida de suas limitações. O sistema financeiro é complexo demais para funcionar por palpites humanos e raciocínios vagos. Ele precisa desesperadamente de *mais* matemática, não menos. Mas precisa aprender também a usar a matemática de forma inteligente, em vez de usá-la como um tipo de talismã mágico.

E agora, para onde?

QUANDO ALGUÉM ESCREVE uma equação, não há um ribombar de trovões após o qual tudo é diferente. A maioria das equações tem pouco ou nenhum efeito (eu as escrevo o tempo todo e, acredite, eu sei). Porém, mesmo as maiores e mais influentes equações precisam de ajuda para mudar o mundo – formas eficientes de resolvê-las, pessoas com a imaginação e o impulso de explorar o que elas nos dizem, maquinaria, recursos, materiais, dinheiro. Tendo isso em mente, as equações abriram repetidamente novos rumos para a humanidade, agindo como nossas guias enquanto as exploramos.

Foram necessárias bem mais do que dezessete equações para nos fazer chegar onde estamos hoje. Minha lista é uma seleção de algumas das mais influentes, e cada uma delas exigiu uma multidão de outras antes de se tornar seriamente útil. Mas cada uma das dezessete merece plenamente sua inclusão por ter desempenhado um papel primordial na história. Pitágoras levou a métodos práticos de fazer levantamentos nas nossas terras e navegar rumo a terras novas. Newton nos diz como os planetas se movem e como enviar ao espaço sondas para explorá-los. Maxwell nos forneceu uma pista essencial que levou ao rádio, à TV e aos meios modernos de comunicação. Shannon deduziu limites inevitáveis para a eficiência desses meios de comunicação.

Muitas vezes, a consequência de uma equação foi bem diferente do que interessava aos seus inventores/descobridores. Quem teria predito no século XV que um número esquisito, aparentemente impossível, com o qual se tropeçava ao resolver problemas de álgebra, estaria de maneira indelével ligado ao mundo ainda mais esquisito e aparentemente impossível da física quântica – sem dizer que isso pavimentaria o caminho para dispositivos milagrosos capazes de resolver um milhão de problemas de

E agora, para onde?

álgebra a cada segundo, e permitiria sermos vistos e ouvidos imediatamente por amigos que estão do outro lado do planeta? Como teria reagido Fourier se lhe dissessem que seu novo método de estudar o fluxo de calor seria embutido em máquinas do tamanho de baralhos de cartas, capazes de pintar figuras extraordinariamente precisas e detalhadas de qualquer coisa para a qual sejam apontadas – coloridas, até em *movimento*, com milhares delas contidas em algo do tamanho de uma moeda?

Equações desencadeiam acontecimentos, e acontecimentos, parafraseando o ex-primeiro ministro britânico Harold Macmillan, são o que nos mantêm acordados à noite. Quando uma equação revolucionária é liberada, ela desenvolve vida própria. As consequências podem ser boas ou más, mesmo quando a intenção original era benéfica, como foi o caso de cada uma das minhas dezessete. A nova física de Einstein nos deu uma nova compreensão do mundo, mas uma das coisas para as quais a usamos foram as armas nucleares. Não tão diretamente quanto clama o mito popular, mas mesmo assim ela desempenhou um papel. A equação de Black-Scholes criou um setor financeiro vibrante e então ameaçou destruí-lo. Equações são o que fazemos delas, e o mundo tanto pode ser mudado para pior quanto para melhor.

As equações são de muitos tipos. Algumas são verdades matemáticas, tautologias: pense nos logaritmos de Napier. Mas tautologias podem constituir um auxílio poderoso para o pensamento e as ações humanas. Algumas são afirmações acerca do mundo físico, que, pelo que sabemos, poderia ter sido diferente. Equações desse tipo nos contam as leis da natureza, e sua resolução nos conta as consequências dessas leis. Algumas têm ambos os elementos: a equação de Pitágoras é um teorema da geometria de Euclides, mas também governa as medições feitas por topógrafos e navegadores. Algumas são só um pouco melhores que definições – mas i e informação nos dizem muita coisa, uma vez que os tenhamos definido.

Algumas equações são universalmente válidas. Algumas descrevem o mundo de forma muito precisa, mas não perfeita. Algumas são menos precisas, confinadas a domínios limitados, e ainda assim fornecem percepções vitais. Algumas estão basicamente erradas, e todavia podem agir como degraus para algo melhor. Podem, mesmo assim, ter um efeito enorme.

Algumas até mesmo introduzem questões difíceis, de natureza filosófica, sobre o mundo em que vivemos e o lugar que ocupamos nele. O problema da medição quântica, dramatizado pelo desafortunado gato de Schrödinger, é um exemplo. A segunda lei da termodinâmica levanta questões profundas sobre desordem e a seta do tempo. Em ambos os casos, alguns dos aparentes paradoxos podem ser resolvidos, em parte, pensando menos no conteúdo da equação e mais sobre o contexto em que ela se aplica. Não os símbolos, mas as condições de contorno. A seta do tempo não é um problema de entropia: é um problema acerca do contexto em que *pensamos* sobre entropia.

Equações existentes podem adquirir importância nova. A busca da energia de fusão, como alternativa limpa para a energia nuclear e combustíveis fósseis, requer uma compreensão de como um gás extremamente quente, formando um plasma, se move num campo magnético. Assim, trata-se de um problema de magneto-hidrodinâmica, exigindo uma combinação das equações existentes para fluxo de fluidos e eletromagnetismo. A combinação conduz a novos fenômenos, sugerindo como manter o plasma estável nas temperaturas necessárias para produzir fusão. As equações são velhas favoritas.

Existe (ou pode existir) uma equação, acima de todas, que os físicos e cosmólogos dariam qualquer coisa para agarrar: a Teoria de Tudo, que na época de Einstein era chamada de Teoria do Campo Unificado. Esta é uma equação há muito procurada que unifica a mecânica quântica e a relatividade, e Einstein passou seus últimos anos numa busca infrutífera para encontrá-la. Essas duas teorias são bem-sucedidas, mas seu sucesso ocorre em domínios diferentes: o muito pequeno e o muito grande. Quando se sobrepõem, são incompatíveis. Por exemplo, a mecânica quântica é linear, a relatividade não é. Procura-se: uma equação que explique por que ambas são tão bem-sucedidas, mas faça o trabalho de ambas sem inconsistências lógicas. Há muitas candidatas para a Teoria de Tudo, sendo a mais conhecida a teoria das supercordas. Esta, entre outras coisas, introduz dimen-

E agora, para onde?

sões extras no espaço: seis delas, sete em algumas versões. As supercordas são matematicamente elegantes, mas não há evidência convincente para elas como descrição da natureza. Em todo caso, é desesperadoramente difícil efetuar os cálculos necessários para extrair previsões quantitativas da teoria das supercordas.

Por tudo que sabemos, pode não haver uma Teoria de Tudo. Todas as nossas equações para o mundo físico podem ser apenas modelos ultras-simplificados, descrevendo domínios limitados da natureza de uma maneira que possamos entender, mas sem capturar a estrutura profunda da realidade. Mesmo que a natureza realmente obedeça a leis rígidas, talvez não seja possível expressá-las em equações.

Mesmo que as equações sejam relevantes, elas não são necessariamente simples. Podem ser tão complicadas que talvez seja impossível escrevê-las. Os 3 bilhões de bases do DNA no genoma humano são, num certo sentido, parte da equação para o ser humano. São parâmetros que poderiam ser inseridos numa equação mais geral para o desenvolvimento biológico. É possível (com dificuldade) imprimir o genoma no papel; seriam necessários cerca de 2 mil livros do tamanho deste. Ele cabe facilmente na memória de um computador. Mas é apenas uma parte mínima de uma hipotétiea equação humana.

Quando equações se tornam tão complexas, precisamos de ajuda. Os computadores já estão extraindo equações de grandes conjuntos de dados, em circunstâncias em que os métodos humanos habituais fracassam ou são opacos demais para serem utilizados. Uma abordagem nova chamada computação evolucionária extrai padrões significativos: especificamente, fórmulas para grandezas conservadas – coisas que não variam. Um desses sistemas, chamado Eureqa, formulado por Michael Schmidt e Hod Lipson, já obteve algum êxito. Softwares como esses podem nos ajudar. Ou podem não levar a nada que realmente tenha importância.

Alguns cientistas, especialmente os que têm histórico em computação, pensam que é hora de abandonarmos totalmente as equações tradicionais, especialmente as que lidam com grandezas contínuas como as equações diferenciais normais ou parciais. O futuro é discreto, vem em números inteiros, e as equações deveriam dar lugar aos algoritmos – receitas para calcular as coisas. Em vez de resolver equações, deveríamos simular o mundo digitalmente fazendo correr os algoritmos. De fato, o mundo em si pode *ser* digital. Stephen Wolfram tornou este caso patente em seu controvertido livro *A New Kind of Science*, que advoga um tipo de sistema complexo chamado autômato celular. Trata-se de um arranjo de células, tipicamente pequenos quadrados, cada uma existindo numa variedade de estados distintos. As células interagem com suas vizinhas de acordo com regras prefixadas. Elas parecem um pouco com um joguinho de computador da década de 1980, como blocos coloridos caçando-se mutuamente pela tela.

Wolfram apresenta diversas razões para que os autômatos celulares devam ser superiores às equações matemáticas tradicionais. Em particular, alguns deles executam qualquer cálculo que possa ser feito por um computador, sendo o mais simples o famoso autômato Rule 110 [Regra 110]. Ele pode achar dígitos sucessivos de π, resolver numericamente a equação dos três corpos, implementar a fórmula de Black-Scholes para uma opção de compra – seja lá o que for. Os métodos tradicionais para resolver equações são mais limitados. Não considero este argumento terrivelmente convincente, porque também é verdade que qualquer autômato celular pode ser simulado por sistema dinâmico tradicional. O que conta não é se um sistema matemático é capaz de simular outro, mas qual é mais eficaz para resolver problemas ou fornecer novas compreensões. É mais rápido somar uma série tradicional para π a mão do que calcular o mesmo número de dígitos usando o autômato Rule 110.

No entanto, é inteiramente possível acreditar que em breve encontremos novas leis da natureza baseadas em estruturas e sistemas digitais, discretos. O futuro pode vir a consistir em algoritmos, não equações. Mas até esse dia chegar, se é que vai chegar, nossas maiores percepções das leis da natureza assumem a forma de equações, e devemos aprender a compreendê-las e apreciá-las. As equações têm um histórico. Elas realmente mudaram o mundo – e vão mudá-lo outra vez.

Notas

1. A índia da hipopótama: teorema de Pitágoras (p.13-35)

1. *The Penguin Book of Curious and Interesting Mathematics*, de David Wells, cita uma forma breve da piada: Um chefe indígena tinha três esposas preparando-se para dar à luz, uma num esconderijo de búfalo, a segunda num esconderijo de urso e a terceira num esconderijo de hipopótamo. Na hora marcada a primeira teve um menino, a segunda deu à luz uma filha e a terceira teve gêmeos, um menino e uma menina, ilustrando assim o conhecido teorema que a índia da hipopótama [*the squaw on the hippopotamus*] é igual à soma dos outros dois esconderijos [*hides*, de sonoridade semelhante a *sides*, "lados"]. A piada remonta a meados da década de 1950, quando foi transmitida na série radiofônica da BBC *My Word*, apresentada pelos roteiristas humorísticos Frank Muir e Denis Norden.

2. Citado sem referência em: http://www-history.mcs.st-and.ac.uk/HistTopics/Babylonian_Pythagoras.html

3. A. Sachs, A. Goetze e O. Neugebauer. *Mathematical Cuneiform Texts*, American Oriental Society, New Haven, 1945.

4. A imagem é repetida por conveniência na Figura 60.

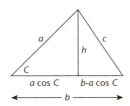

FIGURA 60 Divisão de um triângulo em dois triângulos retângulos.

A perpendicular divide o lado em duas partes. Pela trigonometria, uma delas mede $a \cos C$, de modo que a outra mede $b - a \cos C$. Seja h a altura da perpendicular. Por Pitágoras:

$a^2 = h^2 + (a \cos C)^2$
$c^2 = h^2 + (b - a \cos C)^2$

Ou seja,

$$a^2 - h^2 = a^2 \cos^2 C$$
$$c^2 - h^2 = (b - a \cos C)^2 = b^2 - 2ab \cos C + a^2 \cos^2 C$$

Subtraindo a primeira equação da segunda, podemos cancelar o indesejado termo h^2. O mesmo ocorre com $a^2 \cos^2 C$. Resta então:

$$c^2 - a^2 = b^2 - 2ab \cos C$$

que leva à fórmula mencionada.

2. Abreviando os procedimentos: logaritmos (p.36-51)

1. http://www.17centurymaths.com/contents/napiercontents.html

2. Citado de uma carta que John Marr escreveu a William Lilly.

3. A prostaférese baseava-se numa fórmula trigonométrica descoberta por François Viète, ou seja:

$$\text{sen} \frac{x + y}{2} \cos \frac{x - y}{2} = \frac{\text{sen } x + \text{sen } y}{2}$$

Se você tivesse uma tabela de senos, a fórmula lhe permitiria calcular qualquer produto usando apenas somas, diferenças e divisões por 2.

3. Fantasmas de grandezas sumidas: cálculo (p.52-72)

1. Keynes nunca proferiu a palestra. A Royal Society planejava comemorar o tricentenário de Isaac Newton em 1942, mas a Segunda Guerra Mundial interveio, de modo que as celebrações foram adiadas para 1946. As palestras foram dos físicos Edward da Costa Andrade e Niels Bohr, e dos matemáticos Herbert Turnbull e Jacques Hadamard. A sociedade também havia convidado Keynes, cujos interesses incluíam os manuscritos de Newton bem como economia. Ele havia escrito uma palestra com o título "Newton, o homem", mas morreu pouco antes do evento. Seu irmão Geoffrey leu a palestra em seu nome.

2. Esta frase provém de uma carta que Newton escreveu a Hooke em 1676. Não era novidade: em 1159 John de Salisbury escreveu que "Bernard de Chartres costumava dizer que nós somos como anões nos ombros de gigantes, de modo que podemos ver mais do que eles". No século XVII já se tornara um clichê.

Notas   383

3. A divisão por zero leva a provas falaciosas. Por exemplo, podemos "provar" que todos os números são zero. Admitamos que $a = b$. Portanto, $a^2 = ab$, de modo que $a^2 - b^2 = ab - b^2$. Fatoremos de maneira a obter $(a + b)(a - b) = b(a - b)$. Dividamos por $(a - b)$ para deduzir que $a + b = b$. Portanto, $a = 0$. O erro está na divisão por $(a - b)$, que é o, porque assumimos que $a = b$.

4. Richard Westfall. *Never at Rest*, Cambridge University Press, Cambridge, 1980, p.425.

5. Erik H. Hauri, Thomas Weinreich, Alberto E. Saal, Malcolm C. Rutherford e James A. van Orman. "High pre-eruptive water contents preserved in lunar melt inclusions", *Science Online*, 26 de maio de 2011, 1204626. [DOI:10.1126/science.1204626.] Seus resultados se mostraram controversos.

6. No entanto, não é coincidência. Funciona para qualquer função diferenciável: uma que tenha derivada contínua. Estas incluem todos os polinômios e todas as séries de potências convergentes, tais como logaritmos, exponenciais e as várias funções trigonométricas.

7. A definição moderna é: a função $f(h)$ tende a um limite L à medida que h tende a zero se para qualquer $\varepsilon > 0$ existe $\delta > 0$, de tal modo que $|h| < \delta$ implica que $|f(h) - L| < \varepsilon$. Usar *qualquer* $\varepsilon > 0$ evita referir-se a algo fluindo e ficando menor: lida com todos os valores possíveis ao mesmo tempo.

4. O sistema do mundo: a lei da gravitação de Newton (p.73-95)

1. O livro do Gênesis refere-se ao "firmamento". A maioria dos estudiosos pensa que isso deriva da antiga crença hebraica de que as estrelas eram minúsculas luzes fixas numa abóboda sólida de céu, na forma de um hemisfério. Esta é a aparência do céu noturno: a maneira como nossos sentidos respondem a objetos distantes faz as estrelas parecerem aproximadamente à mesma distância de nós. Muitas culturas, especialmente no Oriente Médio e no Extremo Oriente pensavam no céu como uma tigela que girava lentamente.

2. O Grande Cometa de 1577 não é o cometa Halley, mas outro de importância histórica, agora chamado C/1577 V1. Ele foi visível a olho nu em 1577 d.C. Brahe observou o cometa e deduziu que os cometas localizavam-se fora da atmosfera terrestre. O cometa está atualmente a cerca de 24 bilhões de quilômetros do Sol.

3. O número não era conhecido até 1798, quando Henry Cavendish obteve um valor razoavelmente preciso em experimento de laboratório. É em torno de $6,67 \times 10^{-11}$ newton metro quadrado por quilograma quadrado.

384 · *17 equações que mudaram o mundo*

4. June Barrow-Green. *Poincaré and the Three Body Problem*, American Mathematical Society, Providence, 1997.

5. Prodígio do mundo ideal: a raiz quadrada de menos um (p.96-113)

1. Em 1535 os matemáticos Antonio Fior e Niccolò Fontana (apelidado Tartaglia, "o gago") envolveram-se numa competição pública. Cada um apresentou ao outro equações cúbicas para resolver, e Tartaglia bateu Fior inapelavelmente. Naquela época, as equações cúbicas eram classificadas em três tipos distintos, porque os números negativos não eram reconhecidos. Fior sabia resolver apenas um tipo; inicialmente Tartaglia sabia resolver um tipo diferente, mas pouco antes da disputa descobriu como resolver todos os outros tipos. Apresentou então a Fior apenas os tipos que ele sabia que Fior não era capaz de resolver. Cardano, trabalhando em seu texto de álgebra, ouviu falar da disputa, e percebeu que Fior e Tartaglia sabiam resolver cúbicas. Essa descoberta enriqueceria tremendamente o livro, então ele pediu a Tartaglia que revelasse seus métodos.

Tartaglia acabou revelando o segredo, afirmando mais tarde que Cardano prometera jamais torná-lo público. Mas o método apareceu no *Ars Magna*, de modo que Tartaglia acusou Cardano de plágio. No entanto, Cardano tinha uma desculpa, e também um bom motivo para achar um jeito de contornar a promessa. Seu discípulo Lodovico Ferrari descobrira como resolver equações quárticas, uma descoberta igualmente original e dramática, e Cardano queria isso no seu livro, também. Porém o método de Ferrari requeria a solução de uma equação cúbica associada, de modo que Cardano não podia publicar o trabalho de Ferrari sem também publicar o de Tartaglia.

Aí ficou sabendo que Fior era discípulo de Scipio del Ferro, de quem se comentava ter resolvido todos os três tipos de cúbicas, passando apenas um tipo para Fior. Os papéis não publicados de del Ferro estavam de posse de Annibale Del Nave. Assim, Cardano e Ferrari foram a Bolonha em 1543 para consultar Del Nave, e nos papéis encontraram soluções para todos os três tipos de cúbicas. Desse modo, Cardano pôde dizer honestamente que estava publicando o método de Del Ferro, não o de Tartaglia. Tartaglia ainda assim se sentiu logrado, e publicou uma longa e amarga diatribe contra Cardano. Ferrari o desafiou para um debate público e venceu facilmente. Depois disso, Tartaglia nunca recuperou de fato a sua reputação.

6. Muito barulho por nódoa: a fórmula de Euler para poliedros (p.114-34)

1. Resumido no Capítulo 12 de *Mathematics of Life*, de Ian Stewart. Profile, Londres, 2011.

Notas 385

7. Padrões de probabilidade: distribuição normal (p.135-62)

1. Há muitas falácias no argumento de Pascal. A principal é que ele se aplicaria a qualquer ser sobrenatural hipotético.

2. O teorema afirma que sob certas condições (bastante comuns), a soma de um grande número de variáveis aleatórias terá uma distribuição aproximadamente normal. Mais precisamente, se $(x_1, ..., x_n)$ é uma sequência de variáveis aleatórias independentes distribuídas identicamente, cada uma com média μ e variância σ^2, então o teorema do limite central afirma que

$$\sqrt{n}\left(\frac{1}{n}\sum_{i=1}^{n} x_i - \mu\right)$$

converge para uma distribuição normal com média 0 e desvio padrão σ à medida que n se torna arbitrariamente grande.

8. Boas vibrações: equação de onda (p.163-83)

1. Consideremos três massas consecutivas, numeradas $n - 1$, n, $n + 1$. Suponhamos que num instante t elas se desloquem de distâncias $u_{n-1}(t)$, $u_n(t)$ e $u_{n+1}(t)$ a sua posição inicial no eixo horizontal. Pela segunda lei de Newton a aceleração de cada massa é proporcional às forças que agem sobre ela. Façamos a premissa simplificadora de que cada massa se move através de uma distância muito pequena apenas na direção vertical. Numa aproximação bastante boa a força que a massa $n - 1$ exerce sobre a massa n é então proporcional à diferença $u_{n-1}(t) - u_n(t)$, e de maneira similar a força que a massa $n + 1$ exerce sobre a massa n é proporcional à diferença $u_{n+1}(t) - u_n(t)$. Somando ambos os termos, a força total exercida sobre a massa n é proporcional a $u_{n-1}(t) - 2u_n(t) + u_{n+1}(t)$. Esta é a diferença entre $u_{n-1}(t) - u_n(t)$ e $u_n(t) - u_{n+1}(t)$, e cada uma dessas expressões é também a diferença entre as posições das massas consecutivas. Logo, a força exercida sobre a massa n é uma *diferença entre diferenças*.

Agora suponhamos que as massas estejam muito próximas. Em cálculo, uma diferença – dividida por uma constante adequadamente pequena – é uma aproximação a uma derivada. Uma diferença entre diferenças é uma aproximação a uma derivada de uma derivada, isto é, uma derivada de segunda ordem. No limite de infinitamente muitas massas puntiformes, infinitesimalmente próximas, a força exercida num dado ponto da mola é, portanto, proporcional a $\partial^2 u/\partial x^2$, onde x é a coordenada do espaço medida ao longo do comprimento da mola. Pela segunda lei de Newton esta é proporcional à aceleração perpendicular a essa linha, que é a derivada de segunda ordem em relação ao tempo $\partial^2 u/\partial t^2$. Escrevendo a constante de proporcionalidade como c^2 obtemos

$$\frac{\partial^2 u}{\partial t^2} = c^2 \frac{\partial^2 u}{\partial x^2}$$

em que $u(x, t)$ é a posição vertical correspondente à posição horizontal x da mola em um instante t.

2. Para uma animação ver http://en.wikipedia.org/wiki/Wave_equation

3. Em símbolos, as soluções são precisamente as expressões

$$u(x, t) = f(x - ct) + g(x + ct)$$

para quaisquer funções f e g.

4. Animações dos primeiros modos normais de um tambor circular podem ser encontradas em http://en.wikipedia.org/wiki/Vibration_of_a_circular_drum
Animação de tambor circular e retangular em http://mobiusilearn.com/view-casestudies.aspx?id=2432

9. Ondulações e blipes: a transformada de Fourier (p.184-201)

1. Suponhamos que $u(x, t) = e^{-n^2 \alpha t}$ sen nx. Então

$$\frac{\partial u}{\partial t} = -n^2 \alpha e^{-n^2 \alpha t} \text{ sen } nx = \alpha \frac{\partial^2 u}{\partial x^2}$$

Portanto $u(x, t)$ satisfaz a equação do calor.

2. Esta é a codificação JFIF, usada para a web. A codificação EXIF, para câmeras, também inclui "metadados" descrevendo parâmetros da câmera, tais como data, tempo e exposição.

10. A ascensão da humanidade: a equação de Navier-Stokes (p.202-17)

1. http://www.nasa.gov/topics/earth/features/2010-warmest-year.html

11. Ondas no éter: as equações de Maxwell (p.218-34)

1. Donald McDonald. "How does a cat fall on its feet?" *New Scientist* 7 nº 189 (1960), p.1647-9.
Ver também http://wikipedia.org/wiki/Cat_righting_reflex

Notas

2. O rotacional de ambos os lados da terceira equação dá

$$\nabla \times \nabla \times \mathbf{E} = -\frac{1}{c} \frac{\partial (\nabla \times \mathbf{H})}{\partial t}$$

O cálculo vetorial nos diz que o lado esquerdo da equação pode ser simplificado em:

$$\nabla \times \nabla \times \mathbf{E} = \nabla(\nabla \cdot \mathbf{E}) - \nabla^2 \mathbf{E} = -\nabla^2 \mathbf{E}$$

em que também utilizamos a primeira equação. Aqui ∇^2 é o operador de Laplace. Usando a quarta equação, o lado direito fica:

$$-\frac{1}{c} \frac{\partial (\nabla \times \mathbf{H})}{\partial t} = -\frac{1}{c} \frac{\partial}{\partial t} \left(\frac{1}{c} \frac{\partial \mathbf{E}}{\partial t} \right) = -\frac{1}{c^2} \frac{\partial^2 \mathbf{E}}{\partial t^2}$$

Cancelando o sinal de menos e multiplicando ambos os lados por c^2, produz-se a equação **E** de onda para:

$$\frac{\partial^2 \mathbf{E}}{\partial t^2} = c^2 \nabla^2 \mathbf{E}$$

Um cálculo semelhante produz a equação de onda para **H**.

12. Lei e desordem: a segunda lei da termodinâmica (p.235-59)

1. Especificamente,

$$S_A - S_B = \int_A^B \frac{dq}{T}$$

em que S_A e S_B são as entropias nos estados A e B.

2. A segunda lei da termodinâmica é tecnicamente uma *inequação*, não uma equação. Inclui a segunda lei neste livro porque sua posição central em ciência exige sua inclusão. É inegavelmente uma *fórmula* matemática, uma interpretação mais livre de "equação" difundida por toda a literatura científica técnica. A fórmula aludida na Nota 1 deste capítulo, usando uma integral, é uma equação genuína. Ela define a mudança na entropia, mas a segunda lei da termodinâmica nos conta qual é a sua característica mais importante.

3. Brown foi precedido pelo fisiologista holandês Jan Ingenhousz, que observou o mesmo fenômeno em pó de carvão na superfície do álcool, mas não propôs nenhuma teoria para explicar o que tinha visto.

13. Uma coisa é absoluta: relatividade (p.260-91)

1. No Laboratório Nacional de Gran Sasso, na Itália, há um detector de partículas de 1.300 toneladas chamado Opera (*oscillation project with emulsion-tracking apparatus* – projeto de oscilação com aparato de rastreamento por emulsão). Durante dois anos o equipamento rastreou 16 mil neutrinos produzidos no Cern, o laboratório de física de partículas com sede em Genebra. Os neutrinos são partículas subatômicas eletricamente neutras com uma massa muito pequena, e podem passar através da matéria comum com facilidade. Os resultados foram desconcertantes: em média os neutrinos completavam a viagem de 730 quilômetros em sessenta nanossegundos (bilionésimos de segundo), mais depressa do que o fariam se estivessem viajando na velocidade da luz. As medições têm precisão na faixa de dez nanossegundos, mas permanece a possibilidade de algum erro sistemático na maneira de calcular os tempos e interpretar esses cálculos, que é ligeiramente complexa.

Os resultados foram postados online: "Measurement of the neutrino velocity with the Opera detector in the CNGS beam", pela Opera Collaboration, http://arxiv.org/abs/1109.4897

Este artigo não reivindica ter refutado a relatividade: meramente apresenta suas observações como algo que a equipe não pode explicar com a física convencional. Um relato não técnico pode ser encontrado em http://www.nature.com/news/2011/110922/full/news 2011.554.html

Uma possível fonte de erro sistemático, relacionada com as diferenças na força da gravidade nos dois laboratórios, é proposta em http://www.nature.com/news/2011/111005/full/news.2011.575.html, mas a equipe do Opera questiona essa sugestão.

A maioria dos físicos pensa que, apesar do grande cuidado exercido pelos pesquisadores, existe algum erro sistemático envolvido. Em particular, observações anteriores de neutrino a partir de uma supernova parecem conflitar com essas novas. A resolução da controvérsia vai requerer experimentos independentes, e estes levarão vários anos. Os físicos teóricos já estão analisando possíveis explicações, que variam desde menores e conhecidas extensões do modelo padrão da física de partículas até uma exótica nova física na qual o universo tem mais dimensões que as quatro habituais. Quando você estiver lendo isto, a história já terá seguido adiante.

2. Uma explicação meticulosa é dada por Terence Tao em seu website: http://terrytao.wordpress.com/2007/12/28/einsteins-derivation-of-emc2/

A dedução da equação envolve cinco passos:

(a) Descreve como as coordenadas de espaço e tempo se alteram quando o referencial é mudado.

Notas

(b) Usa essa descrição para determinar como a frequência de um fóton se altera quando o referencial é mudado.

(c) Usa a lei de Planck para determinar como a energia e o momento linear de um fóton se alteram.

(d) Aplica a conservação da energia e do momento linear para determinar como se alteram a energia e o momento linear de um corpo que se move.

(e) Fixa o valor de uma constante de outro modo arbitrária no cálculo comparando os resultados com a física newtoniana quando a velocidade do corpo é pequena.

3. Ian Stewart e Jack Cohen, *Figments of Reality*, Cambridge University Press, Cambridge, 1997, p.37.

4. http:\en.wikipedia.org/wiki/Mass%E2%80%93energy_equivalence

5. Poucos não viram desta maneira. Henri Courten, reanalisando fotografias do eclipse solar de 1970, reportou a existência de pelo menos sete corpos muito minúsculos em órbitas bem próximas do Sol – possível evidência de um cinturão interno de asteroides escassamente povoado. Não se achou nenhuma evidência de sua existência, e esses asteroides precisariam ter menos de sessenta quilômetros de diâmetro. Os objetos vistos nas fotografias podem ter sido simplesmente pequenos cometas passando ou asteroides em órbitas excêntricas. O que quer que fossem, não eram Vulcano.

6. A energia do vácuo em um centímetro cúbico de espaço livre é estimada em 10^{-15} joules. Segundo a eletrodinâmica quântica deveria ser teoricamente 10^{107} joules – errada por um fator de 10^{122}. http://en.wikipedia.org/wiki/Vacuum_energy

7. O trabalho de Penrose é relatado em: Paul Davies, *The Mind of God*, Simon & Schuster, Nova York, 1992.

8. Joel Smoller e Blake Temple. Uma família uniparamétrica de soluções de ondas em expansão para as equações de Einstein que induz uma aceleração anômala no modelo padrão da cosmologia. http://arxiv.org/abs/0901.1639.

9. R.S. MacKay e C.P. Rourke. "Um novo paradigma para o universo", pré-impressão, University of Warwick 2011. Para mais detalhes, ver os artigos listados em http://msp.warwick.ac.uk/cpr/paradigm/

14. Estranheza quântica: equação de Schrödinger (p.292-315)

1. Geralmente se diz que a interpretação de Copenhague emergiu das discussões entre Niels Bohr, Werner Heisenberg, Max Born e outros, em meados da década de

1920. Ela adquiriu esse nome por Bohr ser dinamarquês, mas nenhum dos físicos envolvidos usava esse nome na época. Don Howard sugeriu que o nome, e o ponto de vista que ele engloba, apareceram pela primeira vez nos anos 1950, provavelmente por meio de Heisenberg. Ver: D. Howard, "Who Invented the 'Copenhagen Interpretation'? A Study in Mythology", *Philosophy of Science* 71, 2004, p.669-82.

2. Nosso gato Harlequin pode ser frequentemente observado numa superposição dos estados "dormindo" e "roncando", mas isso provavelmente não conta.

3. Duas novelas de ficção científica sobre isso são: *O homem no alto do castelo*, de Philip K. Dick, e *O sonho de ferro*, de Norman Spinrad. *SS-GB*, do autor de livros de suspense Len Deighton, também se passa numa Inglaterra contrafatual dominada pelos nazistas.

15. Códigos, comunicação e computadores: teoria da informação (p.316-37)

1. Suponhamos que eu lance um dado e atribua símbolos *a*, *b* e *c* da seguinte maneira:

a o dado cai em 1, 2 ou 3
b o dado cai em 4 ou 5
c o dado cai em 6

O símbolo *a* ocorre com probabilidade ½ , o símbolo *b* tem probabilidade ⅓ e o símbolo *c* tem probabilidade ⅙. Logo, minha fórmula, qualquer que seja ela, vai atribuir um conteúdo de informação H (½, ⅓, ⅙).

No entanto, eu poderia pensar nesse experimento de modo diferente. Primeiro, decido se o dado cai num número menor ou igual a 3, ou maior que 3. Chamemos essas possibilidades de *q* e *r*, de forma que

q o dado cai em 1, 2 ou 3
r o dado cai em 4, 5 ou 6

Agora *q* tem probabilidade ½ e *r* tem probabilidade ½. Cada um carrega a informação H (½, ½). O caso *q* é o meu *a* original, e o caso *r* é composto dos meus *b* e *c* originais. Posso dividir o caso *r* em *b* e *c*, e suas probabilidades serão ⅔ e ⅓ *tendo ocorrido r*. Se considerarmos agora apenas este caso, a informação transportada por quaisquer que sejam *b* e *c* é H (⅔, ⅓). Shannon agora insiste que a informação original deve estar relacionada com a informação nesses subcasos, da seguinte forma:

$$H (½, ⅓, ⅙) = H (½, ½) + ½ H (½, ⅓)$$

Ver Figura 61.

Notas

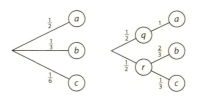

FIGURA 61. Escolhas combinando-se de diferentes maneiras.
A informação deve ser a mesma em ambos os casos.

O fator ½ na frente do segundo H está presente porque esta segunda escolha ocorre apenas metade das vezes, ou seja, quando r é escolhido na primeira fase. Não existe esse fator na frente do primeiro H após o sinal de igual porque este se refere a uma escolha que é feita – sempre – entre q e r.

2. Ver Capítulo 2 de *The Mathematical Theory of Communication*, de C.E. Shannon e W. Weaver. University of Illinois Press, Urbana, 1964.

16. O desequilíbrio da natureza: teoria do caos (p.338-50)

1. Se a população x_t é relativamente pequena, de modo que seja próxima de zero, então $1 - x_t$ é próximo de 1. A geração seguinte terá, portanto, um tamanho próximo de kx_t, que é k vezes maior que a geração atual. À medida que o tamanho da população cresce, o fator extra $1 - x_t$ reduz a taxa de crescimento real, que se aproxima de zero à medida que a população se aproxima do máximo teórico.

2. R.F. Costantino, R.A. Desharnais, J.M. Cushing e B. Dennis. "Chaotic dynamics in an insect population", *Science* 275, 1997, p.389-91.

3. J. Huisman e F.J. Weissing. "Biodiversity of plankton by species oscillations and chaos", *Nature* 402, 1999, p.407-10.

4. E. Benincà, J. Huisman, R. Heerkloss, K.D. Jöhnk, P. Branco, E.H. van Nes, M. Scheffer e S.P. Ellner. "Chaos in a long term experiment with a plankton community", *Nature* 451, 2008, p.822-5.

17. A fórmula de Midas: equação de Black-Scholes (p.351-75)

1. O valor de uma opção de compra (opção *Call*) é

$C(s,t) = N(d_1)S - N(d_2)Ke^{-r(T-t)}$

em que

$$d_1 = \frac{\log(^S/_K) + (^{r+\sigma^2}/_2(T-t))}{\sigma\sqrt{T}-t}$$

$$d_2 = \frac{\log(^S/_K) - (^{r+\sigma^2}/_2(T-t))}{\sigma\sqrt{T}-t}$$

O preço de uma opção de venda (opção *put*) correspondente é

$$P(s,t) = [N(d_1) - 1]S + [1 - N(d_2)]Ke^{-r(T-t)}$$

Aqui $N(d_j)$ é a função de distribuição cumulativa da distribuição normal padrão para $j = 1, 2$ e $T - t$ é o tempo de maturação.

2. Estritamente falando, Prêmio do Banco Sueco em Ciências Econômicas em Memória de Alfred Nobel.

3. M. Poovey. "Can numbers ensure honesty? Unrealistic expectations and the US accounting scandal", *Notices of the American Mathematical Society* 50, 2003, p.27-35.

4. A.G. Haldane e R.M. May. "Systemic risk in banking ecosystems", *Nature* 469, 2011, p.351-5.

Créditos das ilustrações

As seguintes figuras estão reproduzidas com a permissão dos nomeados detentores de direitos:

Figura 9: Johan Hidding.
Figuras 11, 41: Wikimedia Commons. Reproduzidas sob os termos da Livre Licença Documentacional GNU.
Figuras 15, 16, 17: Wang Sang Koon, Martin Lo, Shane Ross e Jerrold Marsden.
Figura 31: Andrzej Stasiak.
Figura 43: Equipe BMW Sauber de Fórmula 1.
Figura 53: Willem Schaap.
Figura 59: Jef Huisman e Franz Weissing, *Nature* 402, 1999, p.407-10.

Índice remissivo

ρ (constante), 109, 381

aceleração, definição, 56-7
acidente nuclear, 47-9
aerodinâmica, 111, 205, 207, 210
aglomerações e estatística, 159-60
aglomerados de doenças, 159-6c
água, e a dinâmica dos fluidos, 204-5
aleatoriedade:
    caos distinto de, 340
    distinta de determinismo, 343
    padrões na, 136
Alexander, James Waddell, 127, 129-31
álgebra:
    abstrata, 127, 130, 328, 333-4
    Cardano e, 97, 100-1
    notação de, 101
    relação entre geometria, 22
álgebra de operadores, 130
algoritmos, 40, 315, 381
algoritmos de compressão, 193-6
Alhazen, 76
al-Katibi, Najm al-Din al-Qazwini, 76
alturas:
    de crianças, 151
    de estruturas, 23-4, 25
análises, 72, 107
    complexa, 107, 126
    de Fourier, 190-1
    de Fourier tipo blipe, 197-9
    de variância, método, 157
    ver também cálculos
Apollo, missões, 87, 204
aquecimento global, 213-7
Arago, François, 279
arbitragem, teoria de determinação de
    preço por, 362, 364
arestas, em topologia, 115-20, 123
Argand, Jean-Robert, 105-6, 112
Aristarco de Samos, 75
Aristóteles, 65-6,
aritmética, regras de, 99

Arnold, Vladimir, 344
Arp, Halton, 289
Arquimedes, 15, 77, 205
arroz Dojima, bolsa de, 354, 372
Aryabhata, 76
Associação Americana de Psicologia, 156
Astronomia:
    dinâmica caótica em, 93, 340, 344, 346-8
    interpretações do céu noturno, 75
    lasers em, 313
    testes da relatividade, 290
    universo geocêntrico, 76
    uso de logaritmos, 44-5
atrito, 66, 186, 208, 242, 255-6
audição humana, 49
autômatos celulares, 381

Bachelier, Louis, 358-60
base, logaritmos, 42-4
batimento, 177
Belbruno, Edward, 93
Bell, Alexander Graham, 222
bens inexistentes (*short-selling*), venda de,
    361-2
Berkeley, George, bispo de Cloyne, 62-3,
    69-70
Bernoulli, Daniel, 206, 246
Bernoulli, Jacob, 140-3
Bernoulli, John, 170-1, 174-7, 179, 189
Bessel, funções de, 180
Big Bang, teoria, 253, 281-6
bioinformática, 335
Black, Fisher, 361, 363
Black-Scholes, equação de, 351, 361-4, 375,
    378, 381
    crítica, 369-70
    variantes da, 364, 368
Boltzmann, Ludwig, 247-51, 293-5, 336
Bolzano, Bernard, 71
bomba atômica, 274
bombas, vapor, 238-40
Bombelli, Rafael, 97, 101, 104-5

Índice remissivo

borboleta, efeito *ver* "efeito borboleta"
Boulliau, Ismaël (Bullialdus), 80-1
Boyle, lei de, 247
Boyle, Robert, 240
Brahe, Tycho, 25, 78
Branca, Giovanni, 238
Briggs, Henry, 38, 40, 42-4
browniano, movimento, 251
    como modelo de sistema financeiro,
        358, 360-1, 365
buraco-através-de-buraco-dentro-de-bura-
    co, 120-1, 123
buracos em toros, 119-23, 126
buracos negros, 281-2

cálculo integral:
    apresentação, 61
    entropia e, 244-5
    magnetismo e, 121
cálculo vetorial, 228-9, 234, 388
cálculos:
    análise complexa, 107, 111, 126
    derivadas parciais, 172-3
    falhas lógicas, 63, 71-2
    história, 54-60
    Leibniz e, 55, 59-64, 69-70
    Newton e, 54, 59-65, 70
    utilidade, 69-72
cálculos, Napier sobre fazer, 38-9
calor:
    cenário de reversão do tempo, 256
    e temperatura, 243-5
caminhadas aleatórias, 358
campos:
    de velocidade, 207
    eletromagnéticos, 224-5, 263
    vetoriais, 226-7
campos, em eletromagnetismo, 110, 121, 221,
    224-7
canais de comunicação *ver* comunicação,
    canais de
Cantor, Georg, 191
caos, teoria do, 86, 92
    analogia com fazer pão, 345-6
    caos determinístico, 338, 340, 346-7,
        349-50
    clima e, 213
    dinâmica populacional e, 338, 347
    equação logística, 341, 343
    sensibilidade às condições iniciais, 346
    topologia e, 116, 132

Cardano, Girolamo, 97, 100-4, 136-7, 385
Carnot, ciclo de (Nicolas Léonard Sadi
    Carnot), 243-5
catástrofe ultravioleta *ver* ultravioleta,
    catástrofe
caudas longas, 360, 364, 368
CDO (*collateralised debt obligation*), 367, 371
CDS (*credit default swaps*), 367, 371
céu noturno, interpretação, 75
Charles, Jacques Alexandre César, 240
ciências sociais:
    distribuição normal, 144-5, 151
    modelos matemáticos, 159
círculos:
    aerofólios de, 111
    equações para, 28
    linhas de força como, 110
    nós como, 126
Clausiu, Rudolf, 244
Clayperon, Émile, 241
clima, mudança de, 213-6, 252
codificação, teoria da, 328-33
coeficientes binomiais, 141-2
Cohen, Jack, 274, 390
colorir, diagrama de nós, 128
cometas:
    Giacobini-Zinner, 93
    Grande Cometa de 1577, 77, 384
    Oterma, 88-9
complexidade, ciência da, e modelos econô-
    micos, 369-70
compressão de dados:
    fotografia digital, 193-6
    imagens em medicina, 200
    impressões digitais, 199
computação evolucionária, 380
computadores analógicos, 210, 321
computadores quânticos, 315
computadores, crescimento do mercado
    de, 322-3
comunicação, canais de:
    capacidade, 327-8
    ruído, 320
comutativa, propriedade, 112, 333
condições de contorno, 246, 256, 379
cones de luz, 271
confiança estatística, 152-3
cônicas, secções, 77
    elipses, 58, 77-80, 82, 84
    parábolas, 58, 67, 77

conservação, leis da, 67-69, 268-9
conservação da quantidade de movimento, 208, 268-9
conservação de energia:
  leis do movimento e, 67, 74
  primeira lei da termodinâmica, 240, 241-2
  relatividade especial e, 268
  teoria cinética e, 246
constante cosmológica, 282, 284
constante gravitacional, 79
continuidade em topologia, 116, 121-2
convergência, questões de, 190-1
coordenadas cartesianas, 27
Copenhague, interpretação de, 300-5, 390
Copérnico, Nicolau, 76
cordas que vibram, 166-7, 169-71, 173-4, 177, 386
  e intervalos de tempo, 57
coroa e âncora, jogo, 138-9
corpo negro ver radiação do corpo negro
cossenos, 23-4, 107-9, 175-6, 187-8
Crick, Francis, 133
criptografia, 320, 334
crise financeira russa, 364-5
cubos, e topologia, 115
curva do sino ver distribuição normal
Curva do sino, A (Herrnstein e Murray), 154-6, 159
curvas de rotação das galáxias, 283-5, 289
"curvatura gaussiana", 32

d'Alembert, Jean Le Rond, 171-5, 178
Daubechies, Ingrid, 198, 199
Davy, Humphry, 220
De Broglie, Louis-Victor, 296
decaimento radiativo, 47-9, 301
decibel, unidade, 51
Dellnitz, Michael, 95
derivadas (cálculo), 61-3, 66-7, 72
  parciais, 171-3, 207
derivativos (instrumentos financeiros), 352-4, 367-8
  volumes negociados, 356-7, 367-8
Descartes, René, 27, 115, 120
descoerência, 307, 315
desvio padrão:
  definição, 143
  e eventos extremos, 359-60
determinismo:
  distinto de aleatoriedade, 343
  distinto de previsibilidade, 346, 349-50

DFC (dinâmica de fluidos computacional), 206, 210
diagramas de Feynman, 132
diagramas de nó, 127-9, 131-3
diferenciação, 61
difração, 266, 306
  raios X, 133, 193
dimensões:
  descrição do Sistema Solar, 88, 121
  equação de Navier-Stokes, 208-9
  equação do calor, 186-7
  equações de onda, 178-9
  geometria multidimensional, 328-9, 330-1
  teoria das supercordas, 132, 379-80
  topologia, 126
  vetores, 225-6
dinâmica de fluidos computacional ver DFC
dinâmica dos cinco corpos, 95
dinâmica dos fluidos:
  antes de Euler, 205-6
  magneto-hidrodinâmica, 379
dinâmica populacional e caos, 340-2, 347-9, 392
dinâmica simbólica, 343
dinâmica topológica, 87, 344
Diofante, 101
dióxido de carbono, 215-6, 252-3
distribuição binomial, 150
distribuição normal (curva do sino):
  ciências sociais, 144, 148-9
  definição, 143
  efeito de combinação, 149-50
  erros, 143, 146, 148
  fórmula, 135
  hipótese nula e, 154
  modelos financeiros e, 358-9
  teoria cinética dos gases, 247
divergência (equações de Maxwell), 227
divisão por zero, 63, 71, 384
DNA:
  informação codificada, 334-7, 380
  topologia e, 133-4
  transformadas de Fourier, 193
dodecaedro, 115
Doppler, efeito, 283-4, 289
drogas, testes de, 152, 159
dualidade onda-partícula/ondículas, 296-7

e (constante), 46, 108-9
$E = mc^2$, 261, 272-3, 274-5, 389
economia clássica, 369

Índice remissivo

ecossistemas:
    e caos, 340-2, 347-9
    modelos, analogia financeira, 372-5
"ecossistemas financeiros", 372-5
Edison, Thomas, 222
"efeito borboleta", 346, 349-50
efeito fotoelétrico, Einstein e, 296
eficiência, em detecção de erros, 320-1, 332
eigen, funções, 299
Einstein, Albert, 261-2
    $E = mc^2$, 261, 272-3, 274-5, 389
    e armas atômicas, 274-5
    efeito fotoelétrico, 295-6
    equações de campo, 276, 281, 288-9
    movimento browniano, 251
    relatividade especial, 268
elementos, Os (Euclides), 16, 28
eletromagnetismo:
    impacto sobre a vida cotidiana, 219
    magneto-hidrodinâmica e, 379
eletrostática, 110, 185, 228, 290
elipses, 58, 77, 79, 81, 86-7
    de transferência de Hohmann, 87, 92
"emaranhamento", 134
energia:
    conservação de, 67, 90, 240-2, 246
    cinética, 68-9, 90, 242-4, 246-7, 273
    definição, 68
    escura, 284, 285, 286, 288, 289
    potencial, 68-9, 90-1, 241, 243
    renovável, 252-3
engenheiros, uso de logaritmos, 45, 46
Enron, 366
entropia, 244-5, 247-8, 251, 254, 256, 257-8
    como "informação ausente", 336
entropia negativa, 257
enzimas, 133-4
equação de multiplicação logarítmica, 36, 44
equação do calor (Fourier), 185, 191
    analogia financeira, 358-9
equação linear, 174
equação logística, 341, 343
equações:
    alternativas para, 380-1
    descrevendo linhas em planos, 27-8
    $E = mc^2$ como arquétipo, 261, 272-3, 274-5, 389
    influência mais ampla de, 377-9
    "mais bonita", 109
    quadráticas, 101-2

simetria de, 254-5
teorema de Pitágoras, 16-7
tipos de, 9-10, 378-9
ver também equações diferenciais
equações complexas, 111
equações cúbicas, 103-4, 385
equações diferenciais, 66-7, 72
entropia, 244-6
    equação de onda de Schrödinger, 297
    funções complexas e, 109-11
    inevitabilidade do caos e, 341, 344
    ver também equações diferenciais parciais
equações diferenciais parciais, 174, 185, 206, 209, 380
    Black-Scholes como, 361, 369
Eratóstenes, 25
Eratosthenes Batavus (Snellius), 25
erros:
    capacidade do canal e, 328
    detecção e correção de, 317-8, 320-1, 328-9, 330, 333-4
    distribuição normal, 143-4, 148-9
erupções vulcânicas, 182, 216
esferas:
    a partir de deformação de sólidos, 117-9, 122-3
    hipercubos e, 331-2
espaço hiperbólico, 30-1
espaço-tempo:
    contração de Lorenz-FitzGerald, 268
    curvatura, 276-8
    expansão e, 288-9
    modelos, 272, 281, 284
    topologia e, 132-3
espectro eletromagnético, 230, 234
especulação financeira, 356, 358-9, 367-8, 371-2
estado estacionário (populações), 342
estado estável (universo), 289
estatística:
    da aleatoriedade, 136
    lei dos grandes números, 142-3
    significação estatística, 152
"éter", 264-7, 293
ETFs (*exchange trading funds*), 371
Euclides:
    prova do teorema de Pitágoras, 16
    quinto postulado, 29
    sobre secções cônicas, 77
    sobre sólidos regulares, 16, 115

eugenia, movimento da, 156
Euler, características de, 120, 123, 128
Euler, Leonhard, 91, 101, 109, 197
    dinâmica dos fluidos, 205-6, 207
    fórmula para poliedros, 114, 116-9, 122-3
"eventos cisne negro", 360
eventos-X (eventos extremos), 359-61
Everett, Hugh, Jr., 307-9
evolução da percepção sensorial, 50-1
exemplos de jogos de cartas, 181, 248-9,
    254, 258
"expectativa" e probabilidade, 139

faces, sólidos regulares, 78
Faraday, Michael, 219-22
FDA (Food and Drugs Administration), 213
Fechner, Gustav, 50-1
fenômenos ondulatórios, 164-5
Fermat, Pierre de, 56, 62, 139
Feynman, Richard, 306, 310-1
ficção científica, 88, 391
Fisher, Ronald Aylmer, 152-3, 160
fluido compressível, ar como, 205
fluidos:
    aplicação das leis do movimento de
        Newton, 207-8
    matemática dos magnetismo e, 224-5
flutuações no mercado de ações, 359
fluxo de calor, 237
fluxo sanguíneo, 212-3
fluxões, 60, 64, 70
forças:
    linhas de força, 110, 224, 227
    nas leis do movimento, 65-6, 74
    relacionadas com curvatura, 33-4, 35
    ver também gravidade
fórmula de Midas, 363
fotografia, 193-6
fotografia digital, 193-6
fótons, 272-3, 296, 306
Fourier, Joseph, 185
frequências vibracionais, 179-80
Fukushima Dai-ichi, usina de energia, 47
Funções:
    complexas, 109-11
    contínuas, 64, 191, 326
    de onda, 297-8, 299-301, 303-4, 305,
        307-10
    descontínuas, 176, 189, 191
    exponenciais, 46, 107-9, 186

funções exponenciais, 46
    equação do calor, 186, 189
    números complexos, 107-9
funções trigonométricas:
    equação do calor, 186-8, 189
    frequências vibracionais, 179
    logaritmos de, 44-5, 46
    números complexos, 108-9
    ver também cossenos, senos
fundo cosmológico de micro-ondas, 283, 289
Fundo Monetário Internacional, 365, 371
futuros e/ou opções, 355, 362-3, 367, 392-3

Galileu Galilei, 56-60, 66-7, 268, 275
Galois, campos de (Évariste Galois), 333
Galton, Francis, 149-51
gases, leis dos, 240-1, 246-7
gases de estufa, 215
Gauss, Carl Friedrich:
    e espaço não euclidiano, 31-2, 33-4
    eletromagnetismo, 222
    magnetismo, 121
    método dos mínimos quadrados, 147-8
    notação, 101
    números imaginários, 105-6
genoma humano, 335, 380
geometria:
    de coordenadas, 27
    de espaço curvo, 26, 29-35, 276-8
    diferencial, 121, 276
    esférica, 25-6, 30-2
    multidimensional, 328-9, 330-1
    não euclidiana, 29-31
    relação com álgebra, 22
    topologia e, 115-26
GPS (sigla em inglês para Sistema de Posi-
    cionamento Global), 26, 260, 261, 290-1
Grã-Bretanha, levantamento cartográfico,
    26
Grande Colisor de Hádrons, 261, 290
gravações sonoras, 193, 200-1
gravitação:
    lei de Newton da, 10, 54, 64, 73, 74, 79,
        82, 86, 88, 95, 264, 275, 277, 279, 287
    lei do inverso do quadrado, 54, 81-3, 276
    newtoniana, 85, 89, 280, 284
    pesquisas de Galileu, 56-9
    problema dos três corpos, 84, 86, 344
    relatividade geral e, 262, 276-8
Greene, Brian, 303, 309
Greenspan, Alan, 375
grupo (álgebra), 127

Índice remissivo

Haldane, Andrew, 372-4
Hamilton, William Rowan, 112-3
hamiltonianos, operadores, 297, 298, 299
Hamming, Richard, 328-30, 332
Hardy, Godfrey Harold, 223
harmonias, 165-7, 169, 171, 177-8
harmônicos, intervalos, 167
hedge, fundos (fundos de cobertura), 364, 367
Heisenberg, Werner, 297, 390-1
heliocêntricas, teorias, 75-8
Henry, Joseph, 221
hereditariedade, 149-51
Heron de Alexandria, 237-8
Hertz, Heinrich, 230
hipercubos, 329-30, 332
hipopótama/hipotenusa, piada, 15, 382
hipotecas:
    aposta nos calotes, 367
    autogarantidas, 357
    subprime, 353, 370-1
hipotenusa, definição, 16-7
hipótese, teste de, 152-4
hipótese nula, 153-4
Hitler, Adolph, 308-10
Hohman, elipses de transferência de, 87, 92
"homem" médio, 145
Homfly, polinômio, 132
Hooke, Robert, 79-81, 169, 383
Hubble, Edwin, 282
Huffman, código, 196
Huisman, Jef, 347-8

i (unidade imaginária) *ver* raiz quadrada de
    menos um
icosaedro, 115
imagens *ver* compressão de dados, foto-
    grafia
imagens médicas, 200
imóvel, como garantia, 353, 357, 370
imposto de transações financeiras, 156
impressões digitais, 184, 199
incerteza, 346, 355; *ver também* probabilida-
    de, teoria da
Índia:
    astronomia, 76
    Grande Levantamento Trigonométri-
      co, 26
indução eletromagnética, 225
infinitesimais, 63, 70
inflação, 284, 285-7, 289

informação:
    como entropia negativa, 257
    como grandeza mensurável, 318, 319-21
    redundante, 193
instinto de manada, 370
instrumentos financeiros, 352, 355, 363, 366;
    ver também derivativos, futuros e/ou
    opções
integração, teoria de, 191
inteligências e testes de QI, 154-9
interpretação dos muitos mundos, 308-11
intervalos, 166-8
invariantes combinatórias, 122
invariantes topológicas, 114, 118-9, 121-3, 127,
    130-2
ISEE-3 (*International Sun-Earth Explorer* –
    Explorador Sol-Terra Internacional), 93

Japão, terremoto no, 47
jogos de azar, 137-9
Jones, polinomial de (Vaughan Jones), 131-2,
    134
Joukowski, transformação de, 111-2
JPEG (Joint Photographic Experts Group), 194
Júpiter:
    ressonâncias orbitais, 89, 95
    tubos perto de, 92, 94, 95

Kelvin, lorde William Thomson, 293
Kepler, Johannes, 56, 58, 77-9, 84
Keynes, John Maynard, 55, 383
Klein, Felix, 125
Klein, garrafa de, 125-6
Koon, Wang Sang, 94
Krönig, August, 246

Lagrange, Joseph-Louis, 91
Lagrange, pontos de, 89, 91, 92-4
lâmpadas, bulbos de luz, 222, 294
Laplace, Pierre Simon de, 45, 148-9
Laplaciano, fórmula, 179-80, 388
lasers, 313-4, 318
    uso médico dos, 313-4
Le Verrier, Urbain, 279-80
Lebesgue, Henri, 191
Legendre, Adrien-Marie, 147-8, 152
lei:
    da gravitação de Newton, 10, 54, 64,
      73, 74, 79, 82, 86, 88, 95, 264, 275, 277,
      279, 287
    da gravitação universal, 82-3

dos cossenos, 24
dos grandes números, 142, 143
Leibniz, Gottfried Wilhelm, 55, 59-64, 69-70, 105
leis da conservação *ver* conservação, leis da
leis da termodinâmica, 240, 253-4
lei zero, 243
    primeira lei, 240, 241-2
    segunda lei, 236, 245, 251-3, 256-7, 388
leis do inverso do quadrado:
    esperadas para eletromagnetismo, 224
    gravitação, 54, 81-3, 276
leis do movimento (Newton), 64, 65-6, 81
    aplicação em fluidos, 207-8
    Mond e, 287-8
leis do movimento planetário (Kepler), 56, 78-9, 81
Lemaître, Georges, 283
limitações observacionais, mecânica quântica, 299, 304
limite central, teorema do, 148-50, 386
limites, conceito de, 71, 384
Listing, Johann, 121-2, 124, 126
livre-arbítrio, 145
livre caminho médio (moléculas), 246
logaritmos, 38-45
    de funções complexas, 110
    de funções trigonométricas, 44, 46
    na natureza, 50-1
    naturais, 46
    percepção humana e, 49-51
    réguas de cálculo e, 46
Lorenz, Edward, 344, 346
Lorenz, Hendrik, 267
Lorenz-FitzGerald, contração de, 267-70
LTCM (*Long Term Capital Management* – Gerência de Capital no Longo Prazo), 363-5
Lua:
    efeitos sobre a Terra, 347
    origens, 69
luz:
    como onda eletromagnética, 229, 263
    comportamento de partícula, 272, 296
    dualidade onda-partícula, 296-7
    ver também velocidade da luz

MacKay, Robert, 288-9
magnetismo, 109-10, 121
magneto-hidrodinâmica, 379
mapas e trigonometria, 25-7

máquinas a vapor, 237-40
"marca para contabilidade do mercado", 366
Marconi, Guglielmo, 231-2
matemática:
    babilônica, 18-9, 103
    contínua, 369, 381
    egípcia, 20, 25
matéria escura, 283-5, 286, 287, 289
matrizes, 34-5, 276
Maxwell, James Clerk, 10, 219-20, 221-2, 247, 250
    Einstein e, 268
Maxwell-Boltzmann, distribuição, 247, 293
May, Robert (lorde May de Oxford), 340-1, 343, 347, 372-4
mecânica contínua, 121
mecânica estatística, 247
mecânica quântica:
    discrepância da energia do vácuo, 390
    e o mundo clássico, 304-9, 310-1
    equação da onda de Schrödinger, 297
    interpretação dos muitos mundos, 307-11
    limitações observacionais, 299, 305
    números imaginários em, 98, 297-8
    utilidade prática, 311-5
média, definição, 143
medição, mecânica quântica, 300, 305
meia-vida, isótopos radioativos, 48-9
Meitner, Lise, 275
memória, 258-9
mercadoria, preços da, 353, 361, 369-71
Mercúrio, 278-9
Merton, Robert, 361, 363
método dos quadrados mínimos, 147-8, 157
Michelson, Albert, 265-6, 267-8
micro-ondas, 234, 283
Milgrom, Mordehai, 287
Millikan, Robert, 295
minas, 239
Minkowski, Hermann, 271-2, 277
missões espaciais:
    lei da gravitação de Newton, 86
    missão Apollo, 87, 204
    sonda *Hiten*, 93
    viagens interplanetárias, 90, 95
    vista da Terra e, 203-5
    Voyager 1 e 2, 317, 328
mistura e caos, 345-6, 349
Möbius, August, 121-2, 124-5

Índice remissivo

modelos contínuos, 208
modelos matemáticos:
    advertência sobre, 158-9, 369
    cordas que vibram, 169-71
    cosmológicos, 288-9
    financeiros, 358, 364
    leis dos gases, 240
    modelos estatísticos, 141, 209
    movimento browniano, 250-1, 358
    previsão do tempo, 214-5
modos normais, 179, 182, 294, 298,
modos vibracionais, 171, 179, 182, 295
modos vibracionais (radiação do corpo
    negro), 294-5
moedas, lançamento de, 137-8, 139-42,
    323-6, 343
moléculas, em termodinâmica, 240, 246-7
momento angular, 69
Mond (*modified Newtonian dynamics* –
    dinâmica newtoniana modificada), 287
Morley, Edward, 265-6, 267-8
Morse, Samuel, 222
movimento, leis de Newton do, 64, 65-6, 81,
    207, 287-8
movimento planetário, leis do, 56, 78-9,
    80, 81-2
multidimensional, geometria, 328-9, 330-1
multiplicação:
    complexidade relativa da, 40-2, 43
    equação para multiplicação logarít-
    mica, 36
"mundos alternativos", 309
música, 164-9

não nó, 127-31
Napier, John, 38-45
natureza:
    como essencialmente matemática, 55
    exemplos de caos na, 339
    logaritmos na, 50-1
navegação por satélite e relatividade, 261-2,
    290
Navier, Claude-Louis, 206, 207
Navier-Stokes, equação de, 202, 206, 208-9,
    213, 216
Neugebauer, Otto, 20
neutrinos, 270, 389
Newcomen, Thomas, 239
Newton, Isaac:
    cálculo e, 53-5, 59-65, 69-70
    física, 263

Hooke e, 79-82, 383
influência, 54-5, 84, 87-8
Kepler e, 79, 81
Leibniz e, 55, 59-62, 69-70
leis do movimento de, 64, 65-8
níveis sonoros, 50-1
nós (música), 171
nós (topologia), 126-32
nós de trevo (topologia), 128-30, 133-4
notação:
    algébrica, 101
    binária, 322-3
    de Leibniz e Newton, 59-60, 61
    origem do sinal de igual, 7
    origem dos símbolos numéricos, 37
número de onda, 177
números complexos, 105-8, 112, 297
    definição, 112
    logaritmos, 44-5
    ver também números imaginários
números de ligação (eletromagnetismo), 121
números imaginários, 97-8, 106, 107
números irracionais, 191

octaedro, 115
oitava, intervalo musical, 166-9, 177
onda, equação de, 163, 171-2, 174-6, 178
    animações, 387
    comparada à equação do calor, 186-7
    de Schrödinger, 297-8, 306
    Maxwell e, 228-30
    multidimensional, 178
ondaleta/escalar, método de quantização
    (WSQ), 199
ondaletas, 197-200
ondas:
    análise, 111
    quadradas, 187-8, 190
    sísmicas, 181, 183
    sonoras, 164-8, 180
    T, 234
opções, 355, 362, 367, 393-4
Ørsted, Hans Christian, 220
ortogonalidade, 197
ovos:
    descozinhar, 254
    formação do, 257-8

parábolas, 58, 67, 77
Pascal, Blaise, 139, 141-2, 386
Penrose, Roger, 286, 390

percepção sensorial:
    compressão de dados e, 196
    logaritmos e, 49-51
pesquisa médica, 212
Pesquisas experimentais (Faraday), 224
peste bubônica, 53
pianos, 168
Pitágoras, 14, 20, 21
Pitágoras, teorema de:
    cálculo de distâncias a partir do, 28
    consequências, 22
    origens e antecedentes, 15-6, 18
    provas, 15, 18-9
    relatividade especial e, 269-71
    superfícies curvas e, 32, 34-5
    teoria da codificação e, 328
Planck, Max (e constante de Planck), 292, 294-7
plâncton, paradoxo do, 347-8
plano projetivo, 30, 125-6
Plimpton, George Arthur, 19
poder, novo eixo de, 365-6
Poincaré, Henri, 267, 359
    teoria do caos e, 85-6, 132, 339-40, 344
poliedro, fórmula de Euler e, 114, 116-9, 122-3;
    ver também sólidos regulares
polinômio:
    aplicação do cálculo para, 61-2, 384
    códigos de Reed-Solomon e, 333-4
    de Alexander, 130, 131
    de Jones, 130-2, 134
    Homfly, 132
pontocom, empresas, 365, 370-1
pontos quânticos, 314-5
pontos troianos, 91
Poovey, Mary, 365-7, 368, 393
preço do petróleo, 364
Prêmio Nobel de Economia, 363
pressão, em gases ideais, 247
primazia, disputa de, 59, 62, 81, 185, 232
Principia (Newton):
    ausência de cálculo, 64, 70
    influência do, 54-5, 74, 185
    significado astronômico, 74, 79-80
probabilidade, teoria da:
    codificação de mensagens e, 323-6
    experimento de novas drogas e, 159
    jogo da coroa e da âncora, 138
    modelos financeiros e, 358
    origens, 139

    risco e, 160-1
    ver também distribuição normal
probabilidade e função de onda, 300
probabilidades, chances, 137-8
problema dos três corpos, 84, 85-6, 91-3, 381
projetos:
    de aviões, 209
    de carros, 209
    náuticos, 209
prospecção de petróleo, 183
prostaférese, 43, 383
Ptolomeu, 75-6, 166

QI, testes, 154-9
quadráticas, equações, 101-3
quantidade de movimento, 69, 208
    conservação da, 208, 268
quárticas, equações, 101-3, 385
questões filosóficas:
    ação a distância, 264
    heliocentrismo, 76-7
    matemática e realidade, 9-10, 106, 159
    mecânica quântica, 299, 302, 379
    seta do tempo, 249, 253-4
    status da relatividade, 267
Quetelet, Adolphe, 144-6, 149, 151, 155
quincunx, dispositivo, 150

raça e QI, 155
radar, 233
radiação do corpo negro, 294
rádio, 231
raios X, 233-4
    difração de, 133, 193
raiz quadrada de menos um, 96, 99, 297-8;
    ver também números complexos, números imaginários
raízes cúbicas, 44, 86, 103
raízes quadradas:
    dualidade de, 99-100
    na matemática babilônica, 19
    resolução de equações cúbicas, 103-4
    usando logaritmos, 44-5
Recorde, Robert, 7, 11
Reed-Solomon, códigos de, 333-4
regressão à média, 151-2
réguas de cálculo, 36, 45-6
Reidemeister, movimentos de (Kurt Reidemeister), 127-30
relatividade:
    especial, 262, 267-73, 290-1

geral, 262, 276-7, 278-81, 288, 290-1
nome enganador, 262
ressonâncias orbitais, Júpiter, 89, 95
retroalimentação positiva, 353
Riemann, Georg Bernhard, 33-5, 121, 191, 276, 329
métrica de, 34-5, 276-7, 329
risco:
derivativos, 367-9, 371
financeiro, avaliação, 368, 374
teoria da probabilidade e, 160-1
rotacional, equações de Maxwell, 227-8, 387-8
Rourke, Colin, 288-9
Royal Institution, Londres, 10, 220-1
ruído:
medição, 51
remoção, 193, 201, 320
Rule 110 [Regra 110], autômato, 381

Sachs, Abraham, 20
Scholes, Myron, 361-3
Schrödinger, Erwin, 257, 297-8, 301-2
gato de, 301-4, 307-8, 379
Schwarzschild, Karl, 281-2
semicondutores, 232-3, 311-4
senoides, curvas senoidais, 170-1
senos, 23, 107-9, 175-7, 186-8
séries infinitas, 107-9, 176-7, 179, 187-8, 197
seta do tempo, 249, 253-4, 256-7, 379
Shannon, Claude, 320-1, 323-8, 333-4, 391-2
Shockley, William, 232, 312
símbolos numéricos, origem, 37
simetria de equações e soluções, 254
simetria de reversibilidade temporal, 254-5, 258-9
simplificação, em topologia, 118, 128
singularidades, 126, 281
sistema bancário:
aceitação de derivativos, 352
modularidade e, 374
Sistema Solar, horizontes de predição, 346
Smale, Stephen, 344, 346
Smoluchowski, Marian, 251, 358
Snell, lei de, 306, 311
Snellius, Willebrord, 25
Snow, C.P., 236-7, 251
sólidos regulares:
Descartes e, 115, 120
Euclides e, 16, 115

fórmula de Euler, 114, 116-9, 122-3
Kepler e, 77
Spearman, Charles, 157-9
stents, 212-3
Stokes, George Gabriel, 206, 207
subducção, 182
subprime, mercado de hipotecas, 353, 370-1
Sundman, Karl Frithiof, 86
supercordas, teoria das, 132, 379-80
superfície curva, geometria da, 29-35, 277-8
superfícies, em topologia, 123-6
superposição, princípio da:
aplicado a gatos, 301-4, 307-8, 391
aplicado ao universo, 307-8
equação de Schrödinger, 298-9, 300, 306
equações lineares, 174, 187
Supervia Expressa Interplanetária, 95, 132

Taleb, Nassim Nicholas, 360
tambores, 178-80
tangentes, 23-4
Taqi al-Din Muhammad ibn Ma'ruf al-Shami al-Asadi, 239
taxas de variação instantâneas, 59, 60-1
telefonia:
progresso em, 317-8
transformada de Fourier, 192
temperatura:
definição e medição, 243
em gases ideais, 246
tempo, previsão do, 344, 349
tensores, 35, 276-7
teorema de Pitágoras *ver* Pitágoras, teorema de
teoria:
cinética dos gases, 240, 245-7, 253
da informação (H), 316, 325-8, 391-2
das fronteiras difusas, 93
de campo quântica e topologia, 116
Teoria de Tudo, 379-80
Teoria do Campo Unificado, 379
termodinâmica:
clássica, 240, 245
definição, 237, 240
ver também leis da termodinâmica
Terra:
efeitos da Lua sobre a, 347
forma da, 21-2
interior, 181-2
tamanho da, 25-6, 75
vistas da, 203-5

terremotos, 47, 178-82, 192, 263
Tesla, Nikola, 231, 232
tetraedro, 115
topografia, levantamentos e exploração, 25-6
topologia, 115-26, 132-3
topologia da moldura da imagem, 118-9
toros, 119-20, 123-4
tranças, 131
transformada de Fourier, 184
    blipes, 196-7
    compressão de dados, 195-6
    distribuição de erros e, 148
    equação de Schrödinger, 298
    usos, 184, 191
transformada discreta do cosseno, 195
transistores, 238, 311-2
triangulação, 26
triângulos:
    não retângulos, 22, 24, 382
    retângulos, 16, 20-4
trigonometria, 22-6
trinca pitagórica, 17
tsunamis, 47, 165, 182, 264
tubos, 88-9, 91-5
túneis de vento, 206, 210-1
turbulência, 208-9, 233
Tycho Brahe, 25, 78

ultravioleta, catástrofe, 294-6
universo:
    distribuição da matéria, 253, 288-9
    expansão do, 282-3, 289
    idade do, 289
    "morte térmica", 251
    universos paralelos, 309
universo geocêntrico, 22, 75-6
universos paralelos, 308-11

vácuo, energia do, 286, 390
"valor de risco", cálculos, 368

variações em populações de animais, 341-2, 347-9, 393
variância, 143, 151, 157-8
variedades, 34-5, 276
velocidade:
    como vetor, 225-6
    definição, 56
velocidade da luz:
    equações de Maxwell, 228-9
    neutrinos de Gran Sasso, 389
    o éter e, 264-5
    relatividade especial e, 267-70
Vênus, missões a, 95
vértices:
    hipercubos, 329
    sólidos regulares, 115-21, 122
vetor, definição, 225
viagens aéreas, 204
vibração de corda de violino, 164-5, 169-70
vida, e a segunda lei da termodinâmica, 253
visão de mundo pitagórica, 14, 76, 77, 165-9, 176
visão humana, 195-6
voo supersônico, 211
voo tripulado, 203
Vulcano (planeta hipotético), 279-80, 390

Wallis, John, 56, 61-2, 105-6
Wang Sang Koon, 89, 92, 94
Watson, James, 133
Watt, James, 237-9
Weber-Fechner, lei de, 50-1
Weierstrass, Karl, 71
Weissing, Franz, 347, 348
Wessel, Caspar, 105-6, 112
Wolfram, Stephen, 381

zero, divisão por, 63, 71, 384
zero, tendendo a, 70-2

1ª EDIÇÃO [2013] 4 reimpressões

ESTA OBRA FOI COMPOSTA POR MARI TABOADA EM DANTE PRO E
IMPRESSA EM OFSETE PELA GRÁFICA SANTA MARTA SOBRE PAPEL PÓLEN SOFT
DA SUZANO S.A. PARA A EDITORA SCHWARCZ EM MAIO DE 2021

A marca FSC® é a garantia de que a madeira utilizada na fabricação do papel deste livro provém de florestas que foram gerenciadas de maneira ambientalmente correta, socialmente justa e economicamente viável, além de outras fontes de origem controlada.